全国统一市政工程预算定额与工程量清单计价应用系列手册

路灯工程预算定额与工程量清单计价应用手册

栋梁工作室　编

中国建筑工业出版社

本手册内容分三部分。第一部分介绍路灯工程常用图例及符号；第二部分介绍路灯工程说明应用释义、工程量计算规则应用释义、定额应用释义；第三部分介绍路灯工程定额预算（含工程量计算、定额使用以及分项工程预算的编制）与工程量清单计价编制实例及对照应用实例。全书取材精炼，内容详实，实用性强，可供市政工程预算人员、审计人员、有关技术人员以及大专院校相关专业师生使用，对建设单位，资产评估部门，施工企业的各级经济管理人员都有非常大的使用价值。

*　　*　　*

　　责任编辑：时咏梅　张礼庆
　　责任设计：孙　梅
　　责任校对：刘　梅　张　虹

前　言

为了方便市政工程预算工作者执行《全国统一市政工程预算定额》（第八册路灯工程 GYD—308—1999）及《建设工程工程量清单计价规范》（GB 50500—2003）适用于市政路灯工程的附录 C 安装工程工程量清单项目及计算规则 C.2 电气设备安装工程，提高预算的编制质量和工作效率，现根据各市政定额专业的特点，并结合广大市政工程预算人员在实际工作中的需要，编写了路灯工程预算定额与工程量清单计价应用手册，供大家参考使用。

本书严格按照《全国统一市政工程预算定额》（第八册路灯工程 GYD—308—1999）中的实际操作体系，针对"定额"中的说明、工程量计算规则、所列分部、分项工程及"定额"中的人工、材料、机械项目，进行了全面细致的应用分析与释义。另外，为了帮助从事市政工程预算工作者提高实际操作的动手能力，解决工作中遇到的实际问题，本书还特编写了与市政工程预算工作有关的各种图例、符号、定额预算、工程量清单计价实例及对照应用实例。

本书编写力求实现以下宗旨：

一、求"实际操作性"，即一切从预算工作者实际操作的需要出发，一切为预算员着想。在编写过程中，我们一直设身处地把自己看成实际操作者，实际操作需要什么，我们就编写什么，总结出释义，力求解决问题。

二、求"新"，即一切以建设部最新颁布的《全国统一市政工程预算定额》（第八册路灯工程 GYD—308—1999）及《建设工程工程量清单计价规范》（GB 50500—2003）为准绳，把握该"定额"最新动向，对"定额"中出现的新情况、新问题加以剖析，开拓实际工作者的新思路，使预决算工作者能及时了解实际操作过程中"定额"的最新发展情况。

三、求"全"，即将市政工程预算领域涉及到的设计、施工和组织管理的最新技术、方法与实际操作动手能力的需要很系统地结合起来，为《全国统一市政工程预算定额》及《建设工程工程量清单计价规范》（GB 50500—2003）的编制说明、工程量计算规则、定额分部、分项工程以及定额项目的人工、材料、机械的释义服务。

本系列手册在编写过程中，得到国内许多同行的多方帮助。同时，参考了国内大量的相关文献，在此一并致谢！由于时间仓促，作者水平有限，本书难免有疏忽、遗漏、不妥之处，尚请读者批评指正。

编者

目 录

第一部分 常用图例及符号

第二部分 定额应用

第三部分　1999 年版定额交底资料

第四部分　定额预算与工程量清单计价编制实例及对照应用实例

第一部分

常用图例及符号

电 源 图 形 符 号   表 1-1

图形符号	说　明	标准	图形符号	说　明	标准
规划的 ▢	发电站	IEC	规划的 ◯	变（配）电所	IEC
运行的 ▨			运行的 ◉		

电 源 设 备 图 形 符 号   表 1-2

图形符号	说　明	标准	图形符号	说　明	标准
双绕组变压器	双绕组变压器	IEC		动力或动力—照明配电箱	GB
三绕组变压器	三绕组变压器	IEC		照明配电箱（屏）	GB
三相变压器	三相变压器 星形—三角形 连接	IEC		事故照明配电箱（屏）	GB
	具有四个抽头 （不包括主头）的 三相变压器 星形—星形连接	IEC		多种电源配电箱（屏）	GB
				直流配电盘（屏）	GB
				交流配电盘（屏）	GB
▭	屏、台、箱、柜 一般符号	GB		电源自动切换箱（屏）	GB

注：1. 需要时符号内可标示电流种类符号。

2. 表中"GB"为中华人民共和国标准（下同）。

导 线 图 形 符 号 表 1-3

图形符号	说明	标准	图形符号	说明	标准
				柔软导线	IEC
	导线、导线组、电线、电缆、电路、传输通路（如微波技术）、线路、母线（总线）一般符号，当用单线表示一组导线时，若示出导线数则加小短斜线或画一条短斜线并加数字表示	IEC		屏蔽导线	IEC
				绞合导线（示出二股）	IEC
				未连接的导线或电缆	IEC
				未连接的特殊绝缘的导线或电缆	IEC

线 路 图 形 符 号 表 1-4

图形符号	说明	标准	图形符号	说明	标准
	地下线路	IEC		50V 及其以下电力及照明线路	GB
	架空线路	IEC		控制及信号线路（电力及照明用）	GB
	挂在钢索上的线路	GB			
	事故照明线路	GB		用单线表示的多种线路	GB
	用单线表示的多回路线路（或电缆管束）	GB		母线一般符号 交流母线——(1) 直流母线——(2)	GB
	滑触线	GB			

配 线 图 形 符 号　　　　　　　　　表 1-5

图形符号	说明	标准	图形符号	说明	标准
	向上配线	IEC		带配线的用户端	IEC
	向下配线	IEC		配电中心（示出五根导线管）	IEC
	垂直通过配线	IEC		连接盒或接线盒	IEC
	盒（箱）一般符号	IEC			

灯 具 图 形 符 号　　　　　　　　　表 1-6

图形符号	说明	标准	图形符号	说明	标准
	灯的一般符号 信号灯的一般符号(注)	IEC		在专用电路上的事故照明灯	IEC
	荧光灯的一般符号	IEC		自带电源的事故照明装置（应急灯）	IEC
	三管荧光灯	GB		气体放电灯的辅助设备	IEC
	五管荧光灯	GB		深照型灯	GB
	防腐荧光灯	GB		广照型灯（配照型灯）	GB
	防爆荧光灯	GB		球形灯	GB
	光带 N：表示灯管数			防水、防尘灯	GB
				防腐灯	HGJ

图形符号	说明	标准	图形符号	说明	标准
	投光灯的一般符号	IEC		防腐局部照明灯	HGJ
	聚光灯	IEC			
	泛光灯	IEC		隔爆灯	GB
	局部照明灯	GB		碘钨灯	HGJ
	矿山灯	GB		混照灯	HGJ
	安全灯	GB		软线吊灯	HGJ
	顶棚灯（吸顶灯）	GB		控照灯	HGJ
	弯灯	GB		座灯	HGJ
	壁灯	GB		霓虹灯	HGJ
	花灯	GB		脚灯	HGJ
	玻璃月罩灯	HGJ		斜照型灯	HGJ
	彩灯	HGJ		高层建（构）筑物标志灯	HGJ
	方灯	HGJ			

注：在靠近符号处如标出如下字母时，其含义为：RD—红；BV—蓝；YE—黄。

开关图形符号 表 1-7

图形符号	说明	标准	图形符号	说明	标准
	开关一般符号	IBC		三极开关	GB
	单极开关	GB		三级暗装开关	GB
	暗装单极开关	GB		密闭（防水）三级开关	GB
	密闭（防水）单极开关	GB		防爆三级开关	GB
	防爆单极开关	GB		防腐三级开关	HGJ
	防腐单极开关	HGJ		单极拉线开关	IBC
	双极开关	IBC		单极双控拉线开关	GB
	双极暗开关	GB		双控开关（单极三线）	IBC
	密闭（防水）双极开关	GB		具有指示灯的开关	IBC
	防爆双极开关	GB		多拉开关	IBC
	防腐双极开关	HGJ		定时开关	IBC
	中间开关	IBC		单极限时开关	IBC
	中间开关等效电路	IBC		调速开关	HGJ
	调光器	GB			
	限时装置	GB		光控装置	HGJ

注：单极拉线开关、单极双控拉线开关、双控开关（单极三线）、具有指示灯的开关、多拉开关、单极限时开关等，暗装、防水、防爆、防腐采用派生符号为●、⊖、◐、⊕。

插座图形符号 表 1-8

图形符号	说明	标准	图形符号	说明	标准
	单相插座	GB		带接地插孔的三相插座（暗装）	GB
	暗装单相插座	GB		带接地插孔的三相插座 密闭（防水）	GB
	密闭（防水）单相插座	GB		防爆	GB
	防爆单相插座	GB		防腐	HGJ
	防腐单相插座	HGJ		多个插座（示出三个）	IEC
	带保护接点插座 带接地插孔的单相插座			具有护板的插座	IEC
	带保护接点插座 暗装	GB		具有单极开关的插座	IEC
	带保护接点插座 密闭（防水）			具有联锁开关的插座	IEC
	防爆	GB		带熔断器的插座	GB
	防腐	HGJ		电信插座的一般符号	IEC
	带接地插孔的三相插座	GB			
	具有隔离变压器的插座（如电动剃刀用的插座）	IEC			

注：1．具有护板插座、具有单极开关插座、具有联锁开关的插座，暗装、密闭、防爆、防腐派生符号为：

2．电信插座用以下文字或符号区别：

TP—电话；TX—电传；TV—电视；M—传声器；FM—调频； —扬声器。

地下电缆线路常用图形　　　　　　　　　表 1-9

序号	名　称	图形符号	来自国标 GB 4728—85 的编号
1	人孔的一般符号 注：需要时可按实际形状绘制		11—08—32
2	手孔的一般符号		11—08—33
3	防电缆蠕动装置 注：该符号应标在人孔蠕动的一边		11—08—06
4	示出防蠕动装置的人孔		11—08—07
5	保护阳极〔阳电极〕 注：阳极材料的类型可用其化学字母符号来加注		11—08—08
6	示例：镁保护阳极	Mg	11—08—09
7	电缆铺砖保护		11—08—10
8	电信电缆的蛇形敷设		11—08—15
9	电缆与其他管道交叉点〔电缆无保护〕a—交叉点编号	a	11—08—37
10	电缆与其他管道交叉点〔电缆有保护〕a—交叉点编号	a	11—08—38

变配电系统图符号　　　　　　　　　表 1-10

图 形 符 号		说　明
□　▨	◉	发电站□设计▨运行
○Vᵥ▨Vᵥ	▲PS BS	变电所、配电所 V/V 电压等级
○ ◍	▲	杆上变电所（站）

续表

图　形　符　号		说　　明
TA	LH	电流互感器
TV	YH	电压互感器
		双绕组变压器 形式1　　形式2
		三绕组变压器 形式1　　形式2
QL	ZK	具有自动释放的负荷开关
QF	DL	断路器（低压断路器）
QS	GK	隔离开关
FU	RD	熔断器
F　　DR		跌开（落）式熔断器
Q	RK	熔断式开关
		一般开关符号动合（常开）触点

图 形 符 号		说 明
		动断（常闭）触点
KM	CJ	接触器
		具有自动释放的接触器
Q	K	多极开关 单线 表示 多线
QL	FK	负荷开关 （负荷隔离开关）
QL	RG	熔断式隔离开关
QL		熔断式负荷开关

电气接地的图形符号和文字符号　　　　表 1-11

名 称	图形符号	文字代号	说 明
接地		E	一般符号，用于接地系统图
接机壳	或	MM	

续表

名　　称	图形符号	文字代号	说　　明
无噪声接地		TE	抗干扰接地
保护接地		PE	表示具有保护作用，例如在故障情况下防止触电的接地
接地装置	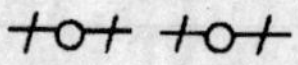 ┼o┼ ┼o┼		有接地极（体）
	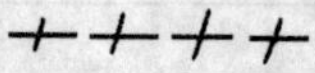 ＋＋＋＋		无接地极，用于平面布置图中
中性线	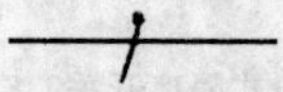	N	用于平面图中
保护线	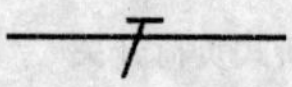	PE	用于平面图中
保护和中性共用线		PEN	用于平面图中

常用防雷设备的图形符号和文字代号

表 1-12

序号	名　　称	图形符号	文字代号	说　　明
1	避雷针	●	F	平面布置图形符号，必要时注明高度，m
2	避雷线		FW	必要时注明其长度，m

续表

序号	名 称	图形符号	文字代号	说 明
3	避雷器		FV 或 F	限压保护器件
4	放电间隙		FV 或 F	限压保护器件

街道照明器推荐配置方式   表 1-13

配置方式名称	图 例	行车道的最大宽度（mm）
一侧排列		12
在钢索上沿行车道的中心轴成一列布置		18
交错排列		24
相对矩形排列		48
中央分离带配置		24
中央＋交错		48
中央＋相对矩形		90
两列钢索上布灯，沿车道方向轴交错布置		36
两列钢索上布灯，沿车道方向轴矩形布置		60
路两侧矩形布置，第三列在钢索上布置		80

常用电器图用图形符号

表 1-14

名　称	图形符号	名　称	图形符号
三相鼠笼型电动机		三相变压器 Y/△联接	
三相绕线型电动机		接触器线圈 一般继电器线圈	
串励直流电动机		电磁铁	
并励直流电动机		按钮开关（不闭锁）动合触点	
他励直流电动机		按钮开关（不闭锁）动断触点	
电抗器扼流图		旋钮开关 旋转开关（闭锁）	
双绕组变压器		液位开关	
电流互感器		热继电器的热元件	单相　三相
缓放继电器线圈（断电延时）		过电流继电器线圈	I>

续表

名　　称	图形符号	名　　称	图形符号
缓吸继电器线圈 （通电延时）		欠电压继电器线圈	
接触器 动合（常开）触点		熔断器	
接触器 动断（常闭）触点		三极熔断器 式隔离开关	
继电器动合触点		延时闭合动合 （常开）触点	
继电器动断触点		延时断开动断 （常闭）触点	
热继电器 常闭触点		延时断开动合 （常开）触点	
热继电器 常开触点		延时闭合动断 （常闭）触点	
插头和插座		行程开关动合 （常开）触点	
低压断路器		行程开关动断 （常闭）触点	

常用基本文字符号　　　　　　　　　　　　　　　　　表 1-15

元器件种类	元件名称	基本文字符号 单字母	基本文字符号 双字母	元器件种类	元件名称	基本文字符号 单字母	基本文字符号 双字母
变换器	扬声器	B		接触器 继电器	接触器	K	KM
变换器	测速发电机	B	BR		时间继电器		KT
电容器	电容器	C			中间继电器		KA
保护器件	熔断器	F	FU		速度继电器		KV
保护器件	过电流继电器		FA		电压继电器		KV
保护器件	过电压继电器		FV		电流继电器		KA
保护器件	热继电器		FR	电抗器	电抗器	L	
信号器件	指示灯	H	HL	电动机	可作发电机用	M	MG
其他器件	照明灯	E	EL		力矩电动机		MT
电力电路 开关器件	断路器	Q	QF	变压器	电流互感套	T	TA
	电动机保护开关		QM		电压互感器		TV
	隔离开关		QS		控制变压器		TC
	闸刀开关		QS		电力变压器		TM
测量设备	电流表	P	PA	电子管 晶体管	二极管	V	
	电压表		PV		晶体管		
	电度表		PJ		晶闸管		
电阻器	电阻器	R			电子管		VE
	电位器		RP		控制电路用电源		VC
控制电路 开关器件	选择开关	S	SA		整流器		
	按钮开关		SB	传输通道 波导天线	导线	W	
	压力传感器		SP		电缆		
操作器件	电磁铁	Y	YA	端子	插头	X	XP
	电磁制动器		YB	插头	插座		XS
	电磁阀		YV	插座	端子板		XT

常用文字辅助符号　　　　　　　　　　　　　　　　　表 1-16

名称	文字符号	名称	文字符号	名称	文字符号
电流	A	正	F	输入	IN
交流	AC	反	R	输出	OUT
自动	AUT, A	手动	M, MAN	运行	RUN
黑	BK	吸合	D	闭合	ON
蓝	BL	释放	L	断开	OFF
向后	BW	上	U	加速	ACC
向前	FW	下	D	减速	DEC
直流	DC	控制	C	额定	RT

续表

名称	文字符号	名称	文字符号	名称	文字符号
绿	GN	反馈	FD	负载	LD
起动	ST	励磁	E	转矩	T
制动	B，BRK	平均	ME	左	L
高	H	附加	ADD	右	R
低	L	保护	P	中	M
升	H	稳定	SD	停止	STP
降	D	等效	EQ	防干扰接地	TE
大	L	比较	CP	压力	P
小	S	电枢	A	保护	P
中性线	N	分流器	DA	保护接地	PE
稳压器	VS	测速	BR	红	RD
并励	E	复位	R，RST	白	WH
串励	D	置位	S，SET	黄	YE
衬偿	CO	步进	STE		

第二部分

定 额 应 用

第一章　变配电设备工程

第一节　说明应用释义

一、本章定额主要包括：变压器安装；组合型成套箱式变电站安装；电力电容器安装；高低压配电柜及配电箱、盖板制作安装；熔断器、控制器、启动器、分流器安装；接线端子焊压安装。

[应用释义]　变压器：变压器是变电所中一个很重要的设备。变压器是变换交流电压的电气设备，它是用来把某一电压的交流电变换成同频率的另一种电压的交流电。变压器是电力系统和供电系统中不可缺少的重要电气设备。

组合型成套箱式变电站：组合型成套箱式变电站是指把变配电设备装设在成套配电柜或成套配电箱中的变电站。成套配电柜有高压和低压两种。高压配电柜（俗称高压开关柜）主要用于工矿企业变配电站作为接受和分配电能之用。低压配电柜（习惯称低压配电屏）用于发电厂、变电站和企业、事业单位，频率为 50Hz，额定电压 380V 及以下的低压配电系统，作为动力照明配电之用。有固定式和抽屉式两种，目前普遍采用的固定式低压配电屏主要是 PGL-$\frac{1}{2}$型，抽屉式低压配电屏有 BFC 型和 BCL 系列。

电力电容器：电力电容器是在电力系统网络中为了存储和运输电能所采用的一种储存电能的电力设备，它反映了储存电量能力的大小。

配电箱：配电箱有照明用配电箱和动力配电箱之分，照明配电箱悬挂明装及嵌入暗装的施工方法同动力配电箱相同。

熔断器：熔断器主要用于电动机负载电路的短路保护及非电动机负载的过载及短路保护。

控制器：控制器就是对电能的控制器具。它能对电能进行分配、控制和调节。

变配电设备：变配电设备是用来变换电压和分配电能的电气装备。它由变压器、高低压开关设备、保护电器、测量仪器、母线、蓄电池、整流器等组成。变配电设备分为室内、室外两种，一般厂矿的变配电设备大多数是安装在室内。

启动器：启动器是用来使电动机安全启动和加速到正常转向和换向的电器，如刀开关、铁壳开关、胶盖闸刀开关、自动空气开关、交流接触器、磁力启动器、启动柜等。启动器包括磁力启动器、星三角启动器、自耦减压启动器。磁力启动器一般安装在电动机附近的墙上或机旁的操作支柱上，也有安装在盘、柜的钢板上或墙面木板上，均用螺钉固定。自耦减压启动器，一般安装在墙面支架上，也有就地安装的。星三角启动器，一般安装在附近的墙上，用螺钉固定。

接线端子：接线是指导线与导线、导线与设备之间的连接。端子是用来连接导线的断头的金属导体，它可以使导线更好地与其他构件连接。普通接线端子是指用于连接电气装置不同部分的导线。

电能是国民经济各部门和社会生活中的主要能源和动力。电能是由发电厂生产的，发电厂又多建在一次能源所在地，可能距离城市及工业企业很远，由下面几个环节组成：

1. 发电厂。发电厂是生产电能的工厂，是将自然界蕴藏的各种一次能源（如热能、水能、原子能、太阳能等）转变为电能。

2. 电力网。是输送和分配电能的渠道。为了充分利用资源，降低发电成本，一般在有动力资源的地方建造发电厂，而这些地方往往远离城市或工业企业，必须用高压输电线路进行远距离输电。

3. 变电站。变电站是变换电压和交换电能的场所，由变压器和配电装置组成。按变压的性质和作用又可分为升压变电站和降压变电站。对仅装有配电设备而没有变压器的供电场所称为配电所。

4. 用户。电能用户就是电能消耗的场所。

由发电厂、变电站、电力网和用户组成的系统称为电力系统。根据各种使用特点和场合，我们可以建立不同的电力系统。而每个不同的电力系统又有自己独特的分支子系统。建立大型的电力系统，可更经济合理地利用动力资源，减少电能消耗，降低发电成本，并大大提高供电的可靠性，有利于国民经济发展的需要。

各类建筑为了接受从电力系统传送来的电能，就需要有一个内部的供配电系统。建筑供配电系统由高压及低压配电线路、变电站（包括配电站）和用电设备组成。

电气设备的安装位置、配线方式以及其他一些特征，只用文字一般很难表示清楚，所以需要用图来表达。

电气施工图是建筑施工图纸中的一个组成部分，它以统一规定的图形符号辅以简单扼要的文字说明，把电气设计内容明确表达出来，用以指导市政工程电气施工。电气施工图是电气施工的主要依据，它是根据国家颁布的有关电气技术标准和通用图形符号绘制而成的。电气施工图是编制电气安装工程预算的依据。电气施工图要和建筑施工图相互配合起来看，才能形成一个系统的概念。

在进行电气施工前，必须仔细地弄清楚电气施工图的设计意图和具体要求。为此，我们应首先能识别国家颁布的和通用的各种电气元件的图形符号和文字符号，而且要掌握建筑物内的供电方式和各种配线方式，了解电气施工图的组成和识图方法。

电气安装工程施工图一般是由进户装置、配电箱、配线、灯具、插座和开关等组成。电气施工图纸内容包括图纸目录、工程说明、图例及电器的规格数量、平面布置图、配电系统图、部件的安装配置图和安装大样图等。图纸目录的内容是：图纸的组成、名称、张数、图号顺序等。绘制图纸目录的目的是让看图人员便于查找。工程说明主要是补充说明图上不能利用线条、符号表示的工程特点、施工方法、线路、材料及其他注意的事项。有了简明扼要的文字说明，可以帮助施工人员正确地组织施工，使预算编制人员不致漏项，准确地编制预算书。图例符号是设计人员的表达语言，只有熟悉图例和符号，才能正确理解设计者的意图，看懂图纸。

我们首先要看懂这些图纸和文字说明。因为，这是我们预算工作的依据，此外也应看懂一般市政施工图。这是因为照明灯头盒、开关盒、配电箱及管线等电气设备的敷设与土建结构的关系十分密切。它们的布置与市政平面、立面图有关；线路走向与构件中的梁柱等的位置有关；安装方法与墙的结构、楼板材料有关，特别是需要暗装、暗敷的设备，需要与市政施工同时进行。可以说，不了解建筑方面的有关情况，将无法做工程预算。

1. 识图的基本常识

识图，就是要认识并确定图纸上所画的是什么设备，这种设备的各个组成部分怎样连接，有关的技术要求等，以便正确地计算工程量，为正确编制预算打下良好的基础。

（1）比例。图上所画尺寸与实物尺寸之比，称为图纸比例。图纸一般按比例画出，比例标注在图纸标栏内或图标名称横线下边。比例的第一个数字表示图形的尺寸，第二个数字表示实物对图纸的倍数，如1：100，其含义是说图上所画的单位长度1，代表实际尺寸是100个单位长度。但配电系统图和电气设备图以及图例均不按比例绘制。作预算计算工程量时，如需确定电气设备的位置或导线长度等，可用比例尺在图纸上量取，但使用的比例尺的比例必须与图纸上标明的比例是相同的。

（2）方向。建筑图、电气平面图一般按上北下南，左西右东的方法绘制在图纸上，或者用风玫瑰上的指北针表示方向。

（3）轴线。图纸上标有①、②……；Ⓐ、Ⓑ……；辅以点划线等的符号即为轴线，轴线的作用同地图上的经纬线一样，可以帮助了解电气设备的安装位置。

（4）尺寸。图纸上的尺寸一般用数字和细实线、起止点构成的尺寸线标注在轴线之间。凡图纸上未标明的单位均以标准毫米单位计。

（5）标高。安装电气设备或敷线时，必须先确定安装位置距地坪高度和敷设标高，以满足使用功能上的需要。施工时，一般取建筑物的首层内地坪高度作为标高的零点，单位用米表示；如果高于零点标高，可在标高数字前面写个"＋"号或者不写；如果低于零点标高，则在标高前面写个"－"号，例$\frac{\pm 0.000}{v}$，说明与首层地坪平面相对高度相等。

（6）照度。常在直径8mm的圆圈内标明，将其标注写在该房间的平面图中。如75，表示该房间的照度为75勒克斯（lx）。

2. 识图方法

识读电气施工图应按照一定的顺序进行，以便看懂并形成完整的概念。

（1）看图时首先要看施工说明图例、文字符号；这类图的一些基本画法；图型符号的含义；电气设备规格、容量的标志方法；弄清设计图的设计内容，如需安装哪些设备、设备的电气连接方式、线路走向等；注意资料中提出的施工要求；考虑与主体工程（土建工程）或其他工程（蒸汽管、给排水管、通风管）的配合问题，以便看懂并形成完整的概念。

（2）再看系统图，了解配电方式和回路及各回路的装置间的关系。一般从进户线开始看至室内各配电箱（盘）以及各用电回路的接线关系、各配电箱（盘）中需要安装电器的数量和容量等。

（3）结合系统图看各层平面图中的配电回路，各回路导线敷设方法、根数、截面规格及灯具的型号、位置、数量等。看图时应注意：平面图只是表示电器的水平位置，其空间位置要结合施工说明，才能正确确定，必要时还要查对建筑施工图。

（4）识读平面图。电气施工图在建筑物内一般采用平面图表示，很少采用剖面图或立面图。因为上下行线路都由总电闸沿垂直方向以最短的距离输送到上一层的相应位置上，再经配电盘分送到该层的各个房间内，所以只需看平面图就可以了解施工线路的做法。

平面图上标的电气线路的敷设方法，采用的有暗敷和明敷两种方式。平面图上暗敷线路的走向无一定规律，总是沿最短的距离到达灯具，计算用电线的长度往往要依靠比例尺去量取图上的线路长度。明敷线路一般沿墙走，平直见方比较规则，其长度一般可参照建筑平面尺寸算得。电气平面图是在建筑平面图基础上绘制的。实际上电气平面图绘制的是本层顶棚面（包括本层暗敷于上一层地坪内的线路），同时保留了建筑平面图上楼梯的表示法。

（5）识大样图。电气安装工程的局部安装大样、配件构造等均要用详图表示出来，才能进行施工，一般的施工图不绘制大样图，大样图与一些具体工程做法均参考标准图或通用图册施工，如我们常用的是水利电力工业出版社出版的《电气安装工程施工手册》等。有时某些设计单位为了避免重复作图，加快设计速度，还自行编绘标准通用图集。如河北省蔚县建筑设计处就出了一部分通用图册，《电气施工工程做法及图例》（85YC-D1）就是其中的一册，以作为本地区设计范围内的通用图使用。大样图（施工详图），主要表明线路敷设，灯具、电器安装以及防雷接地，配电箱（板）制作和安装的详细做法和要求。

（6）识系统图。电气系统图是表明电气照明或动力线路的分布和相互联系情况的示意图。图上标有导线的型号、规格、类别和敷设方式，电气负荷（容量）的配置情况，如控制开关、熔断器、电表等装置。但系统图不具体说明电气或照明灯具。这张图对电气施工图的作用，相当于一篇文章的提纲要领，看了这张图就能了解这座建筑物内配电系统的全貌，便于施工时统筹安排。

本册定额是编制市政安装工程施工图预算的依据，也是编制概算定额、概算指标的基础。它适用于新建、扩建工程，电压为 10kV 以下和 35～500kV 的配电设备，1.5～300MW 发电机组所属电气设备，车间动力电气设备，10kV 以下架空线路，电气照明、电梯电气装置等。关于安装电气脚手架，它主要包含以下内容：

1. 脚手架搭拆费

（1）10kV 以上已包含在定额以内，10kV 以下按下列系数计算：操作物高度在离楼地面 5m 以上，10m 以下，按人工费的 15%；操作物高度在离楼地面 10m 以上，20m 以下，按人工费的 20%。

（2）脚手架搭拆费中含人工工资的 25%。

（3）脚手架的取费方法：脚手架的取费标准是按工程全部人工费的资金为计算基础制定的系数（包括按动力和照明的总工程量的人工费），因此，在计算"脚手架费用"时，不扣除 5m 以下的工程量。

（4）工程高度离楼层、地面 5m 以下的，一律不计取"脚手架费用"；工程高度离楼层、地面 10m 以下的，包括 5m 以下，按工程量人工费的 15% 计取"脚手架费用"；工程高度离楼层、地面 20m 以下的，应包括 5m 以下，按工程量人工费的 2% 计取"脚手架费用"。其理由是电气工程项目零星分散，不可能按每个灯具、开关、电缆的不同高度分别计算"脚手架费用"，只有采取综合计取方法才能达到简化方便的目的。工程高度是指工程的最高安装高度。

（5）10kV 以下架空线路及 10kV 以上变配电设备安装定额已考虑高空作业，并将

"脚手架费用"加入相应定额。

2. 高层建筑增加费

（1）本定额所指的高层建筑是指6层以上（不包括6层）的多层建筑，及自室外设计正负零至檐口（或最高层楼地面）高度在20m以上（不包含20m）（不包括屋顶水箱间、电梯间、屋顶平台出入口等）的单层建筑物。

（2）高层建筑的增加费按表2-1分别计取。

表 2-1

计算方法	12层以下	15层以下	18层以下	21层以下	24层以下	27层以下	30层以下	33层以下	36层以下
按人工费的%	9	12	15	19	23	26	30	35	42
其中人工工资占%	21	30	37	41	45	49	52	60	65

（3）高层建筑增加费用的内容包括人工降效、材料工具垂直运输增加的机械台班费用、施工用水加压泵的台班费用及工人上下所乘坐的升降设备的台班费用等。

（4）高层建筑增加费费率的计算，是用6层以上（不包含6层）或20m以上（不包含20m）所需要增加的费用，除以包括6层或20m以下的全部工程人工费计算的。因此，在使用高层建筑增加费费率时，应以包括6层或20m以下全部工程人工费为计算基数。

（5）同一建筑物有部分高度不同时，可分不同高度计算高层建筑的增加费用。

（6）单层建筑物超过20m以上的高层建筑增加费的计算，首先应将自室外设计正负零至檐口的高度，除以（每层高度）3m计算出相当于多层建筑的层数，然后再按"高层建筑增加费用系数表"所列的相应层数的增加费率计算。在高层建筑物施工中，同时又符合超高施工条件时，可同时计算高层建筑增加费和超高增加费。

（7）在多层建筑中，凡层数超过6层，或层数虽未超过6层而总高度超过20m的，两个条件具备其一，即为"高层建筑"，应计取高层建筑增加费。

3. 超高费用

（1）操作物高度离楼地面以下5m的工程，其定额人工乘以表2-2的系数（已考虑了超高空作业因素的定额项目除外）。

表 2-2

10m以下	20m以下	20m以上
1.25	1.4	1.8

（2）操作物高度：是指有楼层的按地面及安装物的距离；无楼层的按操作地点（或设计正负零）至操作物的距离而言。例如层高为3m的住宅，安装后房间顶棚的灯就为操作物，操作物高度为3m；层高为7m的车间内，安装在离地6m墙壁上的灯为操作物，操作物高度为6m。

（3）计算方法：由于超高费是指超过5m的电气设备安装工程需收取的工效补偿费用，所以收取费用的基数是指安装对象的高度在5m以上的这部分工程量的人工费乘以超高系数。例如某商店层高为5.5m，安装在顶棚的灯具和部分管线可为超高安装的对象，可计算超高费。而安装在离地面 1.5m 处的开关，插座等不能算超高对象。

（4）计算规则：

① 在统计超过 5m 工程量时，应按整根电缆、管线的长度计算，不应扣除 5m 以下部分的工程量。例如一根电缆敷设，一端在高空，一端在地下，当高空的一端从地面往上移时，整根电缆应一起向上移动，不可能将电缆和管线分别分成若干段来制定工程超高系数。

② 当电缆及管线经过配电箱或开关箱断开时，则超高工程量应分别计算。如有多根电缆，只有 n 根电缆符合超高条件的，则只计算 n 根电缆的超高费。

③ 设备的超高按整体计算，一台超过 5m，一台不超过 5m，则只计算一台的超高费用。

④ 超高费作为工效补偿，进入人工费。计算标准按定额规定的系数计算。例如某工程层高为 5.5m，电气安装工程的人工费为 100 元。其中超过部分的人工费为 40 元，此工程电气安装的总人工费为：（100−40）＋40×1.25＝110 元。

4. 安装与生产同时进行和有害环境内施工增加费

安装与生产同时进行的增加费用，是指改扩建工程在生产车间或装置内施工，因生产操作或生产条件限制（如不准用火等），干扰了安装工作正常进行而降效增加费用。但不包括为了保证安全施工所采取的措施费用。在有害身体健康的环境中，施工降效增加费用是指在民法通则有关规定允许的条件下，改扩建工程，由于车间、装置范围内有害气体或高分贝的噪声超过国家标准以致影响身体健康而降效的增加费用。不包括劳保条例规定应享受的工种保健费。这两种费用均按人工费的 10% 计算。如两种情况同时存在，其工效补偿系数可以相互叠加而成。

5. 子目系数与综合系数

（1）子目系数是综合系数的计算基础，子目系数包括超高系数和高层增加系数。

（2）综合系数包括脚手架搭拆费、安装与生产同时进行增加费、在有害环境内施工增加费等。

（3）子目系数之间不得互为计算基础，综合系数之间不得互为计算基础。

二、变压器安装用枕木、绝缘导线、石棉布是按一定的折旧率摊销的，实际摊销量与定额不符时不作换算。

[应用释义]　变压器安装的工作内容，根据变压器容量大小的不同有所区别。一般容量在 1600kVA 以下的变压器多为整体安装，容量在 3150kVA 以上的变压器是解体运到现场，油箱和附件则分别安装。

1. 变压器的搬运

变压器的搬运是一个非常重要的问题，特别是大型变压器（容量在 8000kVA 以上）的运输和装卸，均须对运输路径及两端装卸条件作充分调查，并编写相应的施工技术措施。在施工现场对小型变压器的搬运，一般采用起重运输机械，其注意事项如下：

（1）小型变压器一般均采用吊车装卸。在起吊时应使用油壁上的吊耳，严禁使用油箱顶盖上的吊环。吊钩应对准变压器中心，吊索与铅垂线的夹角不得大于 30°，若不能满足时，应采用专用横梁挂吊。

（2）当变压器吊起约 30mm 时，应停车检查各部分是否有问题，变压器是否平衡等，若不平衡，应重新校正。确认各处无异常，即可继续起吊。

（3）变压器装到拖车上时，其底部应垫以方木，且应用绳索将变压器固定，防止运输过程中发生滑动或倾倒。

（4）在运输过程中车速不可太快，特别是上、下坡和转弯时，车速应放慢，一般为 $10 \sim 15 km/h$，以防因剧烈冲击和严重振动而损坏变压器内部绝缘构件。

（5）变压器短距离搬运可利用底座滚轮在搬运轨道上牵引，前进速度不应超过 $0.2 km/h$，牵引的着力点应在变压器重心以下。

2. 变压器安装前的检查与保管

变压器到达现场后，应及时进行下列检查：

（1）变压器应有产品出厂合格证，技术文件齐全；型号、规格应和设计相符，附件、备件应齐全完好。

（2）变压器外表无机械损伤，无锈蚀。

（3）油箱密封应良好。带油运输的变压器，油枕位应正常，无渗漏现象，瓷体无损伤。

（4）变压器轮距应与设计轨距相符。

如果变压器运到现场不能很快安装，应进行妥善保管。如果 3 个月内不能安装，应在 1 个月内检查油箱密封情况，测量变压器内油的绝缘强度和测量绕组的绝缘电阻值。对于充气运输的变压器，如不能及时注油，可继续充入干燥洁净的与原充气体相同的气体保管，但必须有压力监视装置，压力可保持 $0.01 \sim 0.03 MPa$，气体的露点应低于 $-40℃$，变压器长期保管期间，应经常检查，检查变压器有无渗油，油位是否正常，外表有无锈蚀，并应每 6 个月检查一次油的绝缘强度；充气保管的变压器应经常检查气体压力，并做好记录。

3. 变压器器身的检查

变压器到达现场后，应进行器身检查。其方法可为吊罩（或吊芯）或不吊罩直接进入油箱内进行。进行器身检查工作是比较繁杂而麻烦的，特别是大型变压器，进行器身检查需耗用大量人力和物力，因此，现场不检查器身的安装方法是个方向，凡变压器满足下列条件之一时，可不进行器身检查。其条件是：

（1）制造厂规定可不作器身检查者；

（2）容量在 1000kVA 以下，运输过程中无异常情况者；

（3）就地产品仅作短途运输的变压器，如果事先参加了制造厂的器身总装，质量符合要求，且在运输过程中进行了有效的监督，无剧烈振动、紧急制动、冲撞或严重颠簸等异常情况者。

器身检查应具备的条件：

变压器进行器身检查时，器身要暴露在空气中，这样就会增加器身受潮的机会。因此，我们在作器身检查时，要选择良好的天气，场内四周应清洁，并应有防尘措施；雨雪天或雾天，应在室内进行。周围环境温度不宜低于 0℃，变压器器身温度不应低于周围空气温度，当器身温度低于周围空气温度时，应将器身加热，宜使其温度高于周围空气温度 10℃。

器身检查时，应尽量缩短器身在空气中的暴露时间。当空气相对湿度低于 75％时，不得超过 16h。时间的计算方法为：带油运输的变压器，由开始放油时算起；不带油运输的变压器，由揭开顶盖或打开任一堵塞时算起，到开始抽真空或注油为止。

器身检查前的准备工作：

（1）吊器身应准备好需用的工具和材料

如各种扳手、白布、绝缘纸板（钢纸板）以及垫放器身的道木和存放变压器油的油桶、变压器油箱的密封衬垫等均应事先准备齐全。

（2）吊器身前应准备好需用的起重机具和设备

起吊设备可选用吊车、卷扬机等起重机械或手动葫芦，但必须根据变压器的高度和重量搭好三角架，三角架应坚实牢固，足以承受器身的重量。起吊所用工具必须经过检查合格。

（3）油样检验

吊器身前应对变压器中油样进行简化试验。如油不合格，应进行过滤处理，并应准备足够合格的备用油。

（4）搭作业架

吊器身前需搭设临时作业架。因检查器身时，一般都将器身放在油箱上面，所以必须在吊器身前搭好。临时作业架的高度，一般均依变压器的高度而定。可用高凳或人字梯搭木板作为临时作业架，但均应牢固稳当。

（5）人员分工

吊器身之前应对参加工作的人员有明确的分工。一般可分油处理组、结构检查组、电气试验组等，并且应指定一人指挥，专人进行工具及材料的保管，专人作记录，且应紧密配合，协调作业。

吊器身：

（1）放油

吊器身之前，应将油箱中的油放出一部分。装有油枕的变压器，绝缘油应放至顶盖密封衬垫以下；不装油枕的变压器，绝缘油应放至出线套管以下。这样可防止顶盖螺栓拆下后，变压器油逸出油箱外。

（2）吊器身

将变压器油箱放平，用扳手将顶盖与油箱连接的所有螺栓全部拆下，将起吊钢丝绳系在顶盖的吊环上，为了避免吊环受力过大而弯曲，吊索与铅垂线的夹角不宜大于 30°，必要时可采用方木横梁支撑的办法来解决。

钢丝绳挂好以后，经仔细检查确认牢靠，方可起吊。起吊速度应缓慢，注意不要碰触油箱壁。器身吊出后，用干净的道木垫在油箱上面，将器身放在道木上。

（3）器身检查

器身吊出后滴尽残油，按《电气装置安装工程电力变压器、油浸电抗器、互感器施工及验收规范》（GBJ 148—1990）所规定的项目和要求进行检查。

检查完毕后，必须用合格的变压器油对器身进行冲洗，并清洗油箱底部，不得有遗留杂物。然后在油箱上放好密封衬垫，即可将器身吊回箱内，并将盖板上的螺栓拧紧。并将放出的绝缘油重新注入变压器中。注入变压器中的绝缘油必须是按规定试验合格的油，不同牌号的绝缘油或同牌号的新油与旧油不宜混合使用，否则应做混油试验。注入油的温度宜高于器身温度，这样有利于驱除器身表面的潮气，提高芯部绝缘。

值得注意的是，对充氮的变压器进行吊罩检查时，必须让器身在空气中暴露 15min 以上，使氮气充分扩散后方可进行；当须进入油箱中检查时，必须先打开顶部盖板，从油箱下面闸阀向油箱内吹入清洁干燥空气进行排气，待氮气排尽后方可进入箱内，以防窒息。

4. 变压器的干燥

变压器是否需要进行干燥，应根据"新装电力变压器不需干燥的条件"进行综合分析判断后才能确定变压器是否需要干燥。

(1) 带油运输的变压器

① 绝缘油电气强度及微量水试验合格。

② 绝缘电阻吸收比符合规定。

③ 介质损失角正切值 $tg\delta$（%）符合规定。

(2) 充氮运输的变压器

① 器身内压力在出厂至安装前均保持正压。

② 残油中微量水不应大于 30×10^{-6}；电气强度试验在电压等级为 $300\sim330kV$。

③ 变压器注入合格油后，绝缘油电气强度及微量水符合规定；绝缘电阻及吸收比符合规定；介质损失角正切值 $tg\delta$（%）符合规定。

当变压器不能满足上述条件时，则应进行干燥。电力变压器常用干燥方法有铁损干燥法、铜损干燥法、零序电流干燥法、真空热油喷雾干燥法、煤油气相干燥法、热风干燥法以及红外线干燥法等。干燥方法的选用应根据变压器绝缘受潮程度及变压器容量大小、结构型式等具体条件确定。

5. 变压器油的处理

需要进行处理的变压器油基本上是两类。一类是老化了的油，所谓油的老化，是由于油受热、氧化、水分以及电场、电弧等因素的作用而发生油色变深、黏度和酸值增大、闪点降低、电气性能下降，甚至生成黑褐色沉淀等现象。老化了的油，需采用化学方法处理，把油中的劣化产物分离出来，即所谓油的"再生"。

第二类是混有水分和脏污的油。这种油的基本性质未变，只是由于混进了水分和脏污物，而要将它们分离出来，即使油"干燥"和"净化"。我们在安装现场常碰到的主要是这种油。因为新出厂变压器，油箱里都注满了新油，不存在油的老化问题。只是可能由于在运输和安装中，因保管不善而造成与空气接触，或其他原因，使油中混进一些水分和杂物，对这种油，常采用的净化方法为压力过滤法。

压力式滤油机仍是安装现场使用较多的油净化设备。电动油泵从污油罐中抽出脏污油，使其经过过滤网，除去其中较大的杂质之后，再经过滤器处理水分和细微的杂质，出来的油则通过管路引进净油罐。如此进行多遍，变压器油便得到净化和干燥。压力式滤油机的操作比较简单，在起动油泵时，应先把出油管路上的阀门打开，起动油泵，再打开进油管路上的阀门。停止油泵时，则应先关闭进油管路上的阀门，然后停止油泵，再关闭出油管路上的阀门。滤油机运行中要经常检查，正常滤油时其压力为 $294\sim490kPa$。

6. 安装变压器

变压器经一系列检查之后，若无异常现象，即可就位安装。对于中小型变压器一般多是在整体组装状态下运输的。

　　一般室内变压器基础台面高于地坪，要想将变压器水平推入就位，必须在室外搭一与室内变压器基础台同样高的平台（通常使用枕木），然后将变压器吊到平台上，再推入室内。

　　变压器在安装时需注意下列问题：

　　（1）变压器推入室内时，要注意高、低压侧方向应与变压器室内的高低压电气设备的装设位置一致，否则变压器推入室内之后再调转方向就困难了。

　　（2）变压器基础导轨应水平，轨距应与变压器轮距相吻合。装有气体继电器的变压器，应使其顶盖沿气体继电器气流方向有 1%～1.5% 的升高坡度（制造厂规定不需要安装坡度者除外）。主要是考虑变压器内部出现故障时，使产生的气体易于进入油枕侧的气体继电器内，防止气泡积聚在变压器油箱与顶盖间，只要在油枕侧的滚轮下用垫铁垫高即可。垫高高度可由变压器前后轮中心距离乘以 1%～1.5% 求得。抬起变压器可用千斤顶。

　　（3）装有滚轮的变压器就位符合要求后，应将滚轮用能拆卸的制动装置加以固定。

　　（4）装接高、低压母线。母线中心线应与套管中心线相符。母线与变压器套管连接，应用两把扳手。一把扳手固定套管压紧螺母，另一把扳手旋转压紧母线的螺母，以防止套管中的连接螺栓跟着转动。应特别注意不能使套管端部受到额外拉力。

　　（5）在变压器的接地螺栓上接上地线。如果变压器的接线组分别是 X/Y，则还应将接地线与变压器低压侧的零线端子相连。变压器基础轨道亦应和接地干线连接。接地线的材料可用铜铰线和扁钢，其接触处应搪锡，以免锈蚀，并应连接牢固。

　　（6）当需要在变压器顶部工作时，必须用梯子上下，不得攀拉变压器的附件。变压器顶盖应用油布盖好，严防工具材料跌落，损坏变压器附件。

　　（7）变压器油箱外表面如有油漆剥落，应进行喷漆或补刷。

　　变压器安装和搬运的过程中一定要求稳妥，所以在搬运和安装过程中需要用到一些如枕木、绝缘导线、石棉布等辅助手段，这些器材都是按一定的折旧率摊销的，实际摊销量与定额不符时我们一般不作换算。

　　三、变压器油按设备带来考虑，但施工中变压器油的过滤损耗及操作损耗已包括在有关定额中。

　　[应用释义]　　变压器用油过滤损耗和操作损耗在《全国统一市政工程预算定额》中已作综合考虑，各定额已包括了损耗计算，所以变压油只按设备带来考虑。

　　变压器油在注入变压器之前一般要经过变压器油的处理。

　　滤油纸在使用前应事先进行干燥，它对滤油的质量有决定性的作用，一般将滤油纸放于烘箱内，在 70～80℃ 下烘烤 24h 即可使用。烘箱上应开孔，使空气流通。干燥滤油纸时，要经常检查烘箱温度（即使是烘箱为恒温干燥箱也要检查），切勿使受热过高，以防烘坏或燃烧。滤油纸从烘箱中取出后应立即装用或放于变压器油中，以免返潮。每个滤板或滤框间通常铺放 2～5 张滤油纸，待全部滤油纸夹好后，旋转把手将滤板滤纸夹紧。

　　油过滤一定时间后，滤油纸上已有很多杂质和水分，应进行更换，更换的次数应随油的质量不同而异。对于轻度脏污的油，2h 左右更换一次；脏污较重的油，0.5～1h 更换一次。如果压力达 490kPa 以上时，说明滤纸被杂质所堵塞，滤油机不能再运行，必须停下来更换滤纸。

　　在过滤的初期，每次要把滤纸全部更换，以后只需要更换一张滤纸就可以了，即取出进油侧的一张滤纸，在出油侧增添一张新的。这样，每张滤纸均可以得到充分的利用。已经吸湿的滤纸，经过烘干除去水分以后还可以继续使用。表面粘附有杂质的滤纸，应当放进干净的油中洗涤，去掉杂质之后再进行干燥。干燥之前应尽量把残油滴尽，以免干燥时发生火灾。一般一张滤纸可以使用2～4次。

在滤油过程中，当滤过器的螺旋夹具压得不紧时，常常有油从滤板、滤框和滤纸之间的间隙挤出，积存在滤油机的集油箱内，这部分油需要通过箱底的放油阀门送回到油泵，再次过滤。

由于压力式滤油机的箱盖不是密闭的，运行中，空气和潮湿可能进入，因此，这种设备最好安放在室内或工作棚内，而且保持室内温度高于周围环境温度5～10℃，最好能把要处理的油加温到50～60℃，因为油的温度升高之后，其黏度降低，流动性变好，有助于水分的排除，从而可提高油过滤的效率。

在滤油过程中应每隔一定时间取出油样作耐压试验，以检查了解油的质量情况和滤油效果，直到符合规定要求为止。如果油的耐压强度提高很慢或者不能稳定上升，那么，除了勤换滤纸之外，还要考虑消除环境的影响。

四、高压成套配电柜安装定额是综合考虑编制的，执行中不作换算。

[应用释义] 在"配电柜的安装"这项工程内容中，已综合了基础型钢、母线、盘柜配线、接线和调试。在预算中，上述各项是单独列项的，而在概算时就只能列配电柜安装一项。这个项目的划分是以铜母线和铝母线及不带母线来划分的，在铜或铝母线内又按母线的截面区分子目，但是干式变压器安装不区分铜铝母线。

配电柜内的二次回路接线不得再列项，因为配电柜是设备，设备费中已含二次回路接线。基础型钢如果长于配电柜的总宽，也不调整。

配电柜的安装通常以角钢或槽钢作基础。埋设之前应将型钢调直，除去铁锈，按图纸要求尺寸下料钻孔（不采用螺栓固定的不钻孔）。型钢的埋设方法，一般有下列两种：

直接埋设法 在土建打混凝土桩时，直接将基础型钢放在所测量的位置上，使其与记号对准，用水平尺调好水平，并应使两根型钢处于同一水平面上且平行。当水平尺不够长时，可用一平板尺放在两根型钢上面，再把水平尺放在水平平板尺上，水平低的型钢可用垫片垫高，以达到要求值。

预留沟槽埋设法 在土建浇灌混凝土时，根据图纸要求在型钢埋设位置先预埋固定基础型钢的铁件（钢筋或钢板）或基础螺栓，同时预留出沟槽。沟槽宽度应比基础型钢宽30mm；深度为基础型钢埋入深度减去二次抹灰厚度，再加深10mm作为调整高度。待混凝土凝固后，将基础型钢放入预留沟槽内，加垫铁调平后与预埋铁件焊接或用基础螺栓固定。型钢周围用混凝土填实并用捣具捣实。同样，要调整基础型钢的水平，水平低的型钢也可用垫片将其垫高。

五、配电及控制设备安装，均不包括支架制作和基础型钢制作安装，也不包括设备元件安装及端子板外部接线，应另执行相应定额。

[应用释义] 从定额中可知此项工程内容已经综合了许多辅助项目，致使许多辅助项目不得单独列项。但还是有一些辅助项目在预算中是单独列项的。譬如"轨道制作安

装"是指用槽钢或用两根圆钢焊于扁钢上,土建已安装有预埋铁件。变压器轮以两根圆钢为轨道。"室内外接地系统"不适用于配电室,配电室内没有变压器,所以室内外接地系统应另列项。变压器安装项目包含了高压室、低压配电室等所有的接地母线,但不包含沿墙明敷设的接地母线。

六、铁构件制作安装适用于本定额范围的各种支架制作安装,但铁构件制作安装均不包括镀锌。轻型铁构件是指厚度在 3mm 以内的构件。

[应用释义]　 上述定额中已提及配电及控制设备安装,均不包括支架制作和基础型钢制作安装。所以铁构件制作安装单独列项,它适用于各种支架制作安装。

电镀是利用电解作用,在金属表面均匀地附上一层别的金属或合金。电镀可以防止金属器物表面生锈,使外形美观,或增加耐磨导电,光反射等性能,在其他定额中相应地套用即可。

七、各项设备安装均未包括接线端子及二次接线。

[应用释义]　 接线端子是指用来连接电气设备装置不同部分的导线。多股导线与设备连接时,需加接线端子,此时应按相应定额执行。但电缆终端头中已包括了焊(压)接线端子,不得重复计算。因为二次接线已在设备费中列项,故一般在设备安装中均未包括接线端子及二次接线。

第二节　工程量计算规则应用释义

一、变压器安装,按不同容量以"台"为计量单位。一般情况下不需要变压器干燥,如确实需要干燥,可执行《全国统一安装工程预算定额》相应项目。

[应用释义]　 变压器安装,以"台"为计量单位。电力变压器台数选取应根据用电负荷特点、经济运行条件、节能和降级工程造价等因素综合确定。应推广采用 S7、S9 和 SL7 等系列低损耗变压器,其容量系列为 R10,即容量按 $\sqrt[10]{10}$ 倍数增加,这是国际电工委员会确认的国际通用标准容量系列。

变压器容量的选择应按供配电负荷的计算方法,先计算电力变压器二次侧的总计算负荷,并考虑无功补偿容量、最大负荷同时系数以及线路与变压器的损耗,从而求得变压器的一次侧的计算负荷,并作为选择变压器容量的重要依据。对于无特殊要求的用电部门,应考虑近期发展,单台电力变压器的额定容量按总视在计算负荷再加大 15%～25% 来确定,以提高变压器的运行效率,但单台变压器的额定容量应不超过 1000kVA。

电力变压器的容量应能满足电动机直接启动及其他冲击负荷的用电要求。除此之外,还应考虑环境温度对其负荷能力的影响。总之,电力变压器台数和容量的确定,应根据供配电计算负荷、供电可靠性要求和用电单位的发展规划等因素综合考虑确定,力求经济合理,满足用电负荷的要求。一般说来,选用电力变压器的台数愈多,供电的可靠性愈好,但增加了设备投资和维护运行等费用。因此,在供电可靠性保证的条件下,电力变压器的台数应尽量减少。

二、变压器油过滤，不论过滤多少次，直到过滤合格为止。以"t"为计量单位，变压器油的过滤量，可按制造厂提供的油量计算。

[应用释义]　变压器油过滤，不论过滤多少次，以合格产品为准，变压器油过滤以吨为计量单位，可按制造厂规定充油量计算。其计算公式为：油过滤数量（t）＝设备油重（t）×（1＋损耗率）。不包括油样的试验、化验和色谱分析等。

三、高压成套配电柜和组合箱式变电站安装，以"台"为计量单位，均未包括基础槽钢、母线及引下线的配置安装。

[应用释义]　高压成套配电柜（俗称高压开关柜）主要用于工矿企业变配电站作为接受和分配电能之用。在成套配电柜安装过程之前，基础槽钢的加工和埋设，见第一章变配电设备工程第一节说明应用释义第四条释义。

基础槽钢的配置安装属土建施工，不计入变配电安装费用。同理，母线及引下线的配置安装，都属室外接线或室内接地系统，应另列项计入，不计入配电柜的安装配置费用。

四、各种配电箱、柜安装均按不同半周长以"套"为单位计算。

[应用释义]　各种配电箱、柜的安装固定多用螺栓或焊接固定。若采用焊接固定，每台柜的焊缝不应少于 4 处，每处焊缝长约 100mm 左右。为了保持柜面美观，焊缝宜放在柜体的内侧。焊接时，应把垫于柜下的垫片也焊在基础型钢上，值得注意的是，主控制柜、继电保护柜、自动装置柜等不宜与基础型钢焊死。装在振动场所的配电柜，应采取防震措施，一般是在柜下加装厚度约为 10mm 的弹性垫。安装固定完毕之后，即可进行柜内设备的调试和二次回路接线及仪表的检验。整个安装调试工作应符合《电气装置安装工程高压电器施工及验收规范》（GBJ 147—1990）的全部要求。

由于配电柜、箱的安装涉及到基础型钢的调整，特殊装置如主控制柜、继电保护柜等的方便操作，二次回路的接线等，所以各种配电箱、柜安装均按不同半周长以"套"为单位计算。

在浇筑基础型钢的混凝土凝固之后，即可将配电柜就位。就位时应根据图纸及现场条件确定就位次序，一般情况下是以不妨碍其他柜（屏）就位为原则，先内后外，先靠墙处后入口处，依次将配电柜放在安放位置上。

配电柜就位后，应先调到大致的水平位置，然后再进行精调。当柜较少时，先精确地调整第一块柜，再以第一块柜为标准逐个调整其余柜，使其柜面一致，排列整齐，间隙均匀。当柜较多时，宜先安装中间一块柜，再调整安装两侧其余柜。调整时可在下面加铁垫（同一处不宜超过 3 块），直到满足表 2-3 的要求，才可进行固定。

盘、柜安装的允许偏差　　　　　　　　　　　　表 2-3

项 次	项 目		允许偏差（mm）
1	垂直度（每米）		<1.5
2	水平偏差	相邻两盘顶部	<2
		成列盘顶部	<5
3	盘面偏差	相邻两盘边	<1
		成列盘面	<5
4	盘间接缝		<2

配电柜的固定多用螺栓固定。若采用焊接固定时，每台柜的焊缝不应少于 4 处，每处焊缝长约 100mm 左右。为保持柜面美观，焊缝宜放在柜体的内侧。焊接时，应把垫于柜下的垫片也焊在基础型钢上。值得注意的是，主控制柜、继电保护盘、自动装置盘等不宜与基础型钢焊死。装在震动场所的配电柜，应采取防震措施。一般是在柜下加装厚度约为 10mm 的弹性垫。柜体安装固定之后，即可对柜内设备、二次回路接线及仪表进行调整。

五、铁构件制作安装按施工图示以"100kg"为单位计算。

[应用释义]　电气设备的安装位置、配线方式以及其他一些特征，只用文字一般很难表示清楚，所以，需要用图来表达。

电气施工图是建筑施工图纸中的一个组成部分，它以统一规定的图形符号辅以扼要的文字说明，把电气设计内容明确表达出来，用以指导建筑电气施工。电气施工图是电气施工的主要依据，它是国家颁布的有关电气技术标准和通用图形符号通过绘制而成的。电气施工图是编制电气安装工程预算的依据。

在进行电气施工前，必须仔细地弄清楚电气施工图的设计意图和具体要求。为此，我们应首先能识别国家颁布和通用的各种电气元件的图形符号和文字符号。

六、盘柜配线按不同断面、长度按下表计算：

序　号	项　　　　目	预留长度（m）	说　　明
1	各种开关柜、箱、板	高＋宽	盘面尺寸
2	单独安装（无箱、盘）的铁壳开关、闸刀开关、启动器、母线槽进出线盒等	0.3	以安装对象中心计算
3	以安装对象中心计算	1	以管口计算

[应用释义]　盘柜配线要求把必须穿管的敲落打掉，然后穿管线。注意配电箱内的管口要平齐，尤其是要及时堵好管口，以防掉进异物而严重影响管内穿线。盘柜配线截面的选择见表 2-4。

盘柜配线导线截面选择

表 2-4

脱扣器额定电流（A）	绝缘铜芯导线截面（mm²）	脱扣器额定电流（A）	绝缘铜芯导线截面（mm²）
6	1.5	40	10
10	1.5	50	16
15	2.5	60	16
20	2.5	70	25
30	6.0	100	35

盘柜配线的各种开关或刀闸，在断电状态时，刀片或可动部分均不应带电。

七、各种接线端子按不同导线截面积，以"10 个"为单位计算。

[应用释义]　导线是传送电能的金属材料，有裸线与绝缘线（绝缘材料为橡胶、聚

氯乙烯）两类。一般室内外配线有铜芯、铝芯两种。铝芯导线比铜芯导线电阻大、强度低，但价廉、质轻。常用配电导线型号，用途见表2-5。

常用导线的型号和应用范围 表 2-5

型 号	名 称	用 途
BLX	棉纱编织的铝芯橡皮线	500V，户内和户外固定敷设用
BX	棉纱编织的铜芯橡皮线	500V，户内和户外固定敷设用
BBLX	玻璃丝编织的铝芯橡皮线	500V，户内和户外固定敷设用
BBX	玻璃丝编织的铜芯橡皮线	500V，户内和户外固定敷设用
BLV	铝芯塑料线	500V，户内固定敷设用
BV	铜芯塑料线	500V，户内固定敷设用
BLVV	铝芯塑料护套线	500V，户内固定敷设用
BVV	铜芯塑料护套线	500V，户内固定敷设用
BVR	铜芯塑料软线	500V，要求比较柔软时用
BVR	平行塑料绝缘软线	500V，户内连接小型电器在移动或平移动时敷设用

在导线的连接过程中应尽量减少导线接头，并应特别注意接头的质量，但必要的连接不能避免。

1. 单股铜线的连接法

较小截面单股铜线（如6mm² 以下），一般多采用绞接法连接。而截面超过6mm² 的，则常采用绑接法连接。

（1）绞接法

直接绞接时，先将导线互绞3圈，然后将导线两端分别在另一线上紧密地缠绕5圈，余线割弃，使端部都紧贴导线。分支绞接时，先用手将支线在干线上粗绞1～2圈，再用钳子紧密缠绕5圈，余线割弃。

（2）绑接法

直接连接时，先将两线头用钳子弯起一些，然后并在一起（有时中间还可加一段相同截面的辅助线），然后用一根截面为1.5mm² 的裸铜线做绑线，从中间开始缠绑，缠绑长度为导线直径的10倍，两头再分别在一线芯上缠绑5圈，其余下线头与辅助线绞合，剪去多余部分。较细导线可不用辅助线。分支连接时，先将分支线作直角弯曲，其端部也稍作弯曲，然后将两线并合，用单股裸铜线紧密缠绕，方法及要求与直线连接的要求相同。

2. 多股导线的连接法

（1）多股导线的直线绞接连接

先将导线线芯顺次解开，成30°伞状，用钳子逐根拉直，并剪去中心一股，再将各张开的线端相互交叉插入，根据线径大小，选择合适的缠绕长度，把张开的各线端合拢。取任意两股同时缠绕5～6圈，另换两股把原来两股压住或割弃，再缠5～6圈后，又取两根缠绕，如此下去，一直缠至导线解开点，剪去余下线芯，并用钳子敲平线头。另一侧亦同样缠绕。

（2）多股导线的分支绞接连接

分支连接时，先将分支导线端头松开，拉直擦净分为两股，各曲折90°，贴在干线下。先取一股，用钳子缠绕5圈，余线压在里档或割弃，依次类推，直到缠至距绝缘层

15mm 处为止。另一侧依法缠绕，不过方向应相反。

单根导线的截面等级（单位：mm²）为 1.5、2.5、4、6、10、16、25、35、50、70、95、120……。导线在户外的走线一般是架空在电杆或外墙预埋铁横担上的；室内的导线敷设有明敷、暗敷两类，具体做法有穿管、瓷柱、夹板（瓷、塑料）、槽板（木、塑料）、铝片卡等多种方式。

第三节 定额应用释义

一、变压器安装

[应用释义] 变压器安装分为 3 小节，即杆上安装变压器、地上安装变压器、变压器油过滤。其中杆上安装变压器定额编号 8-1～8-4，地上安装变压器定额编号 8-5，变压器油过滤定额编号 8-6。

1. 杆上安装变压器

工作内容：支架、横担、撑铁安装，变压器吊装固定，配线，接线，接地。

定额编号 8-1～8-4 杆上安装 （P5）

[应用释义] 变压器安装用枕木，绝缘导线、石棉布是按一定的折旧率摊销的，实际摊销量与定额不符时不作换算。

杆上安装：将电力变压器用金属台架安装在电杆上，且不需要设置围栏的变压器安装，其结构简单，投资成本少。

室内变电所具有安全可靠、运行维护方便和受气候环境条件影响小等特点；杆上安装具有结构简单、经济实用等特点，但维护条件差，供电可靠性低，因此，多用于用电负荷较小的不重要场所。

杆上变压器安装的工作内容，是在杆上先安装好装设变压器所必须的支架、横担、撑铁，再将变压器搬运至安装现场，吊装固定，最后就是配线工作。

（1）变压器的搬运。见第一章变配电设备安装第一节说明应用释义第一条释义。

（2）支架、横担、撑铁安装。利用爬索到适当位置，先用夹具固定好横担，再用夹具固定好撑铁，注意调整横担和撑铁的位置，确保横担水平。根据变压器身尺寸在适当位置安装好支架，固定。

（3）变压器安装前的检查与保管。见第一章变配电设备安装第一节说明应用释义第二条释义。

（4）变压器身的检查及安装。见第一章变配电设备安装第一节说明释义第二条释义。

（5）变压器安装。变压器经过器身检验、干燥及变压器油处理一系列检查之后，无异常现象，则可就位安装。杆上安装变压器身，用起吊设备吊运变压器至适当高度，旋转其方向，使其高、低压侧方向与变压器支架内安排的高低压电气设备的装设位置一致，利用起重设备将变压器推至支架上，注意此时支架上应用垫木垫起。安装好螺钉，将变压器与支架固定在一起，拧紧全部螺栓，确保无误后方可松开起重设备。

（6）变压器试运行。在变压器试运行前，安装工作应全部完成，并应进行必要的检查和试验，并确保已经装接高低压母线，已接上电线等。另外检查项目应符合《电气装置安装工程电力变压器、油浸电抗器、互感器施工及验收规范》（GBJ 148—1990）的规定，变压器第一次投入使用，常用方法为全电压冲击合闸。一般变压器应进行 5 次全电压冲击合闸，冲击合闸正常，带负荷运行 24h 后无任何异常情况，则可认为试运行合格。

2. 地上安装变压器

工作内容：开箱检查，本体就位，砌身检查，套管，储油柜及散热器的清洗，油柱试验，风扇油泵电动机触体检查接线，附件安装，垫铁及齿轮器制作安装，补充注油及安装后的整体密封试验。

定额编号 8-5 台上安装 （P6～P7）

［应用释义］ 变压器：变压器是根据电磁感应原理制成的一种静止变电电器，用来把交流电由一种等级的电压与电流变换为同频率的另一种等级的电压与电流。按绕组与铁芯的装置位置，可分为芯式和壳式两种，电力变压器都是采用芯式的。变压器运行时因铁损和铜耗而发热，故须采取冷却措施。一般小型变压器采用空气自冷；较大变压器为油浸式冷却；大型变压器采用吹风和强迫油循环冷却。

变压器的结构形式和产品规格是用两个字母和一个分数表示的。第一个字母表示变压器相数（三相 S，单相 D）；第二个字母为绕组导线材质（铝 L，铜不表示），必要时在两个字母之间插入绝缘介质（空气为 G，油浸式新型号不表示，旧型号为 J）、冷却方式（风冷为 F，自然冷却不表示）；横线后的分数式，分子表示额定容量（kVA），分母为高压绕组的电压等级（kV）。如 SL1-50/10 表示的变压器是油浸自冷式铝线三相变压器，容量为 50kVA，高压绕组电压 10kV。

变压器的主要指标是：额定容量（kVA）、额定电压（V）、额定电流（A），此外产品标牌上还标注效率、温升、相数、运行方式、冷却方式、重量、外形尺寸等数据。

变压器安装工作内容，根据变压器容量大小的不同有所区别。一般容量在 1600kVA 以下的变压器多为整体安装，容量在 3150kVA 以上的变压器通常是解体运到现场，油箱和附件则分别安装。变压器安装流程如图 2-1 所示。

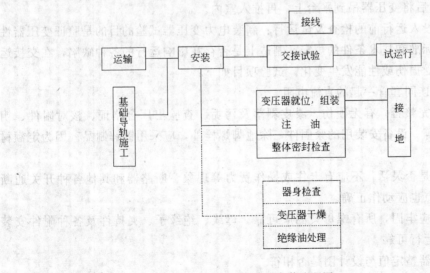

图 2-1 变压器安装流程图

电力变压器安装工程概况：

（1）施工图中电力变压器数量：主变压器的台数和容量，应根据地区供电条件、负荷性质、用电容量和运行方式等条件综合考虑确定。在有一、二级负荷的变电所中，宜装设两台主变压器；如技术经济比较合理，可装设两台以上主变压器。如变电所可由中、低侧电力网取得足够容量的备用电源，可装设一台主变压器。

设置在一类高、低层建筑中的变压器，常选择干式、气体绝缘或非可燃性液体绝缘的变压器；二类高、低层主体建筑中也宜如此，否则应采取防火措施。而在特别潮湿的环境中不宜设置浸渍绝缘干式变压器。

装有两台及以上主变压器的变电所，当断开一台时，其余主变压器的容量不应小于60％全部负荷，并应保证用户的一、二级负荷。具有三种电压的变电所，如通过主变压器各侧线圈的功率均达到该变压器容量的15％以上，则主变压器宜采用三线圈变压器。

（2）变压器的运行方式：根据对变压器的过负荷能力、投资、可靠性与灵活性综合考虑的结果，在总降压变电所中设置两台变压器是有好处的。两台变压器的运行备用方式有两种：

① 明备用：即一台工作，一台备用。两台变压器均按100％计算负荷选择。

② 暗备用：每台变压器都按计算负荷的70％选择。正常运行时两台变压器各承担50％的最大负荷，负荷率为50％/70％＝71.4％，则完全满足经济运行要求；而在故障时，单台可以过负荷的1.4倍，一台变压器可承担全部最大负荷。这种备用方式既能满足正常工作时的经济要求，又能在故障情况下承担全部负荷，是较合理的备用方式，因此应用较广泛。

（3）变压器的施工安装：设备和器材到达现场后，应及时作下列验收检查：包装及密封应良好；开箱检查清点，规格应符合设计要求，附件、备件应齐全，产品的技术文件应齐全。外观检查定额用工已经包含了这些内容。

变压器的运输与吊装等注意事项与杆上安装相同。室内变压器基础台面均高于室外地坪，要想将变压器水平推入就位，必须在室外搭一与室内变压器基础台同样高的平台（通常使用枕木），然后将变压器吊到平台上，再推入室内。

（4）变压器投入运行前的检查及试运行：新装电力变压器试验的目的是验证变压器性能是否符合有关标准和技术条件的规定，制造上是否存在影响运行的各种缺陷，在交接运输过程中是否遭受损伤或性能发生变化。试验项目如下：

① 测量线圈连同套管一起的直流电阻。

② 设备外观完整否，有无硬伤、漆皮剥落及污垢。查验出厂合格证、核对附件、钥匙、使用说明书等。设备安装用的紧固件，除地脚螺栓外，应采用镀锌制品。因为定额材料费用要求这样。

③ 操作机构是否灵活，不应有卡住或操作费力等现象。断路器和其他各种开关通断应可靠，辅助触点也应动作正确。

④ 机械安装应牢固，所有螺母紧固应可靠。母线、绝缘子、夹持件及各种附件安装均应牢固，保证运行可靠。

⑤ 检查各电器整定值与设计图是否相符。

⑥ 各部分耐压试验合格。高压柜的相与相间、相对地的测试电压为42kV；变压器高压侧对低压侧28kV；低压对地3kV；低压柜相间、相对地2.5kV；二次回路对地2kV。

试验时间均为 1min。

⑦ 仪表和各继电器动作准确可靠。

⑧ 运行管理工作必须由经过考试合格的专业人员和维修人员或按程序批准的人员担任。

母线及其安装：

（1）母线安装前应具备的条件：

① 母线装置安装前，建筑工程应具备下列条件：母线装置的预留孔、预埋件应符合设计的要求；保护性网门、栏杆以及所有与受电部分隔绝的设施齐全。

② 铜、铝母线，铝合金管母线要有出厂合格证件或资料。母线装置安装用的紧固件，除地脚螺栓外，应采用符合国家标准的镀锌制品，户外使用的紧固件应用热镀锌制品。绝缘子及穿墙套管的瓷件，应符合现行国家标准《高压绝缘子瓷件技术条件》和有关电瓷产品技术条件的规定。

母线表面应光洁平整，不应有裂纹、折皱夹杂物及变形和扭曲现象。成套供应的封闭母线、插线母线槽的各段应标志清晰，附件齐全，外壳无变形，内部无损伤。螺栓固定的母线搭接面应平整，其镀银层不应有麻面、起皮及未覆盖部分。

③ 各种金属构件及母线的防腐处理应符合下列要求：金属构件除锈应彻底，防腐漆应涂刷均匀，粘合牢固，不得有起层、皱皮等缺陷；母线涂漆应均匀，无起层、皱皮等缺陷；在有盐雾、空气相对湿度大及含有腐蚀性气体的场所，室外金属构件应采用热镀锌；在有盐雾及含有腐蚀性气体的场所，母线应涂防腐材料。

④ 支柱绝缘子底座、套管的法兰盘、保护网（罩）等不带电的金属构件应按现行国家标准《电气装置安装工程接地装置施工及验收规范》（GB 50169—1992）的规定接地。接地线应排列整齐，方向一致。母线与母线、母线与分支线、母线与电器接线端子搭接时，其搭接面的处理应符合下述规定。

（2）母线施工要求：

① 铜与铜母线搭接在室外、高温且潮湿或对母线有腐蚀性气体的室内，必须搪锡，在干燥的室内可直接连接。铜与铜母线连接必须搪锡或镀锌，不得直接连接。

铜与铜母线在干燥的室内，铜导体应搪锡；在室外或空气湿度接近 100％ 的室内，应采用铜铝过渡板，铜端应搪锡。钢与铜或铝与钢搭接面必须搪锡。

封闭母线螺栓固定搭接面应镀银。

② 母线的相序排列，当设计无规定时应符合下列规定：上下布置的交流母线，由上到下排列为 A、B、C 相，直流母线正极在上，负极在下。水平布置的交流母线，由盘后向盘面排列为 A、B、C 相，直流母线正极在后，负极在前。引下线的交流母线由左至右排列为 A、B、C 相，直流母线正极在左，负极在右。

③ 母线油漆的颜色应符合下列规定：

三相交流母线：A 相为黄色，B 相为绿色，C 相为红色；单相交流母线与引出相的颜色相同。直流母线：正极为赭色，负极为蓝色。直流均衡汇流母线及交流中性汇流母线：不接地者为紫色，接地者为紫色带黑色条纹。封闭母线：母线外表面及外壳内表面涂无光泽黑漆，外壳外表面涂浅色油漆。室外软母线、封闭母线的所有电线应在两端和中间适当部位涂相色漆。单片母线的所有母线坡口两侧表面各 50mm 范围内应清刷干净，不得有氧化膜、水分和油污；坡口加工面应无毛刺和飞边。母线对接焊缝上部应有 2～4mm 的加强高度；330kV 及以上电压的硬母线焊缝应呈圆弧形，不应有毛刺、凹凸不平之处。母线焊接应在绝缘子、盘形绝缘子和电流互感器试验合格后进行。

焊接长度不应小于母线宽度的两倍；角焊缝的加强高度应为 4mm。不得有凹陷、缺肉、未焊缝、气孔、夹渣等缺陷。咬边深度不得超过母线厚度（管形母线为壁厚）的 10%，且其总长度不得超过焊缝总长度的 20%。

（3）封闭母线的安装尚应符合下列规定：

三相交流母线及其他母线支座必须安装牢固，母线应按分段图、相序、编号、方向和标志正确放置，每相外壳的纵向间隙应分配均匀。橡胶伸缩套和连接头、穿墙处的连接法兰、外壳与底座之间、外壳各连接部位的螺栓应采用力矩扳手紧固，各接合面应密封良好。

母线终端应有防晕装置，其表面应光滑、无毛刺或凹凸不平。同相管段轴线应处于一个垂直面上，三相母线管线轴线应互相平行。

（4）软母线架设：

软母线不得有扭结、松股、断股、其他明显的损伤或严重腐蚀等缺陷；扩径导线不得有明显凹陷和变形。采用的金具除应有质量合格证外，尚应进行下列检查：规格应相符，零件配套齐全；表面应光滑，无裂纹、伤痕、砂眼、锈蚀、滑扣等缺陷，锌层不应剥落；线夹船形压板与导线接触面应光滑平整，悬垂线夹的转动部分应灵活。

3. 变压器油过滤

工作内容：过滤前的准备以及过滤后的清理，油过滤，取油样，配合试验。

定额编号   8-6   变压油过滤   （P8）

[应用释义]   变压器油按设备带来考虑，但施工中变压器油的过滤损耗及操作损耗已包括在有关定额中。

变压器是变换交流电压的电气设备，它是用来把某一电压的交流电变换成同频率的另一种电压的交流电，可以升压也可以降压。变压器是电力系统和供电系统不可缺少的重要电气设备。变压器在改变电压的同时，也改变了线路中的电流，所以从这个意义上讲，变压器也是变流器。另外，变压器还可以用来变换阻抗、改变相位等。变压器的种类很多，根据用途不同可分为输配电用的电力变压器；冶炼用的电炉变压器；电解用的整流变压器；焊接用的电焊变压器；试验用的试验变压器；测量用的仪器互感器等。根据铁芯结构形式的不同，可分为芯式和壳式两种；根据一、二次线圈的数目的多少，可分为两绕组、三绕组和多绕组变压器；根据冷却方式，还可以分为油冷和空气冷；根据相数可分为单相和三相。在电力工程中，应用最多、最普遍的是三相电力变压器，由于输电线路输送的视在功率 $S=\sqrt{3}U_{线} I_{线}$ 为定值的情况下，如果输电电压 $U_{线}$ 越高，则线路电流 $I_{线}$ 越小，这样一方面既可减少输电线路上的能量损失，又可减少输电线的截面，从而大大节省了有色金属，因此，远距离输电时采用高电压最为经济。我国目前交流输电的电压等级有 6kV、10kV、35kV、110kV、220kV 等几种。

在用电方面一般都用较低的电压，一方面是为了安全，另一方面是为了使用电设备的绝缘问题容易解决。我国现行设备的额定电压是：一般室内照明用电源为单相 220V；建筑施工照明用的安全电压是 36V、24V、12V；电动机用单相 220V 或三相 380V、3000V、6000V。

如图 2-2 所示是变压器外形图。变压器主要是由电路（线圈）和磁路（铁芯）两部分组成的，另外还有一些附属部件，如油箱、绝缘油、散热器、油枕、外壳和用来安装引出线的高低压绝缘套管等，都是为保证变压器正常工作设置的。

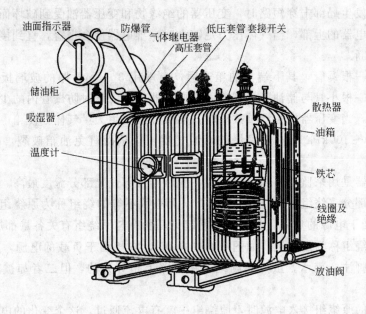

图 2-2　变压器外形

（1）磁路部分（铁芯）：为了减少磁滞损失和涡流损失，变压器的铁芯是用硅钢片叠成的，硅钢片表面涂有绝缘漆使各片相互绝缘。铁芯形状有"口"字形（芯式）与"日"字形（壳式）两大类，如图 2-3 所示。芯式结构的特点是：绕组和绝缘物的布置容易，适用于高电压、大容量的电力变压器。壳式结构的特点是：用铜量少，散热好，机械强度较高，适用于低电压、大电流的变压器。

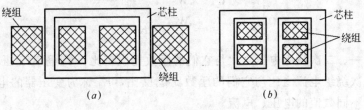

图 2-3　铁芯形状
(a) 芯式；(b) 壳式

散热是变压器设计、使用的一个很重要问题。常用变压器的散热方式有自冷式和油冷式两种。自冷式变压器依靠空气的自然对流和本身的辐射来散热。这种方式的散热效果差。适用于小型变压器。

大容量的变压器均采用油冷式散热，即把变压器的铁芯和绕组全部浸在变压器油（一种绝缘矿物油）内，使热量通过油传给箱壁散发到空气中去。为了增加散热量，人们在箱壁上装上散热管来扩大冷却表面。电力变压器一般还装有储油柜、呼吸器、气体继电器、防爆管、油温指示器等部件。储油柜的作用是给油的热胀冷缩留有空间，减少冷却油与空气的接触，以防止油氧化变质，绝缘性能降低。呼吸器把柜上部和外界空间连通，内装吸潮硅胶，当储油柜内油位下降时，外界空气经硅胶进入储油柜，空气中的大部分水分被硅胶吸收，有效地防止了变压器油受潮变质，绝缘性能劣化。

当变压器发生局部击穿短路时，变压器的绝缘物和变压器油受到破坏而产生气体。气体聚在气体继电器的上部，当气体压力足够大时，继电器便会报警，直到接通继电保护装置，把电源切断。

防爆管是一根铜管，其下端与油箱连通，上端用 3～5mm 厚的玻璃板（安全膜）密封，上部还有一根小管与储油柜上部连通。变压器正常工作时防爆管内的少量气体通过储油柜上部排出，当变压器发生严重故障时，油被分解产生大量气体，使箱内压力骤增，当油压上升到 50～100kPa 时安全膜爆破，油气喷出，从而避免油箱破裂，减轻事故危害程度。

油温指示器是用来监视箱内上层油温，变压器中部偏上部分温度最高。

（2）电路部分（绕组）：由两个或两个以上匝数不等的绕组称为原绕组，如图 2-4 中的 W_1，它相当于电源的负载。为叙述方便起见，所有与原绕组有关各量都加脚注 1 表示。与负载相接的绕组称为副绕组，如图 2-4 中的 W_2，它相当于负载的电源，所有与负绕组有关的量均加脚注 2 表示。虽然原副绕组在电路上是分开的，但二者却被同一磁路串链起来。

当变压器的原绕组接入电源时，原绕组中就有电流通过，这个变化的电流在铁芯中产生交变的主磁通（也叫工作磁道）。由于一、二次绕组绕在同一个铁芯上，所以铁芯中的主磁通同时穿过一、二次绕组。因此，在变压器的一次绕组中产生自感电动势的同时，在二次绕组中产生了互感电动势，这个互感电动势对负载来讲，就相当于它的电源电动势了，因此二次绕组与负载连接回路中也就产生了电流 I_2，使负载工作。根据电工原理可知：

$$\frac{U_1}{U_2} = \frac{W_1}{W_2} = K_u$$

$$\frac{I_1}{I_2} = \frac{W_2}{W_1} = K_i$$

即变压器一、二次绕组电压之比与它们的匝数比成正比，K_u 称为变压器的电压变比。变压器一、二次绕组电流之比与它们的匝数比成反比，K_i 称为变压器的电流变比。改变变比可以得到不同数值的电压、电流。

三相变压器的工作原理同单相变压器一样，单相变压器的基本公式中所表达的电压和电流，在三相变压器中相当于相电压和相电流。由于交流电能的产生和输送，几乎都采用三相制，所以要使三相交流升压或降压，就必须用三相变压器。三相变压器的铁芯有三个芯柱，每个芯柱上都套装原、副绕组并浸在变压器油中，其端头经过装在变压器铁盖上的绝缘管引到外面。图 2-5 是三相变压器构造图。

变压器油是指用来浸渍变压器内一、二次绕组等一些设备的一种绝缘矿物油。它有两种作用，一是防止设备生锈，二是可以冷却装置。变压器油的过滤是很重要的一个工作，变压器油过滤后，可以防止油箱内带有水分或其他杂物。变压器油过滤，不论过滤多少次，直到过滤合格为止，以"吨"为计量单位。变压器油过滤后，我们可以进行取样试验，做完配合试验后合格的变压器油才能应用，否则需再次过滤。

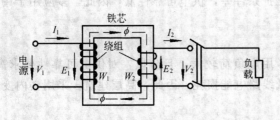

图 2-4　变压器原理示意图

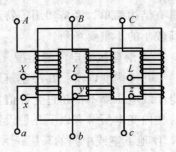

图 2-5　三相变压器

二、组合型成套箱式变电站安装

工作内容： 开箱，检查，安装固定，接线，接地。

定额编号　8-7～8-9　不带高压开关柜　　（P9）

[应用释义]　引入电源不经过电力变压器变换，直接以同级电压重新分配给附近的变电所或供给各用电设备的电能供配场所称为配电所；而将引入电源经过电力变压器变换成另一级电压后，再由配电线路送至各变电所或供给各用户用电负荷的电能供配场所称为变配电所，简称变电所。

变电所是工业企业和各类民用建筑的电能供应中心。根据变电所的设置场所和特点不同，可划分为工业企业变电所和高层建筑变电所。

1. 工业企业变电所的类型

从变电所的整体结构而言，可将工业企业变电所划分为室内变电所和室外变电所两大类。

（1）室内变电所

总降压变电所：总降压变电所的作用是将 35～110kV 的电源电压降至 6～10kV 电压，再送至各附近变电所或某些 6～10kV 的高压用电设备。

独立变电所：独立变电所是与生产车间或建筑物无联系的独立建筑物，一般适用于用电负荷比较分散，且有防火、防爆、防尘和安全管理方面的要求。例如对几个车间供电，其负荷中心未集中在某一车间，以及用电负荷不大的中小型企业都采用独立变电所。

附设变电所：附设变电所的变压器室一面与几面墙或车间的墙共用，且变压器的门和通风窗向建筑物或车间外开，它适用于一般生产车间。根据附设变电站与建筑物或车间的相对位置，而分为内附式变电站或外附式变电站。

（2）室外变电所

露天变电所：电力变压器装设于室外的承重台上，台高一般为 0.5～1m，并在周围不小于 0.8m 处装设 1.7m 高的固定护栏，围栏孔约 100mm 左右，而低压配电设备装于室内，这样的配电所称为露天变电所。

半露天变电所：其结构与露天变电所相似，只是在电力变压器的上方加装防雨、防晒顶板或上方有建筑挑檐。露天、半露天变电所也可将电力变压器装设在 2.5m 左右的砖（或石）砌筑石墩上，在其周围可不用装设围栏。

杆上变电所：将电力变压器用金属台架安装在电杆上，且不需要设置围栏的变电所，其结构简单，投资成本少。

室内变电所具有安全可靠，运行维护方便和受气候环境条件影响小等特点；室外变电所具有结构简单、经济实用等特点，但维护条件差，供电可靠性低，因此，多应用于用电负荷较小的不重要场所。

2. 高层建筑变电所的类型

（1）楼内变电所：高层建筑层数多，用电负荷较大，且分散，对供电可靠性要求高，配电干线电压降不得超过允许值，以降低线路电能损耗，因此，高层建筑多采用楼内变电所。楼内变电所常有以下几种设置方式：

① 地下室或中间的某层；

② 地下室和顶层；

③ 地下室、中间的某层和顶层。

采用楼内变电所时，应注意采取相应的防火和通风散热措施。根据建筑消防规范要求，在高层建筑主体内不允许设置有可燃性油的电气设备变电所。从经济性和安装施工方便来考虑，高层建筑楼内变电所多设在地下室内，由于电气设备条件限制和不占用楼内建筑面积也常采用辅助建筑变电所。

（2）辅助建筑变电所与独立变电所相似，它是离开高层建筑且在高层建筑近旁设置的辅助建筑，在该建筑中设置的变电所可采用油浸式电力变压器。根据变电所应尽量靠近负荷中心供电设计原则，通常将辅助建筑变电所与所用量大的冷冻机房、锅炉房、水泵房等相邻设计。为了便于巡视、操作和管理，一般将 6～10kV 的辅助建筑变电所设计成 1～2 层的建筑物。变电站是变换电压和交换电能的场所。由变压器和配电装置组成。按变压的性质和作用又可分为升压变电站和降压变电站。

组合式变电站是一种新型设备，它的特点可以使变配电系统统一化，而且体积小，安装方便，维修也方便，经济效益比较高。在经济发达国家已经广泛应用，我国自行设计的箱式变电站取各国之长，如 ZBW 系列组合式变电站适用于 6～10kV 单母线和环网供电系统，容量为 50～1600kVA 的独立箱式变电装置。它是由 6～10kVA 高压变电室、10/0.4kV 变压器室和 220/380V 低压室组成的金属结构。适用于城市建筑、生活小区、中小型工厂、铁路、油田等场所及部门。

组合式变电站的组成：箱式变电站由高压配电装置、电力变压器和低压配电装置三部分组成。其特点是结构紧凑，移动比较方便，常用高压电压为 6～35kV，低压 0.23～0.4kV。要求箱体有足够的机械强度，在运输及安装中不应变形。箱壳内的高、低压室均有照明灯，箱体采用防雨、防晒、防锈、防尘、防潮、防凝露措施，高低压室的湿度不超过 90%（25℃），箱式变电站内应通电通风良好，宜以自然通风为主，而且能防止小动物进入。在箱式变电站门的内侧应该贴有"主回路线路图"、"控制线路图"、"操作程序"及"使用注意事项"。

根据用户的不同需要，电力变压器可以采用油浸式、干式或气体绝缘式，选择有载调压或无载调压式。箱式变电站还能配置电力电容器，电容器的容量一般为变压器容量的15%～20%。箱式变电站可以安装高压或低压电度表。低压配电装置一般宜简化，可以不设置隔离开关，低压出线一般不超过 8 回路。

型号及结构形式：ZBW-315-630kVA 袖珍式组合变电所的系统图见图 2-6。

不同厂家生产的组合式电站的型号含义如图 2-7 所示。

低压室以 DW15 和 DZ20 系列自动空气开关为主要元件，多路负荷馈电、电缆输出。

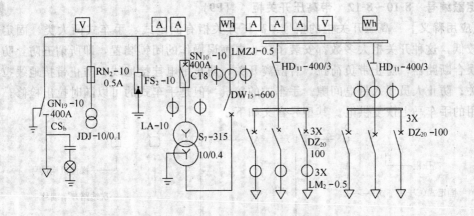

图 2-6　315kVA 组合式变电站系统图

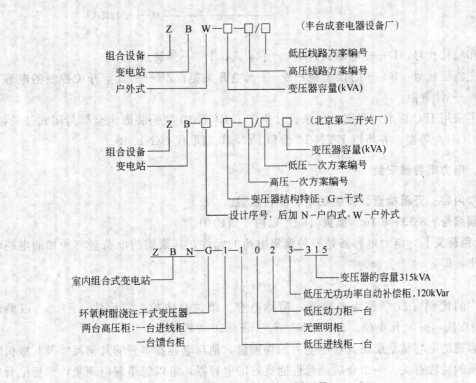

图 2-7　组合式电站不同型号

在双路和环路供电可以增设自动减载备用互投电源，以减少停电事故。有的低压室还设有无功补偿电容柜，以便提高功率因数。

小容量的变电站的高压室、变压器室和低压室一般制成一体。中等容量的变电站把上述三室制成两体或三体。而大容量变电站则制成切块组合式，以便于运输和安装。

高低压室元件的安装方式有固定式和手车式安装。在环网供电时，争取高压不停电。

不带高压开关柜的组合式变电站以自动空气开关为主要元件，可以增设自动减载备用互投电源，以减少停电事故。

定额编号　8-10～8-12　带高压开关柜　（P9）

[应用释义]　高压开关柜的型号：高压开关柜有固定式、手车式两大类。固定式的价格较低，这种开关柜大多数都安装了防止电气误操作的闭锁装置，即所谓五防：防止误跳、误合断路器；防止带负荷拉、合隔离开关；防止带电挂接地线；防止带接地线拉合隔离开关；防止人员误入带电间隙。手车式的较贵，但是手车式的可以随时拉出检修，再推入备用的手车马上恢复供电。其型号含义如下：

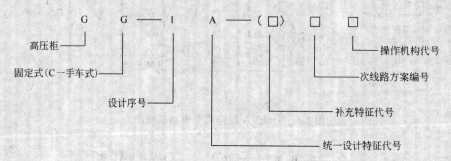

操作机构代号：D——电磁式；S——手动式；T——弹簧式。

补充特征代号：F——防误型柜；Z——真空开关柜；ZR——真空开关控制的电容补偿柜；J——计量柜。

为了采用 IEC 标准，我国近年来设计生产了 KGN-10 型铠装固定金属封闭式开关柜，将取代 GG-1A 等型，并将以 KYN-10 型和 JYN-10 型取代 GG-10 型。

三、电力电容器安装

工作内容：开箱检查，安装固定，配合试验。

定额编号：8-13～8-16　重量（kg）以内　（P10）

[应用释义]　电力电容器是一种聚集电荷的元件，其聚集的电荷量与所加的电路电压成正比，即：

$$q = CU$$

式中的比例常数 C 称为电容量，简称电容。单位是法拉，简称法（F）。还以微法（μF）或皮法（pF）作单位。$1\mu F = 10^{-6} F$，$1pF = 10^{-12} F$。

电容器的电容量是反映其容电能力的物理量，他与电容器本身的几何尺寸及其极板间的电介质的特性有关。一个介质绝缘性能良好的电容器，可以忽略漏电现象，而把他看成理想的电容元件，简称电容元件或电容。

当电容器极板上的电荷 q 或两极板间的电压 U_c 发生变化时，电路中就会产生电流 I_c，在一定的参考方向下，其数学表达式为：

$$I_c = \frac{dq}{dt} = C \frac{dU_c}{dt}$$

即在某一时刻电容电路中的电流 I_c 与该时刻的电容电压 U_c 的变化率成正比，而与此时的电容电压 U_c 的数值无关。这一特性称为电力电容器的动态特性，电容元件也称为动态元件。

上式还表明了电容元件的一个重要特性，如果电容的电流为有限值，则电容两端的电压只能连续变化而不能跃变，否则，就会导致 $dU_c/dt \to \infty$，$I_c = C(dU_c/dt) \to \infty$。这与保持电流为有限值相违背，所以电容电压一般不可能发生跃变。

如果把电容电压 U_c 表示为电流 I_c 的函数时，得：

$$U_c = \frac{1}{C}\int_{-\infty}^{t_0} I_c\,dt + \frac{1}{C}\int_{t_0}^{t} I_c\,dt$$

$$= U_c(t_0) + \frac{1}{C}\int_{t_0}^{t} I_c\,dt$$

上式表明，在某一时刻（t）电容电压的数值取决于其初始值 $U_c(t_0)$ 以及从初始时刻 t_0 到 t 所有时刻的电流值，而与电流的全部历史状态有关，所以，电容是一种有"记忆"功能的元件。

若将上述两式变形得：

$$\int_0^t U_c i\,dt = \int_0^{U_c} CU_c\,dU_c = \frac{1}{2}CU_c^2$$

即

$$W_r = \frac{1}{2}CU_c^2$$

这说明电力电容器在时间由 0 到 t，电压由 0 变到 U_c 的过程中，从电源吸收能量储存于两极板间的电场中；而电容器在某一时刻所储能量只与此时刻的电容电压的平方成正比。电容器是一种储能元件。上式是计算电容器极板间的电能容量的公式。

实际中广泛采用的补偿无功的并联电力电容器，其装设的位置因不同的补偿方式而不同。电力电容器的补偿方式通常分为三种：个别补偿、分组补偿和集中补偿。个别补偿就是将电力电容器装设在需要补偿的电气设备附近，使用中与电气设备同时运行和退出，如个别补偿处于供电的末端负荷处，他可补偿安装地点前面所有高、低压输电线路及变压器的无功功率，能最大限度地减少系统的无功输送量，使得整个线路和变压器的有功损耗减少，及导线的截面、变压器的容量、开关设备等规格尺寸的降低，他有最好的补偿效果。其缺点是：①普遍采用时总体投资费用大；②由于设置地点分散，不便于统一管理；③其处于工作现场附近易受到周围不良环境的影响；④因设备退出运行时也同时切除电容器，所以利用率低。个别补偿适用于长期运行平稳的、无功需求量大的设备设置。

对感应电动机进行个别补偿时，为避免发生过补偿，其补偿容量大小一般应以空载时电动机的功率因数补偿至所需的无功为准，以便当电动机带负荷时，仍可取得滞后的功率因数角。

分组补偿，即对用电设备组，每组采用电容器进行补偿。其利用率比个别补偿大，所以电容器总容量比个别补偿小，投资比个别补偿小，但其对从补偿点到用电设备的这段配电线路上的无功是不能进行所需要的补偿的。

集中补偿的电力电容器通常设置在变、配电所的高、低压母线上。将集中补偿的电力电容器设置在用户总降压、变电所的高压母线上，这种方式投资少，便于集中管理；同时能补偿用户高压侧的无功以满足供电部门对用户功率因数的要求。但其对母线后的内部线路没有无功补偿。

电力电容器设置在低压母线上能补偿母线前面的变压器、高压配电线路及系统的无功。

工厂及民用供配电系统中电力电容器常采用高、低压混合补偿方式，以互相补充，发挥各补偿方式的特点。在配电网中由于补偿点的分散性，因而对电力电容器及补偿容量有一个合理分配的问题。

下面我们就电力电容器的特点来说明电力电容器的接线、保护和控制：

1. 电力电容器的接线

并联电容器组的基本接线分为星形和三角形两种。此外还有从星形和三角形派生出来的双星形和双三角形接线。

通常电力电容器组接成三角形为多。采用三角形接线时各相电容器承受电网额定电压、三相容抗的不平衡不会影响各相电容器组的工作电压。它可以补偿不平衡荷载，在任一相电容器断线时仍可补偿三相线路。它可构成 $3n$ 次谐波通路，有利于消除系统 $3n$ 次谐波。但在采用三角形接法时，当一相电容器全击穿时，将形成两相短路故障，短路电流很有可能会造成故障电容器爆裂扩大事故。因此对高压、电容量较大的电容器组宜采用星形接法，以在一相电容器全击穿时有较小的故障电流。高压电容器装置通常由补偿电容器、串联电抗器、放电线圈（或电压互感器）、断路器、熔断器、电流互感器、继电保护装置等组成。串联电抗器主要为限制电容器组投入系统产生的涌流而设置。放电线圈除承担电容器组放电任务外，其二次线圈一般还兼作测量与保护用。当无专门放电线圈时，可用满足条件的电压互感器代替。

低压电力电容器多为三相式的并且电容器内部已连接成三角形，带内部熔丝。

2. 电力电容器的控制与保护

电力电容器的控制可采用手动投切和自动控制。

手动投切电容器组简单、经济，它最适合于无须频繁操作、长期投入运行的电容器组。

由于供电系统中的负荷总在不断变化，系统中补偿无功的电容器组为保证供电质量、保证电网经济运行，必须要根据负荷的情况不断进行投切，防止在负荷低谷期发生部分线路补偿过度及电压过高等现象。我们把系统中全部电容器分为两部分：一部分用于补偿系统的基本无功功率，其无须经常投切，可采用手动控制；另一部分需要根据无功变化的情况进行较频繁的投切控制，这部分电容器组通常装设在断路器二次控制回路中实现用高压断路器进行自动控制，对低压电容器通常装置用接触器进行分组控制。自动投切装置可以根据变电所母线电压的高低进行控制，或根据负荷大小进行投切，或根据每月负荷固定变化进行昼夜时间的定时投切控制，或按照无功功率方向的变化进行自动控制等。无功自动补偿控制器根据检测负荷的大小及功率因数的高低，通过补偿屏中各个接触器专门控制各组电容器的投切。

对电力电容器控制方式选用的原则：

（1）由于自动无功补偿控制投资大，运行维护复杂，所以能不用的地方或采用效果不大的地方尽量不用。

（2）由于采用高压电容器自动投切对换切设备要求高、价格贵，而且国内产品的质量尚不稳定，因此在高、低压电容器自动补偿效果相同的情况下，宜采用低压自动无功补偿电容器。

四、配电柜箱制作安装

[应用释义]　配电柜箱制作安装包括高压成套配电柜安装（定额编号 8-17～8-20）、成套低压路灯控制柜安装（定额编号 8-21～8-25）、落地式控制箱安装（定额编号 8-26～8-33）、杆上配电设备安装（定额编号 8-34～8-38）、杆上控制箱安装（定额编号 8-39～8-42）、控制箱柜附件安装（定额编号 8-43～8-45）、配电板制作安装（定额编号 8-46～8-52）等小节。

1. 高压成套配电柜安装

工作内容：开箱检查，安装固定，放注油，导电接触面的检查调整，附件的拆装，接地。

定额编号　8-17～8-18　单母线柜　（P11）

[应用释义]　高压成套配电柜安装定额是综合考虑编制的，执行中不作换算。

成套配电柜：成套配电柜有高压和低压两种。高压配电柜（俗称高压开关柜）主要用于工矿企业变配电站作为接受和分配电能之用。低压配电柜（习惯称低压配电屏）用于发电厂、变电站和企业、事业单位，频率为 50Hz，额定电压 380V 及以下的低压配电系统，作为动力、照明配电之用。有固定式和抽屉式两种，目前普遍采用的固定式低压配电屏主要是 $PGL-\frac{1}{2}$ 型，抽屉式低压配电屏有 BFC 系列和 BCL 系列。

高压成套配电柜：高压配电柜，俗称高压开关柜，有固定式、手车式两大类。固定式的价格较低，这种开关柜大多数都安装了防止电气误操作的闭锁装置。手车式的较贵，但是手车式的可以随时拉出检修，再推入备用的手车马上恢复供电。

单母线柜：单母线柜是指采用单母线接线方式，即由多台高压开关柜与同一段高压母线相连接的线路。

"配电柜的安装"这项工程内容已经综合了基础型钢、母线、盘柜配线、接线端子和调试。在预算中，上述各项是单独列项的，而在概算时就只能列配电柜安装一项。这个项目的划分是以铜母线和铝母线及不带母线来划分的，在钢线内又按母线的截面区分子目，但是干式变压器不区分铜铝母线。

配电柜的二次回路不得单独列项，因为配电柜是设备，设备费中已含二次回路接线。

母线制分为单母线不分段接线、单母线分段接线和双母线接线等接线方法。

（1）单进单出带计量的接线方式，即采用单台电源进线柜、单台高压开关出线柜和单台高压计量柜构成，适用于单树干式配电系统。为了保证高压母线上的均权功率因数（按有功电能和无功电能为参数计算的功率因数）在 0.9 以上，还应考虑在变电所集中装设高压或低压移相电容器柜。对供电要求不高且只装设一台变压器的变电所，宜采用这种简单结构的接线方式。

（2）单进多出带计量的接线方式。即采用单台电源，多台高压开关出线柜和单台计量柜。适用于对供电可靠性要求较高，季节性或昼夜性负荷变化较大，以及用电负荷较为集中的中、小型工厂或车间，其变电所内设置低压侧采用单母线分段接线方式，使供电系统的可靠性和灵活性获得进一步提高。

（3）双进多出带计量的接线方式。即采用双回电源引，一用一备，经高压单母线由多台高压开关柜引出馈线至各电力变压器或高压电动机等电气设备，并设置高压计量柜。这种接线方式的供电可靠性和灵活性较上述两种单电源进线的单母线接线要好，适用于Ⅰ级负荷，而上述两种接线方式只适用于Ⅲ级负荷。对于Ⅱ级负荷供电，应该获取邻近车间变电所或低压配电网的 380/220V 的备用电源，并在用电负荷的工作电源与备用电源的进线上设置自动空气开关，以实现带负荷进行自动投切的要求。

根据以上几种不同形式，现分述如下：

（1）单母线不分段接线方式

单回电源只能采用单母线不分段接线方式。在每条引入、引出线路中都装设有断路器和隔离开关。其中断路器用来切断负荷电流或短路电流，隔离开关有明显的断开点，所以将隔离开关装于靠近母线侧，即母线隔离开关，在检修断路器时用以隔离母线电源；将隔离开关装于线路侧，即线路隔离开关，在检修断路器时用来防止从用户侧反向馈电或防止雷电过电压沿线路侵入，以确保检修人员的安全。

显而易见，单母线不分段接线方式，电路简单，使用电气设备少，变配电装置造价低，但其可靠性与灵活性较差。当母线、母线隔离开关发生故障或检修时，必须停止整个系统的供电，因此，单母线不分段接线方式只适用于对供电连续性要求不高的用电单位。

如果把母线隔离开关间的母线分为两段及以上，这样当某段母线故障或检修时，在其中一部分隔离开关分断，其他无故障电路利用另一部分隔离开关的打开来继续维持对负荷的供电。即把故障限制在故障段之内，或在某段母线检修时不影响另一段母线的继续运行，从而提高了供电系统的供电灵活性。

（2）单母线分段接线方式

属Ⅰ、Ⅱ级负荷的中小型工厂、炼钢厂等，其变电所内设置两台变压器或还有高压电动机等负荷时，宜采用具有二回电源进线、高压侧（及低压侧）为单母线分段的接线方式。所谓单母线分段，就是每回电源接一段母线，再由该段母线经多台开关柜引出馈线，各段母线间则用母线开关连接起来。这样，正常时母联开关断开，各段母线独立运行。当任一回电源出现故障时，母联开关手动或自动投入运行，将故障段负荷转移到正常电源上。由此可见，这种接线方式的可靠性和灵活性很高，因而被广泛应用于Ⅰ、Ⅱ级负荷。

① 两回进线单母线分段接线

在两回进线条件下，可采用单母线分段主接线，以克服单母线不分段主接线存在的问题。根据电源数目和功率，电网的接线情况来确定单母线的分段数，通常每段母线要接一或两回电源，引出线再分别从各段上引出。应使各母线段引出线的电能分配尽量与电源功率平衡，以减少各母线段间的功率交换。单母线的分段可采用隔离开关或断路器来实现，选用分段开关不同，其作用也不完全一样。

用隔离开关分段的单母线接线方式，适用于双回电源供电，且允许短时停电的二次负荷用户。它可以分段单独运行，也可以并列同时运行。采用分段单独运行时，各段就相当于单母线不分段接线的运行状态，各段母线的电气系统互不影响。这样，当某段母线出现故障或检修时，仅对该母线段所带用电负荷停止供电；当某回电源出现故障或检修时，如果其余回电源容量能担负全部引出线负荷，则可"倒闸操作"恢复对全部引出线负荷的供电。可见，在"倒闸操作"中，须对母线作短时停电。采用并列同时运行时，当某回电源出现故障或检修时，则无须母线停电，只须切断该回电源的断路器及隔离开关，并对另外电源的负荷作适当调整即可。但是，如果母线出现故障或检修时，也会使正常母线段短时停电。用断路器分段的单母线接线方式，分段断路器除具有分段隔离开关的作用外，还具有相应的保护，当某段母线发生故障时，分段断路器与电源进线断路器将同时切断，非故障段母线仍保持正常工作。当对某段母线检修时，可操作分段断路器、相应的电源进线断路器、隔离开关按程序切断，而不影响其余各段母线的正常运行。所以采用断路器分段的单母线接线方式供电可靠性较高。但是，不管是用断路器还是隔离开关分段的单母线接线方式，在母线出现故障或检修时，都会使接在该母线段上的用户停电。为此可采用单母线加旁路来解决。例如当对引出线断路器检修时，须先使引出线断路器切断，再使隔离开关切断（指一部分故障电路隔离开关），将另一部分无故障电路隔离开关合上，最后合上旁路母线断路器，即可为线路正常供电，保证在线路出现故障或检修时的用户用电要求。

②　三回进线单母线分段接线

二回进线单母线分段接线存在主受电回路在检修时，备用受电回路投入运行后又发生故障，而导致用户停电的可能性。因此，对用电负荷要求高的用户，采用此种供电方式还不易满足某些工程负荷的用电要求。《民用建筑电气设计规范及条文说明》（JGJ/T 16—1992）中规定："对于特等建筑应考虑一电源系统检修或故障时，另一电源系统又发生故障或其他严重情况，此时应从电力系统取得第二电源或自备电源。"以保证特等建筑所要求的供电可靠性，避免产生不该的或不应有的重大损失或有害影响。

从电力系统或由工业企业总降压变电所取得第三电源，可构成三回三受电断路器供电方式，用断路器或隔离开关将单母线分为三段。三个供电回路的断路器或隔离开关由正常运行时断开的母联断路器，或母联隔离开关互为备用。其操作、保护及自动装置较简单，但负荷调配能力差，一般适用于供电回路按短路电流选择的导线截面，即足以能承担 $2PC/3$ 以上负荷要求的变电所，较少采用。

如改接成三回四受电断路器供电方式，同样有三个供电回路，四台受电断路器，在供电回路Ⅰ、Ⅱ正常运行时，供电回路Ⅲ为备用状态（可由电力系统或自备柴油发电机组获得）。这样，当供电回路Ⅰ或Ⅱ的受电断路器故障跳闸时，备用供电回路Ⅲ的断路器经人工或备用电源自动投入装置合上，以保证正常供电。当供电回路Ⅰ或Ⅱ维修时，备用电源Ⅲ可作为临时正常运行供电回路。此时若其中之一供电回路又发生故障，而被维修的供电回路尚未完工，则只有一段母线断电，而不会发生全部母线断电的情况，提高了供电的可靠性。这种供电方式的每一供电回路，均可按 $PC/2$ 选择供电线路的导线截面及电气设备。

可见，这种供电方式可靠性很高，完全避免了两回进线单母线分段接线方式所存在的供电停电事故，保证了供电的可靠性，并具有负荷调配灵活的特点。

总之，无论是线路—变压器组接线还是单母线接线，对变电所主接线的设计应首先考虑满足供电的安全可靠性要求，并力求线路简单，设备选择经济、实用，具有先进性。如在熔断器能满足继电保护配合条件时，1000kVA 及以上的变压器可采用负荷开关与熔断器作为线路投切和短路保护设备。对于高压供电的用户原则上应采用高压计量（高供高量）方案，对于变压器容量 560kVA 及以下的用户，也可采用低压计量（高供低量）方案。同时，还须考虑功率因数补偿，保证变电所高压母线上的均权功率因数 0.9 以上，低压母线上的均权功率因数 0.85 以上。

定额编号　8-19～8-20　双母线柜　　（P11）

[应用释义] 母线：也称汇流排，在原理上就是电气电路中的一个电气节点，起着集中变压器电能和向用户馈线分配电能的作用。

双母线：当用电负荷大，重要负荷多，对供电可靠性要求高或馈电回路多而采用单母线分段存在困难时，任一供电回路或引出线都经一台断路器和二台母线隔离开关接于双排母线上，其中一个为工作母线，一个为备用母线。

双母线接线方式多应用于大型工业企业总降压变电所的 35～110kV 母线系统和有重要高压负荷馈电线路的 6～10kV 母线系统中。由于工厂或高层建筑变电所内馈电线路并不多，对于Ⅰ级负荷，可采用三回路进线单母线分段接线也可满足其供电可靠性高的要求，所以一般 6～10kV 变电所不推荐使用双母线接线方式。

根据双母线接线方式中两母线的工作方式，现分下列几种情况：

（1）两组母线分别为运行与备用状态

其中一组母线运行，一组母线备用，即两组母线互为运行和备用状态。与其中一组母线连接的母线隔离开关闭合，与另一组母线连接的母线隔离开关断开，两组母线间装设的母线联络断路器在正常运行时处于断开状态，其两侧与之串接的隔离开关为闭合状态。当工作母线发生故障或检修时，经"倒闸操作"即可由备用母线继续供电。

（2）两组母线并列运行

两组母线同时并列运行，但互为备用。按可靠性和电力平衡的原则要求，将电源进线与引出线路同两组母线连接，并将所有母线隔离开关闭合，母线联络断路器在正常运行时也闭合。当某组母线发生故障或检修时，仍可经"倒闸操作"，将全部电源和引出线路均接于另一组母线上，继续为用户供电。

由此可见，由于双母线两组互为备用，所以大大地提高了供电可靠性，也提高了主接线工作的灵活性。如轮流检修母线时，经"倒闸操作"而不会引起供电的中断；如上所述，当工作母线发生故障时，也可通过备用母线迅速对用户恢复供电；检修引出馈电线路上的任何一组母线隔离开关，仅会使该引出线馈电线路上的用户停电，而其他引出线馈电线路上的用户供电不受影响。故双母线接线具有单母线分段接线所不具备的优点，向无备用电源用户供电时更显其优越性。但是，由于"倒闸操作"程序较复杂，而且母线隔离开关被用作操作电器，在负荷情况下进行各种切换操作时，如误操作会产生强烈电弧而使母线短路，造成极为严重的人身伤亡和设备损伤事故。为了克服这一问题，保证此类负荷用电的可靠性要求，可采用分段双母线接线方式。这样，只需对工作母线分段，在正常运行时只有一母线组投入工作，而另一母线组为固定备用。这样当某段工作母线发生故障或检修时，可使"倒闸操作"程序简化，减少误操作，使供电可靠性得到了提高。

2. 成套低压路灯控制柜安装

工作内容： 开箱检查，柜体组装，导线挂锡压焊，接地排安装，设备调试，负载平衡。

定额编号 8-21～8-25 常规电气配电柜 （P12）

[应用释义] 常规电气配电柜通常可分为高压配电柜和低压配电柜两种。高压配电柜主要用于工矿企业变配电站作为接受和分配电能之用。低压配电柜用于发电厂、变电站和企业、事业单位，频率为 50Hz，额定电压 380V 及以下的低压配电系统，作为动力、照明配电之用。

成套低压路灯控制柜属于低压配电柜，成套低压路灯控制柜的安装包括基础型钢、母线、盘柜配线，接线和调试等。

在浇注基础型钢的混凝土凝固后，即可将成套低压路灯控制柜就位。应根据图纸及现场条件确定就位次序，一般情况下以不妨碍其他柜就位为原则，先内后外，先靠墙入口处，依次将配电柜安装。

配电柜就位后，先调到大致水平位置，然后再进行精调。当柜较少时，先精确地调整第一台柜，再以第一台为标准逐个调整其余柜，使其柜面一致、排列整齐、间隙均匀。当柜较多时，宜先安装中间一台，再调整安装两侧其余柜。调整时可在下面加垫铁（同一处不宜超过 3 块），直到满足要求，即可进行固定。

柜体安装就位后，应进行导线挂锡压焊，使低压路灯控制柜连入电路，正常完成后，成套低压路灯控制柜需带负荷试运行 3～5h，合格后方可启用。

3. 落地式控制箱安装

工作内容：箱体安装，接线，接地，调试和平衡分路负载，销链加油润滑。

定额编号　8-26～8-29　半周长 1m 以内　　（P13）

[应用释义]　　落地式控制箱安装类似于路灯控制箱，但也有不同，因为一般控制箱是安装在台上或柱上，而落地式控制箱是安装在地面上的，还有一点不同的，若此落地式控制箱为主控制箱，为操作方便，一般不宜与基础型钢焊死，而只须用精制六角螺栓拴紧。

落地式控制箱可直接安装在地面上，也可以安装在混凝土台上，两种形式实为一种，都要埋设地脚螺栓，以固定控制箱。

埋设地脚螺栓时，要使地脚螺栓之间的距离和控制箱的安装孔尺寸一致，且地脚螺栓不可歪斜，其长度要适当，使紧固后的螺栓高出螺帽 3～5 扣为宜。

控制箱安装在混凝土台上时，混凝土台的尺寸应视贴墙或不贴墙两种安装方法而定。不贴墙时，四周尺寸应超出控制箱 50mm 为宜。贴墙安装时，除贴墙的一边外，其余各边应超出控制箱 50mm，距离太窄，螺栓固定点强度不够；太宽了，造成材料的浪费，也不美观。

待地脚螺栓或混凝土台凝固后，即可将控制箱就位，进行水平和垂直的调整，水平误差不应大于 1/1000，垂直误差不应大于其高度的 1.5/1000，符合要求后，即可将螺帽拧紧固定。

装在振动场所时，应采取防振措施，可在盘与基础间加以厚度适当的橡胶减震垫（一般不少于 10mm），防止由于振动使电器件发生误动作，造成事故。

定额编号　8-30～8-33　半周长 2m 以内　　（P13）

[应用释义]　　与上述不同的是，箱体周长的增加，这就要求我们在安装箱体时，应根据图纸及现场条件预留位置或就地安装。

4. 杆上配电设备安装

工作内容：支架、横担、撑铁安装，设备安装固定，检查，调整，油开关注油，配线，接线，接地。

定额编号　8-34　跌落式熔断器　　（P14）

[应用释义]　熔断器：它是一种结构简单、使用方便、价格便宜的保护电器，因而

在电力拖动系统和民用建筑供配电系统中都得到了广泛的应用。

（1）熔断器的结构组成和工作原理

熔断器主要由熔体和安装熔体的绝缘座组成。熔体既是感测元件，也是执行元件。它串接于被保护电路，当电路发生过载或短路故障时，流经熔体的电流使其发热加剧，达到熔化温度时，熔体熔断而分断故障线路。制作熔体的材料有两种：一种是低熔点材料如铅锡合金、锌等；另一种是高熔点材料，如银、铜等。熔体被制成丝状或片状，绝缘管（座）一般由硬质纤维或瓷质绝缘材料制成，其用途是安装熔体及在熔体熔断时灭弧。

电器设备的电流保护主要有两种形式：过载延时保护及短路瞬时保护。保护特性方面来看，过载需要反时限保护特性，而短路需要瞬时保护特性。从参数方面看，过载要求熔化系数小，发热时间常数大，而短路则要求熔体具有较大的限流系数和较小的发热系数以便短路时能迅速切断电路。因此，从工作原理来看，过载时动作的物理过程主要是热熔化过程，而短路则主要是熔断器的电弧熄灭的过程。

（2）熔断器的保护特性

熔断器的保护特性又称为安秒特性，用于表征流过熔体的电流与熔体熔断的时间关系，具有反时限性。这是因为熔断器是以过载发热现象为动作基础的，而在电流引起的发热过程中，满足 I_r^2 为常数的规律，即熔断时间与电流的平方成反比。

通常以 I_r 表示熔断器的最小电流，它通常是以 $1\sim2h$ 内能使熔体熔断的最小电流来确定的。I_{re} 为熔断器的额定电流，根据对熔断器的要求，熔体在额定电流下绝不应熔化，因此，I_{re} 必须小于 I_r。

I_r 与 I_{re} 的比值称为熔化系数（$K_r=I_r/I_{re}$），它是表征熔断器保护小倍数过载时灵敏度的指标。K_r 越小，对小倍数过载保护越灵敏，但当 K_r 接近于 1 时，熔体在额定电流 I_{re} 下工作温度较高，可能会因保护特性本身误差引起误保护，即发生在 I_{re} 下也熔断的情况。

当熔体采用低熔点的金属材料时，熔化时需要的热量小，熔化系数较小，保护灵敏度较高，有利于过载保护，常用于对照明电路的过载和短路保护。低熔点金属材料的熔体的不足之处在于：电阻系数较大，熔体截面积较大，熔断时产生的金属蒸汽多，不利于熄弧，因而分断能力较低。当熔体采用高熔点的金属材料时，熔化时熔化所需热量大，熔化系数大，不利于过载保护；但因其电阻系数较小，熔体截面积较小，分断能力较高，故常用于动力负载线路的短路瞬时保护。

（3）熔断器的选用

常用熔断器有管式熔断器、螺旋式熔断器及跌落式熔断器。

熔断器选择时几个主要的技术参数如下：

额定电压：熔断器长期工作时可承受的电压，其值应等于或高于负载线路额定电压。

额定电流：熔断器长期工作时各部件（熔体和熔断管、座）的温升不超过规定值所能承受的电流。其值应根据负载的性质及负载线路的额定电流选用。注意熔体额定电流应不超过熔断管座的额定电流。

极限分断能力：指熔断器在规定电压和时间常数的情况下能分断的最大电流值，它反映了熔断器对短路电流的分断能力。

熔断器类型的选择主要依据负载的保护特性和短路电流的大小选择熔断器的类型。对于容量小的电动机和照明支线，常采用熔断器作为过载及短路保护，因而希望熔体的熔化系数适当小些。通常选用铅锡合金熔体的熔断器。对于较大容量的电动机和照明干线，则应着重考虑短路保护和分断能力。通常选用具有较高分断能力的 RM10 和 RL1 系列的熔断器；当短路电流很大时，宜采用具有限流作用的 RT0 和 RT12 系列的熔断器。

为防止发生越级熔断、扩大事故范围，上、下级（即供电干支线）线路的熔断器的间接配合应良好。选用时，应使上级（供电干线）熔断器的熔体额定电流比下级（供电支线）的大 1～2 个级差。

（4）跌落式熔断器安装

跌落式熔断器又称跌落式开关。常用的有 RW$_3$-10（G）、RW$_4$-10（G）、RW$_7$-10 型等。熔断器由瓷绝缘子、接触导电系统和熔管等三部分组成。如图 2-8 所示即为 RW$_3$-10（G）型户外高压跌落式熔断器，其主要用于 10kV、频率 50Hz 的架空配电线路及电力变压器进线侧作短路和过负荷保护。在一定条件下可以分断与接通空载架空线路、空载变压器和小负荷电流。在正常工作时，熔丝使熔管上的活动关节锁紧，故熔管能在上触头的压力下处于合闸状态。当熔丝熔断时，在熔管内产生电弧，熔管内衬的消弧管在电弧作用下分解出大量气体，在电流过零时产生强烈的去游离子作用而熄火电弧。由于熔丝熔断，继而活动关节释放使熔管下垂，并在上下触头的弹力和熔管自重的作用下迅速跌落，形成明显的分断间隙。

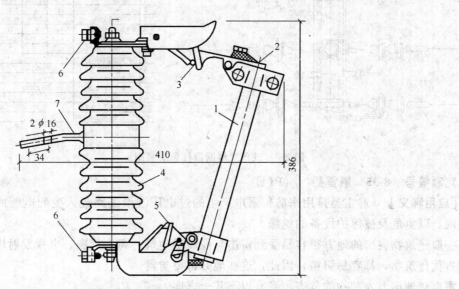

图 2-8 RW$_3$-10（G）型跌落式熔断器外形

1—熔管；2—熔丝元件；3—上触头；4—绝缘瓷套管；5—下触头；6—端部螺栓；7—紧固板

跌落式熔断器的操作比较简单，拉闸时只要用绝缘杆伸入环内将熔丝管合入鸭嘴触头卡住即可。

跌落式熔断器在安装前应检查瓷件是否良好，熔丝管是否有吸潮膨胀或弯曲现象。各接触点是否光滑、平正，接触是否严密。熔丝管两端与固定支架两端接触部分是否对正，如有歪扭现象应调整。各部分零件完整，固定螺钉没有松动现象，接触点的弹力适当，弹性的大小以保证接触时不断熔丝为宜，转动部分要灵活，合熔丝管时上触头应有一定的压缩行程。熔丝应无弯折、压扁、碰伤，熔丝与铜引线的压接不应有松脱现象。

跌落式熔断器通常是利用铁板和螺丝固定在角钢横担上，如图2-9所示。其安装高度应便于地面操作，一般可为4～5m；安装之后熔管轴线与地面垂线的夹角为15°～30°，且应排列整齐，高低一致，水平相间距离不得小于500mm，熔断器本身各部分零件完整，转轴应光滑灵活，铸件不应有裂纹、砂眼、锈蚀。

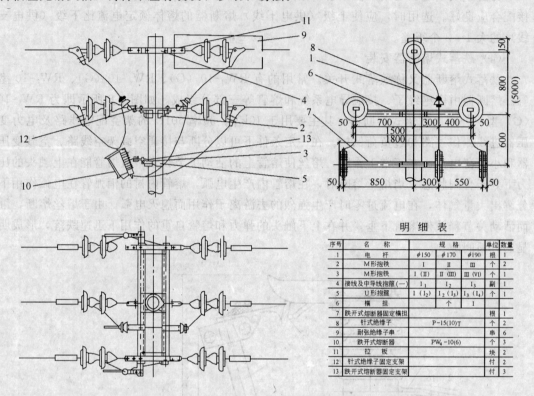

明 细 表

序号	名 称	规 格			单位	数量
1	电　杆	φ150	φ170	φ190	根	1
2	M形抱铁	I	II	III	个	1
3	M形抱铁	I (II)	II (III)	III (VI)	个	1
4	接线及中导线抱箍（一）	I₁	I₂	I₃	副	1
5	U形抱箍	I (I₂)	I₁ (I₃)	I₃ (I₄)	个	1
6	横　担		个	I	根	1
7	跌开式熔断器固定横担				根	1
8	针式绝缘子	P-15(10)T			个	2
9	耐张绝缘子串				串	6
10	跌开式熔断器	PW₄-10(6)			个	3
11	拉　板				块	1
12	针式绝缘子固定支架				付	1
13	跌开式熔断器固定支架				付	3

图2-9　跌落式熔断器杆顶安装图

定额编号　8-35　避雷器　（P14）

[应用释义]　避雷器是用来防护雷电产生的过电压波沿线路侵入变配电所或其他建筑物内，以免危及被保护设备的绝缘。

一般建筑物突出的地方很容易受到雷击，像高层建筑、高大烟囱、电视发射塔、及高大的古代建筑物，都容易引雷。因此，这些地方都要防雷。

雷电对地面上人和物的危害主要有以下几个方面：

（1）雷电对地面产生的直接雷击。当雷电产生直接雷击时，释放电流很大，而且放电时间短促，会产生大量热能，使被雷击的金属熔化，木质设备燃烧，易燃、易爆物品起火爆炸时，人畜伤亡，造成巨大的经济损失和人员伤亡。

（2）感应雷击。在云层中发生雷电时，会产生巨大的雷电电流。这些雷电电流产生磁效应和电磁感应，使落雷区内的导体产生数十万伏感应电压。这些感应电压使电气设备绝缘材料击穿，也产生放电现象，造成设备间火花放电，引起电气设备损坏或火灾，同时也会使人体触电死亡。

（3）雷电产生机械力，使被击中的物体发热产生剧烈膨胀或急速蒸发，使这些物品炸裂。

（4）雷击时在雷点附近产生跨步电压，使附近人畜进入后承受较高跨步电压而发生触电。

而雷电是常见的一种自然现象，时有发生，因此我们应采取防雷措施，避雷器就是用来避免或者减少这种危害的设备，避雷器应与被保护设备并联，在被保护设备的电源侧面。

避雷器的形式，主要有阀式和排气式等。

（1）阀式避雷器

由火花间隙和阀片组成，装在密封的磁套管内。阀式避雷器在线路上出现过电压时，其火花间隙击穿，阀片能使雷电流顺畅地向大地泄放。当过电压一消失，线路上恢复工作电压时，阀片呈现很大的电阻，使火花间隙绝缘迅速恢复而切断工频续流，从而保证线路恢复正常运行。必须注意：雷电流流过阀电阻时要形成电压降，这就是残余的过电压，称为残压，这残压要加在被保护设备上。因此，残压不能超过设备绝缘允许的耐压值，否则设备绝缘仍要被击穿。

阀式避雷器还有一种磁吹型，即磁吹式避雷器，内部附有磁吹装置来加速火花间隙中电弧的熄灭，从而可进一步降低残压，专用来保护重要的或绝缘较为薄弱的设备如高压电动机等。

（2）排气式避雷器

通称管型避雷器，由产气管、内部间隙和外部间隙组成，排气式避雷器具有残压小的突出优点，且简单经济，但动作时有气体吹出，因此只用于室外线路，变配电所一般采用阀式避雷器。

（3）保护间隙

又称角式避雷器，它简单经济，维护方便，但保护性能差，灭弧能力小，容易造成接地或短路故障，引起线路开关跳闸或熔断器熔断，造成停电。因此，对于装有保护间隙的线路上，一般要求装设 ARD 与之配合，以提高供电可靠性，保护间隙用于室外且负荷次要的线路上。

（4）金属氧化物避雷器

又称压敏避雷器，这是一种没有火花间隙只有压敏电阻片的新型避雷器。目前，金属氧化物避雷器已广泛用于低压设备的防雷保护。

避雷器是防止雷电波侵入的主要保护设备，与被保护设备并联。当线路上出现了危及设备绝缘的过电压时，避雷器的火花间隙就被击穿，或由高阻变为低阻，使过电压对地放电，从而保护了设备的绝缘。而过电压消失后，避雷器又能自动恢复到初始状态。

避雷器与主变压器的电气距离：

变电所的输电线路分布很广，线路上常发生雷电过电压，入侵波常常侵入变电所，因而变电所中常采用阀型避雷器来防止雷电侵入波给设备带来危害。

阀型避雷器通常装在变电所母线上，变电所内最重要的设备是变压器，它的价格高，绝缘水平又较低，因此，阀型避雷器的安装地点应尽量在电气距离上靠近主变压器，以减少变压器所受的过电压幅值。由于阀型避雷器伏秒特性与变压器伏秒特性相近，其绝缘配合较理想，因而通常采用阀型避雷器作为变压器过压保护装置。

　　避雷器离变压器装设点越远，变压器上的过电压幅值就越大，故主变压器与阀型避雷器之间有一最大允许距离。从保护的可靠性来说，最理想的接线方式是把阀型避雷器和变压器直接并联，这样作用在变压器上的电压就是避雷器的残压。但变电所电气设备具体布置时，由于变压器与母线间还有其他开关设备，且相互间有一定的安全距离的要求，因此避雷器与变压器间必然会出现一段距离。

　　避雷器与变电所防雷进线段的保护接线：

　　对于全线无避雷线的35kV变电所进线，当雷击于附近的架空线时，冲击波的陡度，必然会超过变电所电气设备绝缘所能允许的程度，流过避雷器的电流也会超过5kA，当然这是不允许的。所以，这种线路靠近变电所的一段进线上必须装设避雷装置。在进线保护段装设避雷器后，当保护段发生雷击时，由于进线段本身的阻抗作用，流过避雷器的电流幅值将得到限制，行波陡度也得到降低。在线路中装设1～2km避雷线的作用是为了防止在变电所进线附近落雷时，造成大的雷电入侵波，同时还起着削弱外来入侵波陡度的作用。对于一般线路，无须装设管式避雷器，当线路的耐冲击绝缘水平特别高，致使变电所中阀式避雷器通过的雷电流可能超过5kA时，其进线保护端应装设管型避雷器并使该处的接地电阻尽量降低到10Ω以下。

　　当线路进出线的断路器或隔离开关在雷季可能经常断开而线路侧又带有电压时，为避免开路末端的电压上升为行波幅值的2倍，以致使开关电器的绝缘支柱对地放电，在线路带电压情况下引起工频短路，烧毁支座。

　　直配电机防雷保护的接线：

　　高压电动机的定子绕组是采用固体介质绝缘的，其冲击耐压试验值大约只有同电压级的电力变压器的1/3左右。加之长期运行后，固体绝缘介质还要受潮、腐蚀和老化，会进一步降低其耐压水平，因此高压电动机对雷电侵入波的防护，不能采用普通的阀式避雷器，而要采用专用于保护旋转电动机用的FCD型磁吹阀式避雷器或具有串联间隙的金属氧化物避雷器。

　　直配电动机的防雷保护接线方式应根据电动机容量、当地雷电活动的强弱和对供电可靠性的要求，综合考虑确定。

　　（1）单机容量在1500～6000kW时的保护接线

　　对单机容量为1500～6000kW或少雷区6000kW及以下的直配电动机，可采用保护接线方式。

　　当雷电波沿线路侵入时，管型避雷器、电缆进线段、磁吹避雷器和并联保护电容器配合起来共同保护直配电动机的。由于雷电流的频率很高，强烈的趋肤效应使雷电流沿电缆外皮流过，而该电流的磁场在芯线里感应的电势将阻止电流从芯线通过，因而限制了流过电缆芯线及磁吹避雷器FCD的雷电流，降低了电动机母线的雷电压。FCD磁吹避雷器主要作用是保护电机主绝缘，并联保护电容器C用来限制雷电流陡度。

　　（2）单机容量为300～1500kW时的保护接线

　　单机容量为300～1500kW的直配电动机，只是电机容量小，对可靠性要求相对降低。架空和电缆进线保护段长度相应缩短。

　　（3）单机容量在300kW以下时的保护接线

　　对300kW及以下的直配电动机，根据具体情况及运行经验，保护电容C每相取

$1.5 \sim 2\mu F$，保护间隙为 JX_1 和 JX_2。对单机容量很小的高压直配电动机及 380V 经架空线路供电的低压电动机。

定额编号 8-36 隔离开关 （P14）

[应用释义] 隔离开关：隔离开关是为了隔离电路故障或方便检修而设置的开关控制装置。

高压隔离开关的功能主要是隔离高压电源，以保证其他电气设备（包括线路）的安全检修。高压隔离开关断开后有明显可见的断开间隙，而且断开间隙的绝缘及相间的绝缘都是足够可靠的，能够充分保证人身和设备的安全。但是隔离开关没有专门的灭弧装置，因此不允许带负荷操作。

用隔离开关把检修的电器设备与带电部分可靠地断开，使其有一个明显的断开点，确保检修、试验工作人员的安全。在双母线接线的配电装置中，可利用隔离开关将设备或供电线路从一组母线切换到另一组母线。接通或断开较小电流，如激磁电流不超过 2A 的空载变压器、电容电流不超过 5A 的空载线路及电压互感器和避雷器等回路。

隔离开关分户内型及户外型（60kV 及以上电压无户内型）；按极数分，有单极和三极；按构造可分为双柱式、三柱式和 V 形等。一般是开启式，特定条件下也可以定制封闭式隔离开关。隔离开关有带接地刀闸和不带接地刀闸的；按绝缘情况又可分为普通型及加强绝缘型两类。额定电流不过大的隔离开关使用手动操动机构。额定电流超过 8000A，或电压在 220kV 以上者，应考虑使用电动操动机构或液压、气压操动机构。

选用隔离开关时，首先应根据安装地点选择户内型（GN）或户外型（GW），然后根据工作电压或工作电流选择额定值，校验其动、热稳定值。一般均采用三极连动的三相隔离开关，只有在高压系统中性点接地回路中，采用 GW_9-10 型单极隔离开关。选用 35kV 及以上断路器两侧隔离开关和线路隔离开关，宜选用带接地刀闸的产品。往往出于安装或运行上的需要，而把较高额定电压或较大额定电流的隔离开关设计用在低电压或小电流的电路中，如变压器低压出口采用 GN_2-10/1000~2000 型。选择时，还要结合工作环境和配电装置的布置特点，计算开关接线端的机械负荷。机械负荷系指母线（或引下线）的自重、张力和覆盖冰风雪等造成的最大水平静拉力。10kV 级开关不应大于 250N，$36 \sim 60kV$ 级开关不应大于 50N，110kV 级开关不应大于 750N。

定额编号 8-37 油开关 （P14）

[应用释义] 油开关的安装可按下列程序进行。但一般情况下油开关多装置在开关柜内，因此更多的是油开关的调整。

（1）准备钢支架或者在墙上开孔埋设螺栓。中心线误差不应大于 2mm。

（2）拆去包装，整组吊起油开关，用螺栓固定在支架上或墙上，找平、找正后拧紧螺栓。因油开关在制造厂已经过严格装配、调试和试验，一般情况下可直接安装。

（3）安装操动机构并配装传动拉杆。应注意避免操动机构输出轴与油开关的传动连接产生额外力和摩擦力，并应符合下列要求：

① 操动机构安装应垂直，固定应牢靠。底座或支架与横担间的垫铁不宜超过 3 片，且各片间应焊牢。

② 操动机构的零部件应齐全。传动部分应清洗干净并涂上润滑油。

③ 分合闸线圈的铁芯动作应灵活，无卡阻现象。

（4）检查油开关的各个部件是否完整，做好清扫、擦洗和润滑工作。

（5）有必要检查灭弧时，按下面步骤进行：卸下顶罩的盖子和定触头，依次抽出灭弧部件。检查清洗灭弧部件和触头后，重新装回。

油开关的调整工作包括操动机构的调整、开关本体的调整和操作试验三项内容，如图2-10所示。

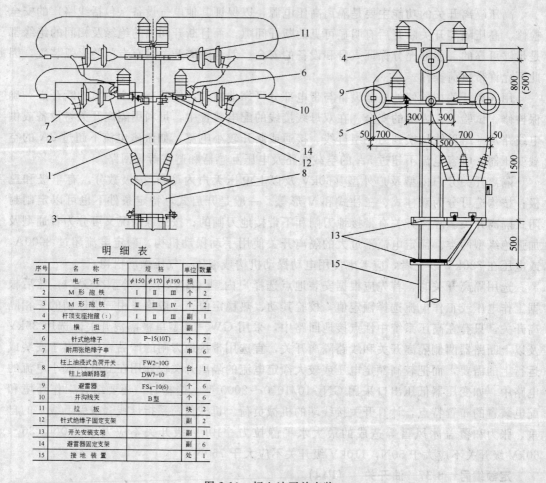

明　细　表

序号	名　　称	规　　格			单位	数量
1	电　杆	φ150	φ170	φ190	根	1
2	M 形抱铁	I	II	III	个	2
3	M 形抱铁	II	III	IV	个	2
4	杆顶支座抱箍（：）	I	II	III	副	1
5	横　担				副	1
6	针式绝缘子	P-15(10T)			个	2
7	耐用张绝缘子串				串	6
8	柱上油浸式负荷开关	FW2-10G			台	1
	柱上油断路器	DW7-10				
9	避雷器	FS4-10(6)			个	6
10	并沟线夹	B 型			个	6
11	拉　板				块	6
12	针式绝缘子固定支架				副	2
13	开关安装支架				副	1
14	避雷器固定支架				副	6
15	接地装置				处	1

图 2-10　杆上油开关安装

（1）操动机构的调整

调整时，先使开关处在准备合闸位置上，锁钩、脱扣杆和扣板可靠地扣住。可通过拧动支持螺钉进行调整。再使开关处于合闸位置，把手柄从上向下转动约10°，油开关应能够分闸。

辅助开关接点应接触良好、动作灵活，动接点的回转角应为90°。为此，在分闸位置时，传动拐臂与拉杆之间的角度应不小于30°，可以变动辅助开关拉杆长度和拐臂上的调节孔进行调整。

（2）本体的调整

① 触头接触的调整。检查导电杆的运动是否灵活准确。

② 合闸限位装置的调整。可通过保证死点机构的间隙和合闸限位止钉的间隙达到要

求，一般应为 1.5～2mm。

③ 分合闸同期性的调整。调整时可改变绝缘连杆的长短，但应注意不能影响触头行程。

④ 调整灭弧上端面距绝缘筒上端或距上出线座上端面的距离[分别为(63±0.5)mm，(135±0.5) mm]。

⑤ 调整动触头合闸终止位置。

⑥ 调整导电杆的全行程。

⑦ 分合闸的速度调整。

⑧ 动、静触头同心度的调整。

（3）操作试验

油开关调整结束后要灌注绝缘油，然后才可正式进行操作试验，操作所必须的注油量不得少于 1kg。

进行操作试验应先进行慢速操作，无异常情况后再进行快速操作。

定额编号：8-38　配电箱　（P14）

[应用释义]　安装配电箱时，要用水平尺放在箱顶上，测量箱体是否水平，如果不平，可调整配电箱的位置以达到要求。同时在箱体的侧面用磁力吊线锤，测量配电箱上下端与吊线的距离是否相等，如果相等，说明配电箱装得垂直，否则应查找原因，并进行调整。

配电箱安装在支架时，应先将支架加工好，然后将支架埋设固定在墙上，或用抱箍固定在柱子上，再用螺栓将配电箱安装在支架上，并调整其水平和垂直。

在加工支架时，应注意下料和钻孔严禁使用气割，支架焊接应平整，不能歪斜，并应除锈露出金属光泽，刷樟丹漆一道，灰色油漆二道。

5. 杆上控制箱安装

工作内容：支架，横担，撑铁安装，箱体吊装固定，接线，试运行。

定额编号　8-39～8-42　距地 10m 以内　（P15）

[应用释义]　杆上控制箱安装过程与上述配电箱安装类似，在这里不再讲述。

6. 控制箱柜附件安装

工作内容：开箱检查，安装固定，校验，接线，接地。

定额编号　8-43　户外式端子箱　（P16）

[应用释义]　户外式端子箱是指装设在户外进户线端的箱式控制箱柜附近，它是为了集中接线端子而设置的附件。

定额编号　8-44　光电控制器　（P16）

[应用释义]　光电控制器的结构与接触器类似，由电磁机构、触点系统和释放弹簧等部分组成。

光电控制器与接触器在结构上的主要区别是：①控制器用于通断控制电路、触点容量小、无灭弧系统。②为实现控制器动作参数的改变，控制器通常具有松紧可调的释放弹簧和不同厚度的非磁性垫片。③控制器的全部触点接于控制电路。

光电控制器的吸力特性、反力特性与动作原理均与接触器类似。它根据外来电压或电流信号利用电磁原理使衔铁产生闭合动作，从而带动触点动作，接通或断开控制电路。

定额编号　8-45　时间控制器　（P16）

[应用释义]　凡在感测元件通电或断电后，触点要延迟一段时间才动作的电器叫时间控制器。时间控制器在电路中起着控制时间的作用，用于继电—接触器控制系统中按时间参量变化规律进行控制。

时间控制器的种类很多，常见的有光电式、空气阻尼式、电动机式、半导体式及最新产品——数字显示时间控制器等。

空气阻尼式时间控制器由电磁系统、触点系统和延时机构三部分构成。电磁铁为直动双 E 型，触头系统则是借用 L×5 型微动开关，延时机构是利用空气通过小孔时产生阻尼作用的气囊式阻尼器，故此种控制器又称为气囊式控制器。可用作通电延时，也可用作断电延时；既具有由空气室中的气动机构带动的延时触点，也具有由电磁机构直接带动的瞬时触点，因此，用途比较广泛。

通电延时继电器　室内有活塞，在活塞的肩部和活塞杆上装有橡皮膜，橡皮膜和活塞通过活塞杆上的弹簧相接，橡皮膜的四周被上下两半空气室夹紧固定。

线圈断电时，衔铁在复位弹簧的作用下复位，将活塞迅速推至最下端。因活塞被向下推时，橡皮膜下方气室空气通过橡皮膜与活塞肩部的气隙经上气室排掉，活塞杆迅速复位，支杆复位，因而触点也迅速复位，无延时作用。

断电延时控制器　由空气阻尼式时间继电器的工作原理可知：调节进气孔的节流程度（即进气速度），即可调节控制器的延时时间；因此，这种时间控制器的延时范围大，可平滑调节。但其橡皮膜的硬度随温、湿度而变化且随节流小孔道的大小也不易精确调节。因而在要求准确延时的控制中不宜采用。

7. 配电板制作安装

工作内容：制作，下料，做榫，拼缝，钻孔，拼装，砂光，油漆，包钉铁皮，安装，接线，接地。

定额编号　8-46～8-48　制作　（P17）

[应用释义]　配电板的制作安装包括配电板的制作、配电板的油漆、包钉铁皮等。

定额编号　8-49　木配电板包铁皮　（P17）

[应用释义]　为了防止雨水等侵入或使配电板更经久耐用，木配电板必须包上铁皮后才好用。

定额编号　8-50～8-52　安装　（P18）

[应用释义]　配电板可安装在墙上或柱子上。直接安装在墙上时，应先埋设固定螺栓，固定螺栓的规格应根据配电板的型号和重量选择。其长度应为埋设深度（一般为120～150mm）加箱壁厚度以及螺帽和垫圈的厚度，再加上 3～5 扣的余量长度。

施工时，先量好配电板安装孔的尺寸，在墙上划好孔位，然后打洞，埋设螺栓（或用金属膨胀螺栓）。待填充的混凝土牢固后，即可安装配电板。安装配电板时，要用水平尺放在板顶上，测量板体是否水平。如果不平，可调整配电板的位置以达到要求。同时在板的侧面用磁力吊线锤，测量配电板上下端面与吊线的距离是否相等，如果相等，说明配电板装的垂直，否则应查找原因，并进行调整。

五、铁构件制作安装及箱、盒制作

工作内容：制作，平直，划线，下料，钻孔，组对，焊接，刷油（喷漆），安装，补刷油。

定额编号 8-53～8-54 一般铁构件 （P19）

[应用释义] 铁构件制作安装适用于本定额范围的各种支架制作安装，但铁构件制作安装均不包括镀锌。轻型铁构件是指厚度在 3mm 以内的构件。一般铁构件的制作中应选用比较平直的原材料，经划线下料后，即可在适当需要的位置上钻孔施工制作，两铁构之间的组对一般采用挂锡焊接处理，外刷油漆即完成制作。铁构件的安装一般是根据主控电器的位置来安装的。

定额编号 8-55～8-56 轻型铁构件 （P19）

[应用释义] 轻型铁构件：轻型铁构件是指结构厚度在 3mm 以内的构件。

定额编号 8-57 箱、盒制作 （P20）

[应用释义] 铁构件制作中箱、盒制作是比较复杂的工艺过程。它需考虑构件的安装位置、内容、电器的多少按一定的规格制作安装。

定额编号 8-58 网门保护网制作安装 （P20）

[应用释义] 网门保护网：网门保护网是为保护电器设备不被人为损坏或避免人畜无故接触高压电器而设置的保护网。

定额编号 8-59 二次喷漆 （P20）

[应用释义] 一般铁构件在露天设置或湿度较高的室内环境内容易腐蚀，为防止内部进一步腐蚀而影响其基本功能，我们必须进行二次喷漆。

六、成套配电箱安装

工作内容：开箱，检查，安装，接线，接地。

定额编号 8-60 落地式 （P21）

[应用释义] 落地式配电箱可直接安装在地面上，也可以安装在混凝土台上，两种形式实为一种，都要埋设地脚螺栓，以固定配电箱。

埋设地脚螺栓时，要使地脚螺栓之间的距离和配电箱安装孔尺寸一致，且地脚螺栓不可歪斜，其长度要适当，使紧固后的螺栓高出螺帽 3～5 扣为宜。

配电箱安装在混凝土台上时，混凝土台的尺寸应视贴墙或不贴墙两种安装方法而定。不贴墙时，四周尺寸应超出配电箱 50mm 为宜。贴墙安装时，除贴墙的一边外，其余各边应超出配电箱 50mm，距离太窄，螺栓固定点强度不够；太宽了，浪费材料，也不美观。

待地脚螺栓或混凝土台凝固后，即可将配电箱就位，进行水平和垂直的调整，水平误差不应大于 1/1000，垂直误差不应大于其高度的 1.5/1000，符合要求后，即可将螺帽拧紧固定。

装在振动场所时，应采取防振措施，可在盘与基础间加以厚度适当的橡胶减震垫（一般不少于 10mm），防止由于振动使电器发生误动作，造成事故。

定额编号　8-61～8-64　悬挂嵌入式（半周长 m）　　（P21）

悬挂嵌入式配电箱是指在墙上预留孔洞，待一切安装条件具备后，再进行安装。放入的配电箱应保直水平和垂直，应根据箱体的结构形式和墙面装饰厚度来确定突出墙体的尺寸。预留的电线管均应配入箱内，并且管口整齐，光滑无毛刺，加装护口。进入内导线须经过端子排连接，箱内配线须排列整齐，绑成束，并用长钉固定在板上，导线均应套与导线绝缘皮相同的塑料管，以加强绝缘强度和便于维护。

七、熔断器、限位开关安装

工作内容：开箱，检查，安装，接线，接地。

定额编号　8-65～8-66　熔断器　　（P22）

〔应用释义〕　熔断器的种类很多，就其功能而言有快速熔断器（如 RS0、RS3、RLS 型等）、自复熔断器（如 RZ 系列等）、报警熔断器（如 R×1 型）、限流式熔断器和非限流式熔断器。从构造上分类，有封闭式、瓷杆式、螺旋式、有填料、无填料、熔断器开关等多种。现介绍几种供电系统中常用的类型。

（1）RM10 系列无填料封闭管式熔断器

RM10 系列熔断器是在 RM3 的基础上统一设计的产品。主要用于额定电压交流50Hz、500V 以下或直流 440V 及以下各电压等级的成套配电设备中，作为短路保护和防止连续过负荷之用。

本系列熔断器可拆卸式，由熔断管、熔体及管座组成。具有结构简单，更换熔体方便等特点。不仅可以使用于湿热带地区及沿海地带，如再增加限制器等附件便可派生为船用产品。本系列产品接线方式分板前、板后两种。

（2）RTO 系列有填料封闭管式熔断器

RTO 系列熔断器是限流式具有高分断能力的熔断器。在频率为 50Hz，电压为 380V时，极限分断容量可达 50kA。它广泛使用于供电线路或对断流能力要求较高的场所，如发电厂、变电所的主回路及靠近电力变压器出线端的供电线路中。

熔断器允许长期工作于额定电流及 110％额定电压下。熔断管上装有红色醒目的指示器，能在熔断后，立即动作，从而识别故障线路，迅速恢复供电。

（3）RS3 系列有填料封闭管式快速熔断器

RS3 系列有填料快速熔断器适用于频率为 50Hz，电压为 1000V 以下，额定电流 10～700A 的电路。主要用作硅整流器件及其成套装置的短路或过载保护。熔断器由盖板、熔管、熔体、填入的石英砂、接线板和指示器等几部分组成。熔管耐弧、耐热性能较好。熔体为银体制作，长期工作不老化、不误动作。熔断器的指示器为红色醒目的机械装置，动作可靠。

此熔断器可在额定电流及 110％额定电流下长期正常工作。它在断开任何电流时，其过电压峰值不超过试验回路额定电压的 2 倍。当它与单个整流器件串联使用时，熔断器额定电流有效值与整流器件额定电流的平均值的关系是 1.57 倍。因此考虑对应保护时，应按此规律选择熔断器。

用于保护线路故障的熔断器，它们上、下级之间的相互配合应是这样：设上一级熔体的理想熔断时间为 t_1，下一级为 t_2，因熔体的安秒特性曲线误差为 ±50％。设上一级熔体为负误差，有 $t'_1 = 0.5t_1$，下一级为正误差，即 $t'_2 = 1.5t_2$。如欲在某一电流下使 $t'_1 > t'_2$，以保证它们之间的选择性，这样就应使 $t_1 > 3t_2$。对应这个条件可以在熔体的安秒曲线上分别查出两个熔体的额定电流值。一般使上、下级熔体的额定值相差2个等级即能满足动作选择性的要求。

定额编号 8-67 限位开关 （P22）

[应用释义] 限位开关种类很多，按其灭弧装置可分为有灭弧罩和不带灭弧罩两种。后者只能开断空载线路作隔离电源之用。前者可以拉断少量负荷电流；按其极数分类，有单极、双极和三极；按其操作方式分类，有单投和双投两种。

八、控制器、启动器安装

工作内容：开箱，检查，安装，触头调整，注油，接线，接地。

定额编号 8-68～8-69 控制器 （P23）

[应用释义] 控制器：控制器是电能的控制器具。它能对电能进行分配，控制和调节。由控制器组成的自动控制系统，称为继电器。

控制器的种类很多，结构各异，通常以工作电压1200V为界，划分为高压电器和低压电器两大类。按操作方式的不同，控制器也可分为非自动切换电器和自动切换电器两大类。前者是用手或依靠机械力进行操作的，如手动开关、控制按钮、行程开关等主令电器。从结构上看，控制器一般都具有感测和执行等两个基本组成部分。感测部分接受外界输入信号并通过转换、放大、比较（判断），作出有规律的反应，使执行部分动作，输出相应的通、断指令，从而实现控制的目的。对于有触点的电磁式电器，感测元件大都是电磁机构，执行元件则是触点。对于非电磁式的控制电器，感测元件因其工作原理的不同而不同，但执行元件仍是触点。对于自动空气断路器一类的配电器，还具有中间部分，它把感受和执行部分联系起来，使它们协同一致按一定的控制规律动作。

由于低压电器的职能、品种和规格的多样化，工作原理也各不相同，因而分类方法很多。按使用用途分类时，习惯上可分为两大类。

（1）电力拖动自动控制系统用电器，主要用于电力拖动自动控制系统。这类低压电器有接触器、继电器、控制器及主令电器等。

（2）电力系统用电器，主要用于低压配电系统。这类电器有刀开关、自动开关、转换开关及熔断器等。

定额编号 8-70 接触器磁力启动器 （P23）

[应用释义] 接触器：接触器用于频繁、远距离控制或需自动控制的较大电流的主回路。主要用于控制电动机的起、停、正、反转及调速运行等。

接触器磁力启动器：是一种启动电器，用于启动接触器的触点系统，从而控制接触器。

接触器具有比工作电流大数倍乃至十几倍的接通和分断能力，但不能分断短路电流。

按其主触点通断电流的种类，接触器可分为直流和交流两种；接触器的线圈电流种类一般与主触点相同，但在重要场合，交流接触器可采用直流控制线圈。

按主触点的极数区分时，直流接触器分单、双极两种：交流接触器则有三极、四极和五极。通常为三极。四极交流接触器常用于单相双回路控制，五极则常用于多速电动机的控制和笼式异步电动机串自耦调压器的降压起动。

接触器磁力起动器由电磁机构、触点系统、反力弹簧、灭弧装置及底座、支架等部分构成。它有以下特征：

（1）触点系统分主、辅触点，主触点用于通断主回路，触点容量大，有灭弧装置，通常只有常开触点。辅助触点用于通断控制回路，触点容量较小，无灭弧装置，有常开和常闭两种触点形式。

（2）释放弹簧和触点弹簧的松紧不可调。

九、盘柜配线

工作内容：放线，下料，包绝缘带，排线，卡线，校线，接线。
定额编号   8-71～8-77   导线截面（mm² 以内）   （P24～P25）
［应用释义］   盘柜配线工程包括柜内配线及各种柜内电器的配线，主要有明配和暗配两种，一般采用明配，即把线敷设在桁架、拐角等表面暗处，要求横平竖直，整齐美观。

十、接线端子

1. 焊铜接线端子
工作内容：削线头，套绝缘管，焊接头，包缠绝缘带。
定额编号   8-78～8-81   导线截面（mm² 以内）   （P26）
［应用释义］   焊铜接线端子是采用焊接的方法实现接线端子束的连接。

对于单股导线的并头连接，可采用电阻焊。这种方法可以焊接两根或两根以上的线头，以及不同截面的线头。但对其他情况不宜采用。

电阻焊所用的主要设备为降压变压器和焊钳两部分，变压器变容为 1kVA（暂载率为 25%），额定电压为 220/6、9、12V。焊钳的两个焊极是两个直径为 8mm 的纯炭棒做成的，焊极尖端要有一定的锥度。焊钳引线采用 10mm² 的铜芯橡皮绝缘导线。

焊接前，把要并接的单股铜导线端部的绝缘层剥去 20～30mm。露出的线芯一般不需要清理，如果表面氧化膜很厚，呈深灰色时应予清理，然后把两线端头并齐扭绞起来，用钳子剪齐，保留 20～25mm 的长度，并在端头涂少许铜焊药。此时，即可接通焊接电源进行焊接。焊接时，手握焊钳把手，使两炭极碰在一起，等两炭极端头发红时立刻张开炭极，将其夹在涂了焊药的线头上（线头应朝上），这时线头受热开始熔化，此时把手仍不能放松，而应向线头方向轻轻移动电极，使线端形成一个均匀的小球，随即向上一抬，移开焊钳。用浸醮清水的棉纱将接头表面擦净。当有焊药残渣时，可用钢丝刷轻轻刷去，焊好的接头应经过检验合格。

焊接操作时，要注意焊接时间不能持续过久，以防止熔断线芯或烧伤绝缘。焊钳使用一段时间后，如发现炭极导电不良，可用锉刀把炭极上的杂质残渣锉掉。

对于多股导线在接线盒内的并头连接，多采用气焊法连接，一般由气焊工直接操作，电工作配合。

2. 压铜接线端子
工作内容：削线头，套绝缘管，压接头，包缠绝缘带。

定额编号 8-82~8-85 导线截面（mm² 以内） （P27）

[应用释义] 压铜接线端子是将两线头削去后，套上绝缘管，采用压接头的连接接线端子方法。

3. 压铝接线端子

工作内容：削线头，套绝缘管，压线头，包缠绝缘带。

定额编号 8-86~8-89 导线截面（mm² 以内） （P28）

[应用释义] 与上述压铜方法类似，只是采用铝线为对象而已。

在配线工程中，对 10mm² 及以下的单股铝导线的连接，主要以铝套管进行局部压接。

压接时使用压接钳，可压接 2.5、4、6、10mm² 的 4 种规格单股导线。所用铝压接管的截面有圆形和椭圆形两种。

压接前，先将连接的两根导线线芯表面及铝压接管内壁氧化膜去掉，然后涂上一层中性凡士林油膏。压接时，将导线从铝压接管的两端插入管内。当采用圆形压接管时，两线各插到压接管的一半处。当采用椭圆形压接管时，应使两线线端各露出压接管两端 4mm，然后用压接钳压接。

十一、控制继电器保护屏安装

工作内容：开箱，检查，安装，电器，表计及继电器等附件的拆装，送交试验，盘内整理及一次校线、接线。

定额编号 8-90 控制屏 （P29）

[应用释义] 控制屏是在电路中装设的用于监控或调节控制其他电气设备或各种开关柜的运行与通断状态，为了正确地完成任务，必须保证选择性、快速性、灵敏性和可靠性。

定额编号 8-91 继电、信号屏 （P29）

[应用释义] 供配电系统及设备在运行中，有可能发生一些故障和处于不正常运行状态。常见的主要故障是系统相间短路和接地短路及变压器、电动机、电力电容器等设备可能发生匝间或层间局部短路。不正常运行状态主要指过负荷、温度过高、相断线、小电流接地系统中的单相接地及因绝缘降低而引起的漏电等。

为了保证供电安全可靠，供电系统主要电气设备及线路都要装设继电保护屏，其基本任务和功能是：

（1）当被保护设备或线路发生故障时，保护装置迅速动作，有选择地将故障元件与电源切开，以减轻故障危害。

（2）当线路设备出现不正常运行状态时，保护装置将会发出信号、减负荷或跳闸。此时一般不要求保护装置迅速动作，而是带有一定的时限，以保证选择性。

定额编号 8-92 配电电源屏（低压开关柜） （P29）

[应用释义] 低压配电屏：是指频率为 50Hz、额定电压为 380V 及以下的低压配电系统，广泛用于发电厂、变电站和企事业单位作动力、照明、配电之用。

定额编号 8-93 弱电控制返回屏 （P29）

[应用释义] 建筑弱电是建筑电气的重要组成部分。由于弱电系统的引入，使建筑物的服务功能大大扩展，增加了建筑物与外界的信息交流能力。

所谓弱电，是针对建筑物的动力、照明用强电而言的，一般把动力、照明这样输送能量的电力称为强电；而把以传送信号、进行信息交流的电能称为弱电。

为了控制弱电系统中各用电器的运行，我们设置弱电控制返回屏来控制整个回路。

定额编号 8-94 同期小屏控制箱   （P29）

[应用释义]   同期小屏控制箱是为了控制各种保护装置的控制设备。

十二、控制台安装

工作内容：开箱，检查，安装，各种电器，表计等附件的拆装，送交试验，盘内整理、一次接线。

定额编号 8-95～8-96 控制台   （P30）

[应用释义]   控制台是在变配电场所设置的总的控制设备。一般控制台安装在易于操作的位置，而且与基础型钢不能焊死。

定额编号 8-97 集中控制台   （P30）

[应用释义]   如果变配电系统比较复杂，为了达到方便控制的目的，可设置集中控制台，集中控制台要求的预留位置比一般控制台大，一般在 $2～4m$ 以内。

十三、仪表、电器、小母线、分流器安装

1. 仪表、电器、小母线

工作内容：开箱，检查，盘上划线，钻眼，安装固定写字编号，下料布线，上卡子。

定额编号 8-98 测量表计   （P31）

[应用释义]   测量表计：测量表计是用来及时反馈电路中电流、电压等一些指标的变化情况，以实现对电路的控制的测量仪表。

定额编号 8-99 继电器   （P31）

[应用释义]   继电器：继电器是由控制电器组成的自动控制系统。

定额编号 8-100 电磁锁   （P31）

[应用释义]   电磁锁：电磁锁是一种用来在发生特殊情况时锁定特定电路的电磁机构。

定额编号 8-101 屏上辅助设备   （P31）

[应用释义]   屏上辅助设备的安装要注意在安装屏时预留位置，特别是外部辅助设备，要留空隙以能操作。

定额编号 8-102 小母线（每10m）   （P31）

[应用释义]   小母线：是指每个保护屏或成套配电柜箱的进入线。小母线进柜箱时应套绝缘套筒。

定额编号 8-103 辅助电压互感器   （P31）

[应用释义]   辅助电压互感器：电压互感器用于电力拖动系统的电压保护和控制。其线圈并联接入主电路，感测主电路的线路电压；触点接于控制电路，为执行元件。

按吸合电压的大小，电压互感器可分为过电压互感器和欠电压互感器。

（1）过电压互感器

过电压互感器用于线路的过电压保护，其吸合整定值为被保护线路额定电压的1.05～

1.2 倍。当被保护线路电压正常时，衔铁不动作；当被保护线路的电压高于额定值，达到过电压互感器的整定值时，衔铁吸合，触点机构动作，控制电路失电，从而控制接触器及时分断电路。显然，过电压互感器是利用其常闭触点切断控制电路的。由于直流电路一般不会出现波动而产生过电压，故过电压互感器只有交流产品。

（2）欠电压互感器

欠电压互感器用于线路的欠电压保护，其释放整定值为线路额定电压的 0.1～0.6 倍。当被保护线路电压正常时，衔铁可靠吸合；当被保护线路电压降至欠电压互感器的释放整定值时，衔铁释放，触点机构复位，从而控制接触器分断电路。显然，欠电压互感器是利用其常开触点切断控制电路的。

电压互感器的作用是将一次侧电压变成 100V 标准电压，主要用于高压系统的电压、电能测量、绝缘监察，供给高压配电装置的控制电源、信号电源和弹簧储能操作机构的工作电源等。

在选用电压互感器时，也应根据装设场所选定电压互感器的类型（户外式或户内式，油浸式或干式），再根据供电线路的工作电压，测量回路的最大负荷容量和准确度等级要求等选定适用的电压互感器，一般应满足以下条件：

（1）电压互感器的一次额定电压应等于供电线路的工作电压；

（2）电压互感器的准确度应满足测量回路和继电保护的要求。

电压互感器的变压比 $K_V = V_{11}/V_{20}$，V_{20} 为互感器空载时二次端电压（规定为 100V）。但由于电压互感器的励磁电流和绕组阻抗等因素的影响，当一、二次绕组有电流通过时，将产生电压降，所以二次电压归算到一次侧的电压在数值上和相位上与一次电压不同。

按误差百分数是把电压互感器的准确度分为 0.1、0.2、0.5、1、3、3B 和 6B 等 7 级，用于计量的电压互感器准确度应在 0.5 级以上，而 3B、6B 准确度等级的电压互感器可用于继电保护线路。

2. 分流器安装

工作内容：接触面加工，钻眼，连接，固定。

定额编号　8-104～8-106　分流器（A 以内）　　（P32）

［应用释义］　分流器：是装设在电路中用来测量电路电压变化的仪表，它可以起到降压分流的作用。

第二章 架空线路工程

第一节 说明应用释义

一、本章定额按平原条件编制的,如在丘陵、山地施工时,其人工和机械乘以下列地形系数:

地形类别	丘陵(市区)	一般山地
调整系数	1.2	1.6

[应用释义] 由于架空线路经过的地形复杂,故一般以平原地区为条件计算,其他地区按上述定额系数来计算。

架空线路的组成:架空线路主要由电杆、导线、横担、瓷瓶、拉线、金具等部分组成。电杆按电压分类有高压电杆和低压电杆;电杆按材质分类又有木杆、钢筋混凝土杆、金属塔杆;电杆按其功能可分为:①直线杆、②转角杆、③终点杆、④跨越杆、⑤耐张杆、⑥分支杆、⑦戗杆等。

配电线路导线主要是用绝缘线和裸线两类。在市区或居民区应尽量用绝缘线,以保证安全。绝缘线按材质又分铜芯与铝芯两种。常用的铝芯橡皮绝缘线的型号为BLX,铜芯橡皮绝缘线型号为BX。铜、铝塑料绝缘线型号为BV、BLV。玻璃丝编织铝芯橡皮绝缘线的型号为BBLX,玻璃丝编织铜芯橡皮绝缘线的型号为BBX。

架空线路的特点是:设备材料简单,成本低,容易发现故障,维护方便;容易受外界环境的影响,如气温、风速、雨雪、覆冰等机械损伤,供电可靠性较差;需要占用地表面积,而且影响市容美观。

二、地形划分:

1. 平原地带:指地形比较平坦,地面比较干燥的地带。

2. 丘陵地带:指地形起伏的矮岗,土丘等地带。

3. 一般山地:指一般山岭、沟谷地带、高原台地等。

[应用释义] 按照线路分布的条件可将地形划分为平原地带、丘陵地带、一般山地,分别按第一条乘以系数。

三、线路一次施工工程量按5根以上电杆考虑,如5根以内者,其人工和机械乘以系数1.2。

[应用释义] 定额规定"5根电线杆以内,应增加人工费",即上述人工和机械乘以

1.2，这 5 根不包括撑杆和水平拉线所用的电杆，也不包含杆上变台的 3 根电杆。例如外线工程有 9 根电线杆，其中 5 根直线杆，一根水平拉线电杆，室外变台 3 根电杆，这时应考虑增加人工费。

四、导线跨越：

1. 在同一跨越档内，有两种以上跨越物时，则每一跨越物视为"一处"跨越，分别套用定额。

2. 单根广播线不算跨越物。

[应用释义]　同一跨越档中有跨越物两种以上者，则每一跨越物都视为"一处"跨越。每个跨越间距均按 50m 以内考虑的，大于 50m 而小于 100m 的按两处计算，依次类推。

五、横担安装定额已包括金具及绝缘子安装人工。

[应用释义]　横担安装定额已包括金具及绝缘子安装人工，不应单独列项。但绝缘子及金具的材料费应另行计算。

导线架设是架空配电线路施工的最后一道工序，施工人员较多，有时还要通过一些交叉跨越物。

目前导线的架设中仍大多数用人力拖放，此方法不用牵引设备及大量牵引钢绳，方法简便。但其缺点是须耗用大量劳动力，有时线路通过农田，损坏农作物面积较大。

架设时，将导线弯成小环，并用线绑扎，然后将牵引棕绳穿过小环与导线绑在一起，拖拉牵引绳，陆续放出导线。为防止磨伤导线，可在每根电杆的横担上装一只开口滑轮，当导线拖放至电杆旁时，将导线提起嵌入滑轮，继续拖放导线前进。所用滑轮的直径应不小于导线直径的 10 倍。铝绞线和钢芯铝绞线应采用铝滑轮或木滑轮；钢绞线则可采用铁滑轮，也可用木滑轮。

在整个架设过程中，速度不宜太快，用力应一致，亦不应忽快忽慢，避免出现松股、扭折和脱钩。为了避免浪费导线，导线展放长度不宜过长，一般比档距长度长约 2%～3% 即可。若架设工作不在当天进行，可使导线承受适当张力，保持导线的最低点脱离地面 3m 以上，并使导线两端稳妥固定。

六、本定额基础子目适用于路灯杆塔、金属灯柱、控制箱安置基础工程，其他混凝土工程套用有关定额。

[应用释义]　由于基础子目的通用性，本定额基础子目适用于路灯杆塔、金属灯柱、控制箱安置基础工程，但本定额的调试范围只限于电气设备本身和调整试验，其他应另行计算。

七、本定额不包括灯杆坑挖填土工作，应执行通用册有关子目。

[应用释义]　灯杆挖坑填土工作，属通用项目，不计入架空线路工程。

第二节　工程量计算规则应用释义

一、底盘、卡盘、拉线盘按设计用量以"块"为单位计算。

[应用释义]　在工程中，底盘、卡盘、拉线盘等盘装置以"块"为计量单位计其材料费。

底盘：底盘是在电杆底部用于固定电杆的装置，一般为椭圆形、方形，其中留有圆形孔洞。

底盘重量小于 300kg 时，用撬棍将底盘撬入坑内，同时，前后木桩上的棕绳应配合逐步放松，使底盘平稳地落入坑底。若土质松软，可在地面铺以木板或两根平行木棍。当底盘重量超过 300kg 时，可用人字形抱杆吊装。

卡盘：卡盘是用 U 形抱箍固定在电杆上埋于地下，其上口距地面不应小于 500mm，允许偏差为 ±50mm。

一般是在电杆立起之后，四周分层回填土夯实至卡盘安装位置时，将卡盘固定在电杆上，然后再继续填土夯实。

卡盘安装在直线路上时，应与线路平行，并应在线路电杆两侧交替埋设，承力杆上的卡盘应埋设在承力侧。

拉线盘：拉线盘是用来收紧拉线并将其固定的装置。拉线盘安放好以后，拉线棒与拉线盘应成垂直，若不垂直，须向左或向右移正拉线盘，直至符合要求为止，若是人字形或四方拉线，应检查隔电杆坑相对立的两拉线坑的位置。此时两相对应拉线坑中心与电杆坑中心三点应成一直线，否则应纠正。

二、各种电线杆组立，分材质与高度，按设计数量以"根"为单位计算。

[应用释义]　低压导线架设中，当截面超过 $70mm^2$ 时，定额已经按照高压绝缘子考虑，使用定额时不得调整定额中的含量。各种电杆组立，以"根"为计量单位。惟独导线材质不同时，可以换算主材价格。

三、拉线制作安装，按施工图设计规定，分不同形式以"组"为单位计算。

[应用释义]　电杆拉线按拉线截面以"组"计算。人字形拉线可以套用普通拉线定额，但是工程量要乘以 2。

拉线：拉线在架空线路中，是用来平衡电杆各方向的拉力，防止电杆弯曲或倾倒的，因此，在承受杆上，均须装设拉线。另外，为了防止电杆被强大的风力刮倒或冰凌荷载的破坏影响，或在土质松软地区，为增强线路电杆的稳定性，有时每隔一定距离装设抗风拉线或四方拉线。

安装拉线包括埋设拉线盘，做拉线上把和收紧拉线做中把。

埋设好的拉线盘，应使拉线棒的拉环露出地面 500～700mm，拉线棒与拉线盘应垂直，连接处应采用双螺母。

拉线上把装在电杆上，需用抱箍及螺栓固定。

组装时，先用一只螺栓将拉线抱箍抱在电杆上，然后把预制好的上把拉线环放在两块抱箍的螺孔间，穿入螺栓拧上螺母固定之。上把拉线环的内径，以能穿入 M16 螺栓为宜，但不得大于 25mm。当拉线上需要安装拉紧绝缘子时，可先在地面上做好。其方法是：将拉线中部之间的两端，分别由拉紧绝缘子的两孔中穿过，折回缠绕所需长度，采用直径不大于 3.2mm 镀锌铁线绑扎。

在下部拉线盘埋设好，拉线上把也做好后，便可收紧拉线做中把，使上部拉线和下部拉线棒连接起来，成为一个整体，以发挥拉线的作用。

收紧拉线时，一般使用紧线钳，先将花篮螺栓的两端螺杆旋入螺母内，使它们之间保持最大距离，以备继续可旋入调整。然后将紧线钳的钢丝绳伸开，用一只紧线钳夹在拉线高处，将拉线下端穿过花篮螺栓的拉环，放在三角圈槽里，向上折回并用另一只紧线钳夹住；花篮螺钉的另一端套在拉线棒的拉环上。此时即可操作紧线钳，将拉线慢慢收紧，符合要求后，即用直径不大于 3.2mm 镀锌铁线绑扎固定（或用钢丝绳卡子固定）。绑扎应整齐、紧密，缠绕长度不应小于规定值。为防止花篮螺栓松动，可用镀锌铁线封固。

四、横担安装，按施工图设计规定，分不同线数以"组"为单位计算。

[应用释义] 横担应架设在电杆靠负载的一侧，分不同线数以"组"为单位计算。

横担安装：将电杆顺线路方向放在杆旁准备起立的位置处，杆身下面各垫道木一块，从杆顶向下量取最上层横担至杆顶的距离，划出最上层横担的安装位置。先把 U 形抱箍套在电杆上，放在横担固定位置；在横担上合好 M 形抱铁，使 U 形抱箍穿入横担和抱铁的螺栓孔，用螺母固定。先不要拧紧，只要立杆时不往下滑即可。待电杆立起后，再将横担调整至符合规定，将螺帽逐个拧紧。调整好了的横担应平正，端部上下歪斜及左右扭斜均不得超过 20mm。

瓷横担安装应符合下列规定：垂直安装时，顶端顺线路歪斜不应大于 10mm；水平安装时，顶端向上宜翘起 5°～15°，顶端顺线路歪斜不应大于 20mm。

五、导线架设，分导线类型与截面，按 1km/单线计算，导线预留长度规定如下表：

项目名称		长度（m）
高 压	转 角	2.5
	分支、终端	2.0
低 压	分支、终端	0.5
	交叉跳线或转交	1.5
与设备连接		0.5

注：导线长度按线路总长加预留长度计算。

[应用释义] 导线架设以"m"为单位计算。定额中已经考虑了各处的预留长度，计算导线工程量时不要再加各处的预留长度和弧度。定额是按单根导线确定的单价，实用中导线架设工程量按导线不同的截面区分，每单线长度乘以导线根数，即为导线架设的总工程量。

这一章定额是以北京平原地区的施工条件为准。如果是在丘陵地带施工，可以把架空线工程人工费的总和乘上系数 1.15 作为补偿。如果在山区或沼泽地区施工，则人工费是要乘以系数 1.6；另外，本章定额是按 5 根以上施工工程量情况测算的，如果实际情况是 5 根或不足 5 根时，由于施工效率较低，需要补偿外线的全部人工费的 30％，具体方法就是把以上人工费的总和再乘以系数 1.3。

六、导线跨越架设，指越线架的搭设、拆除和越线架的运输以及因跨越施工难度而增加的工作量，以"处"为单位计算，每个跨越间距按 50m 以内考虑的，大于 50m 小于 100m 时，按"2 处"计算。

［应用释义］导线跨越的搭设，拆除和越线架的运输和跨越架设有难度而补偿人工费，以"处"为单位计量。

七、路灯设施编号按"100 个"为单位计算；开关箱号不满 10 只按 10 只计算；路灯编号不满 15 只按 15 只计算；钉粘贴号牌不满 20 个按 20 个计算。

［应用释义］路灯设施编号都按整数计算，不满的均按规定数目计。

八、混凝土基础制作以"m³"为单位计算。

［应用释义］路灯设施的混凝土基础计入导线架设工程，以"m³"为单位计算工程量。

九、绝缘子安装以"10 个"为单位计算。

［应用释义］绝缘子：又称"瓷瓶"，是支承或悬挂导线或电气设备带电部分的绝缘体，一般用瓷玻璃等绝缘材料制成。

第三节　定额应用释义

一、底盘、卡盘、拉盘安装及电杆焊接、防腐

工作内容：基坑整理、移运、盘安装，操平、找正，卡盘螺栓紧固，工器具转移，对口焊接，木杆根部烧焦涂防腐油。

定额编号　8-107　底盘　（P37）

［应用释义］底盘、卡盘：底盘和卡盘安装在电杆下部，以防杆倾斜。卡盘安装位置应沿纵向在一杆左侧，下一杆右侧，交替设置。

定额编号　8-108　卡盘　（P37）

［应用释义］电杆的卡盘安装在转角杆时是两块，其他如直线杆、终点杆等均为一个卡盘，当设计与此不同时，一般不得调整。

定额编号　8-109　拉盘　（P37）

［应用释义］拉盘是为控制拉线而设置的，一般成对出现。

定额编号　8-110　水泥杆焊接（一个口）　（P37）

［应用释义］水泥杆的焊接要在水泥杆内预留铁件，以实现水泥的对口焊接。

等径分段水泥杆和分段环形截面锥形电杆，必须现场连接。钢圈连接的水泥杆宜采用电弧焊接。当采用气焊时，则应满足下列规定：

（1）钢圈的宽度不应小于 140mm；

（2）加热时间较短，并采取必要的降温措施；

（3）电石产生的乙炔气体，应经过滤；

（4）焊接后，当钢圈与水泥粘结处附近，水泥产生宽度不大于 0.05mm 的纵向裂缝时，应予以补修。

杆顶支座及横担调整紧固好后，即可安装绝缘子。安装时应把绝缘子表面的灰垢、附着物及不应有的涂料擦拭干净，经过检查试验合格后，再进行安装。要求安装牢固、连接可靠、防止积水。

定额编号　8-111　木杆根部防腐（根）　　（P37）

［应用释义］木杆根部防腐处理一般是将木杆根部烧焦后，涂防腐油处理即可。

二、立杆

1. 单杆

工作内容：立杆，找正，绑地横木，根部刷油，工器具转移。

定额编号　8-112～8-114　木杆（m 以内）　　（P38）

［应用释义］电杆：按照电杆材质分有木杆、钢筋混凝土杆、铁塔三种，建筑工程中常用钢筋混凝土杆。定额中标高有 7、8、9、10、11、12、15m 等。电杆埋深为杆高的 1/6。当杆上有变压器时，杆的埋深不小于 2.0m。

在电杆上架线是有一定规律的，如高、低压线同杆架设时，应高压在上、低压在下，而且高、低压线的垂直间距不小于 1.2m；动力与照明线同杆架设时，动力线在上，动力线与照明线的垂直距离不小于 0.6m；强电与弱电线同杆架设时，强电线在上，相距不小于 0.6m。

定额编号　8-115～8-118　水泥杆（m 以内）　　（P38）

［应用释义］立杆这一项工程内容综合了挖填土方、立电杆、撑杆、撑杆金具、底盘、卡盘制作安装和电杆厂区内外运输等项目。定额是按电杆高度划分子目的。电杆的卡盘安装数量在转角杆是两块，其他直线杆、终点杆等均为一个卡盘，当设计与此不同时，一般不得调整。

架空配电线路是用电杆将导线悬空架设，直接向用户供电的电力线路。一般按电压等级分为 1kV 及以下的低压架空配电线路和 1kV 以上的高压架空配电线路。

（1）电杆

① 电杆基础

所谓电杆基础是对电杆地下部分的总体称呼，由底盘、卡盘和拉线盘组成。其作用主要是防止电杆因承受垂直荷重、水平荷重及事故荷重等所产生的上拔、下压，甚至倾倒。底盘、卡盘和拉线盘均为钢筋混凝土预制件，也可以用天然石材代替。

② 电杆及杆型

电杆是架空线路的重要组成部分，是用来安装横担、绝缘子和架设导线的。因此，电杆应具有足够的机械强度，同时也应具备造价低、寿命长等特点。

横担：架空配电线路的横担比较简单，它是装在电杆的上端，用来安装绝缘子、固定开关设备及避雷器等设备，因此，应具有一定的长度和机械强度。

架空线路的横担，按材质可分为木横担、铁横担和陶瓷横担三种，一般木横担已不再使用。按横担使用条件或受力情况可分为直线横担、耐张横担和终端横担。横担的选择与杆型、导线规格及线路档距有关。用角钢制成的铁横担，因其坚固耐用，使用最广泛。陶瓷横担又称瓷横担绝缘子，可同时起横担和绝缘子两者的作用。它具有较高的绝缘水平；在断线时能自动转动，不致因一处断线而扩大事故，能节约木材、钢材，降低线路造价等。

绝缘子：俗称瓷瓶，是用来固定导线并使导线与导线间、导线与横担间、导线与电杆间保持绝缘，同时也承受导线的垂直荷重和水平荷重。因此，要求绝缘子必须具有良好的绝缘性能和足够的机械强度。

架空配电线路常用的绝缘子有：针式绝缘子、蝶式绝缘子、悬式绝缘子和拉紧绝缘子。

蝶式绝缘子全称为蝴蝶形瓷绝缘子，亦分为高压和低压两种。高压型号有：E-1、E-2型；低压型号有：ED-1、ED-2、ED-3、ED-4型。蝶式绝缘子主要用于 10kV 及以下线路终端杆、耐张杆和耐张转角杆。在高压配电线路中，一般应与悬式绝缘子配合使用，作为线路金具中的一个元件。

悬式绝缘子全称为盘形悬式瓷绝缘子，有普通型和防污型之分。一般是用几个绝缘子组成绝缘子串，使用于不同电压等级的高压输配电线路上作绝缘和悬挂导线之用。

拉紧绝缘子全称为拉紧瓷绝缘子。主要用于线路终端杆、转角杆、耐张杆和大跨距电杆上，作为拉线绝缘及连接之用。

绝缘子是线路的重要组成部分，对线路的绝缘强度和机械强度有着直接影响，合理选择线路的绝缘子，对保证架空线路的安全可靠运行起着重要作用。

金具：在架空电力线路中用来固定横担、绝缘子、拉线及导线的各种金属连接件统称为线路金具。其品种较多，一般根据用途可分为：

联结金具：用于连接导线与绝缘子或绝缘子与杆塔横担的金具称联结金具。它要求连接可靠、转动灵活、机械强度高、抗腐蚀性能好和施工维护方便。属于这类金具的有耐张线夹、碗头挂板、球头挂环、直角挂板、U 形挂环等。

接续金具：用于接续断头导线的金具叫做接续金具。要求其能承受一定的工作拉力，有可靠的工作接触面，有足够的机械强度等。如接续导线的各种铝压接管以及在耐张杆上连通导线的并沟线夹等。

拉线金具：用于拉线的连接和承受拉力之用。如楔形线夹、UT 线夹、花篮螺钉等。

钢筋混凝土（水泥）杆的主要特点是：能节约大量木材和钢材；坚实耐久，使用时间长，一般可使用 50 年左右；维护工作量少，运行费用低。但钢筋混凝土电杆易产生裂纹、笨重、给运输和施工带来不便，特别是山区尤为显著。

架空配电线路用钢筋混凝土电杆多为锥形杆，分普通型和预应力型。预应力杆比普通杆可节约大量钢材，而且由于使用了小截面钢筋，杆身的壁厚也相应减小，杆身重量也相应减轻，同时抗裂性能也比普通杆好，造价也较便宜。因此，预应力杆在架空配电线路中得到广泛采用。

电杆在线路中所处的位置不同，它的作用和受力情况就不同，杆顶的结构形式也就有所不同。一般按其在配电线路中的作用和所处位置可将电杆分为直线杆、耐张杆、转角杆、终端杆、分支杆和跨越杆等几种基本形式。

直线杆（代号 Z）：直线杆也称中间杆（即两个耐张杆之间的电杆），位于线路的直线段上，仅作支持导线、绝缘子及金具。在正常情况下，电杆只承受导线的垂直荷重和风吹导线的水平荷重。（有时尚需考虑覆盖冰荷重），而不承受顺线路方向的导线的拉力。因此，对直线杆的机械强度要求不高，杆顶结构也比较简单，造价较低。在架空配电线路中，大多数为直线杆，一般约占全部电杆数的 80%左右。

耐张杆（代号 N）：架空配电线路在运行中有时可能发生断线事故，此时就会造成电杆两侧所受导线拉力不平衡，导致倒杆事故的发生。为了防止事故范围的扩大，减少倒杆数量，每隔一定距离装设一机械强度比较大，能够承受导线不平衡拉力的电杆，这种电杆俗称耐张杆。设置耐张杆不仅能起到将线路分段和控制事故范围的作用，同时给在施工中分段进行架线带来很多方便。

在线路正常运行时，耐张杆所承受的荷重与直线杆相同，但在断线情况下则要承受一侧导线的拉力。所以耐张杆上的导线一般用悬式绝缘子串或蝶式绝缘子固定，其杆顶结构要比直线杆杆顶结构复杂得多，两个耐张杆之间的距离一般为 1～2km。

转角杆（代号 J）：架空配电线路所经路径，由于种种实际情况的限制，不可避免地会有一些改变方向的地点，即转角。设在转角处的电杆我们通常称为转角杆。转角杆杆顶结构形式要视转角大小、档距长短、导线截面等具体情况确定，可以是直线型的，也可以是耐张型的。

转角杆在正常运行情况下所承受的荷重，除和耐张杆所承受的荷重相同之外，还承受两侧导线拉力的合力。

终端杆（代号 D）：设在线路的起点和终点的电杆统称为终端杆。由于终端杆上只有一侧有导线（接户线只有很短的一段，或用电缆接户），所以在正常运行情况下，电杆要承受线路方向全部导线的拉力。其杆顶结构和耐张杆相似，只是拉线有所不同。

分支杆（代号 F）：分支杆位于分支线路与干线连接处，有直线分支杆和转角分支杆。在主干线上多为直线型和耐张型，尽量避免在转角杆上分支；在分支线路上，相当终端杆，能承受分支线路导线的全部拉力。

跨越杆（代号 K）：当配电线路与公路、铁路、河流、架空管道、电力线路、通信线路等交叉时，必须满足规范规定的交叉跨越要求。一般直线杆的导线悬挂较低，大多不能满足要求，这就要适当增加电杆的高度，同时适当加强导线的机械强度，这种电杆称为跨越电杆。

（2）电杆安装

架空线路的杆塔具有高、大、重的特点，起立杆塔基本上有整体吊和分解起立两种方式，整体起立杆塔的优点是，绝大部分组装工作可在地面上进行，高空作业量少，施工比较安全方便。架空线路均应尽可能采用整体起立的方法。这就必须在起立之前对杆塔进行组装。所谓组装，就是根据图纸及杆型装置杆塔本体、横担、金具、绝缘子等。

在对电杆组装之前，应根据图纸对电杆及各部件的规格和质量做一次检查，避免把不符合要求的部件用到工程上去，影响整个线路系统的质量。

检查完各部件之后，即可进行安装。

横担、杆顶支座及绝缘子安装。

横担安装位置：高压架空配电线路导线成三角形排列，最上面横担（单回路）距杆顶距离宜为800mm，耐张杆及终端杆宜为1000mm，低压架空线路导线采用水平排列，最上层横担距杆顶的距离不宜小于200mm。

各横担须平行架设在一个垂直面上，和配电线路垂直。高低压合杆架设时，高压横担应在低压横担的上方。直线杆单横担一般装在受电侧，90°转角杆及终端杆一般采用双横担，但当采用单横担时，应装于拉线侧。遇有弯曲的电杆，单横担应装在弯曲的凸面，且应使电杆的弯曲与线路方向保持一致。

横担安装：见第二章"架空线路工程"中第二节"工程量计算规则应用释义"第四条释义。

瓷横担安装应符合下列规定：垂直安装时，顶端顺线路歪斜不应大于10mm；水平安装时，顶端向上翘起5°～15°，顶端顺线路歪斜不应大于20mm。

杆顶支座安装。将杆顶的上、下抱箍抱住电杆，分别将螺栓穿入螺栓孔，用螺母拧紧固定，如果电杆上留有装杆顶支座的孔眼，则不用抱箍，可将螺栓直接穿入支座和电杆上的孔眼，用螺母拧紧固定即可。

绝缘子安装。杆顶支座及横担调整紧固后，即可安装绝缘子。安装时应把绝缘子表面的灰垢、附着物及不应有的涂料擦拭干净，经过检查试验合格后，再进行安装。要求安装牢固、连接可靠、防止积水。悬式绝缘子的安装，尚应符合下列规定：与电杆、导线金具连接处，无卡压现象；耐张串上的弹簧销子、螺栓及穿钉应由上向下穿，当有特殊困难时可由内向外或由左向右穿入；绝缘子裙边与带电部位的间隙不应小于50mm。

钢筋混凝土电杆的连接。等径分段钢筋混凝土电杆和分段的环形截面锥形电杆，故必须在施工现场进行连接。钢圈连接的钢筋混凝土电杆宜采用电弧焊接，当采用气焊时，则应满足下列规定：

钢圈的宽度不应小于140mm。加热时间宜短，并采取必要的降温措施。焊接后，当钢圈与水泥粘结处附近水泥产生宽度大于0.05mm纵向裂缝时，应予补修。

电石产生的乙炔气体，应经过滤。采用电弧焊接时应由经过焊接专业培训并经考试合格的焊工操作，焊接时应符合下列规定：

焊接前，钢圈焊口上的油脂、铁锈、泥垢等物应清除干净。

钢圈应对齐找正，中间留2～5mm的焊口缝隙。当钢圈有偏心时，其错口不应大于2mm。

焊口调整符合要求后，宜先点焊3～4处，然后对称交叉施焊。点焊所用焊条牌号应与正式焊接用的焊条牌号相同。

当钢圈厚度大于6mm时，应采用V形坡口多层焊接，焊接中应特别注意焊缝接头和收口的质量。多层焊缝的接头应错开，收口时应将熔池填满。焊缝中严禁堵塞焊条或其他金属，焊缝应有一定的加强面。

焊缝表面应呈平滑的细鳞形与基本金属平缓连接，无折皱、间断、漏焊及未焊满的陷槽，并且不应有裂纹。基本金属咬边深度不应大于0.5mm，且不应超过圆周长的10%。

在风、雪、雨天气时，应采取妥善措施后，才可施焊。施焊中电杆内不应有穿堂风。当气温低于－20℃时，应采取预热措施，预热温度为100～120℃，焊后应使温度缓慢下降，严禁用水降温。

焊完后的整杆弯曲度不得超过电杆全长的 2/1000，超过时应割断重新焊接。

接头应按设计要求进行防腐处理。可将钢圈表面铁锈和焊缝的焊渣与氧化层除净，先涂刷一层红樟丹，干燥后再涂刷一层防锈漆。

（3）电杆起立

由于配电线路所使用的电杆，没有送电线路的杆塔笨重，杆型结构也比较简单，这就给立杆带来了一些便利条件，可以使用一些轻便工具，实现机械化，简化施工过程。但立杆仍然是施工中极为关键的一环，必须引起思想上的充分重视，做好一切准备工作；否则，简单也会变成复杂，甚至会发生某些事故或施工质量不合要求。

架空配电线路常用立杆方法有：

① 架杆立杆

对 10m 以下的钢筋混凝土电杆可用三付架杆，轮换着将电杆顶起，使杆根滑入坑内。此立杆方法劳动强度大。

立杆时，首先在电杆梢部拴上三根拉绳，拉绳宜采用直径为 25mm 的起重用棕绳，每根长度不小于杆长的 2 倍，将滑板立于坑中，将电杆根部顶在滑板上，使杆根滑入坑底。滑板应由有经验的电工掌握并负责指挥。其他人员先抬起电杆梢部，并借助顶板支持杆身重量，每抬起一次，顶板就向杆根移动一次，待杆身起立一定高度即可支上架杆，撤去顶板。用两副架杆推电杆顶，交替向根部移动，此时左右侧拉绳应移至电杆左右侧控制电杆，使其不向左右倾倒。当电杆立起将近垂直时即可撤去滑板，并用拉绳牵引至电杆立直，将一副架杆移到对面，以防止电杆向对面倾斜，电杆立直后即可进行杆身调整。

② 抱杆立杆

抱杆立杆适用于起吊 15m 及以下的电杆，基本上不受地形限制。

倒落式抱杆立杆采用人字抱杆，可以起吊各种高度的单杆或双杆，是立杆最常用的方法。

倒落式抱杆长度一般取杆长的 1/2。电杆放置时，应将杆根放在离杆坑中心约 0.5m 处；一般直线杆杆身沿线路中心放置；转角杆的杆身应与内侧角的二等分线垂直放置。

③ 汽车吊立杆

在马路边缘和有条件停放汽车的地方立杆，应尽量使用汽车吊。这是一种比较理想的方法，既安全，效率又高；既可减轻劳动强度，又可减少施工人员。

立杆时，先将吊车停靠在坑边适当位置将其稳固。然后在电杆 1/2～2/3 处（从根部量起）结一根起吊钢丝绳，在距杆顶 500mm 处临时结三根调整拉绳。起吊时，坑边站两个人以负责电杆根部进坑，另由 3 人各扯一根拉绳，站成以坑为中心的三角形，并由一人负责指挥。当杆顶吊离地面约 500mm 时，应对各处绑扎的绳扣再进行一次安全检查，确认无问题后再继续起吊。

2. 接腿杆

工作内容： 木杆加工，接腿，立杆，找正，绑地横木，根部刷油，工器具转移。

定额编号 8-119～8-121 单腿接杆（m 以内） （P39）

[应用释义] 单接腿杆是指在一侧设置接腿，使立杆找正后，在基坑内设置绑地横木，同样，为了防腐，根部烧焦刷油处理。

定额编号　8-122　双腿接杆　（P39）

［应用释义］双腿接杆在两侧均设置接腿。

定额编号　8-123～8-125　混合接腿杆　（P39）

［应用释义］混合接腿杆可根据需要在适当位置设置接腿。

3. 撑杆

工作内容：木杆加工，根部刷油，立杆，装抱箍，填土夯实。

定额编号　8-126～8-128　木撑杆（m 以内）　（P40）

［应用释义］木撑杆的重量轻、施工方便、成本低，但易腐朽、使用年限短（约5～15 年），而木材是重要的建筑材料，一般不宜采用。

定额编号　8-129～8-131　水泥撑杆（m 以内）　（P40）

［应用释义］水泥撑杆（钢筋混凝土杆）使用寿命较长（40～50 年），造价较低，但因其笨重，施工费用较高。为节约木材和钢材，水泥杆是目前使用最为广泛的一种。

当线路建在高低相差悬殊的地方时，一般导线成仰角时用拉线，成俯角时用撑杆；当地形条件受到限制，无法安装拉线时，也可用撑杆代替拉线，作为平衡张力稳定电杆之用。

水泥杆撑杆安装时，应根据电杆的高度、规格和受力情况来确定撑杆的规格和高度。用角铁联板支架上特制的 M 形抱铁，使撑杆与电杆连接紧密、牢固。

4. 立金属杆

工作内容：灯柱柱基杂物清理，立杆，找正，紧固螺栓并上防锈油。

定额编号　8-132～8-138　单杆式（杆长 m 以下）　（P41）

［应用释义］金属杆（铁杆、铁塔）较坚固，使用年限长，但消耗钢材多，且易生锈腐蚀，造价和维护费用大，多用于 35kV 以上架空线路。

三、引下线支架安装

工作内容：支架安装，找正，上瓷瓶，紧固。

定额编号　8-139～8-142　距地面高度（m 以内）　（P42）

［应用释义］引下线：引下线是指从供电干线上搭接的供电支线或进户线。

四、10kV 以下横担安装

工作内容：量尺寸、定位、上抱箍，装横担、支撑及杆顶支座，安装绝缘子。

定额编号　8-143～8-144　铁、木横担　（P43）

［应用释义］横担：横担按材质分有木质、铁质和陶瓷三种，建筑工程中常用铁横担。横担的安装要注意选择合适的尺寸，定位找正后，要在电杆与横担间上抱箍来固定横担。

定额编号　8-145～8-146　瓷横担　（P43）

［应用释义］瓷横担的防锈性能比其他两种都好，但要注意瓷横担安装时不互碰瓷横担，以免因意外碰坏瓷横担。

五、1kV 以下横担安装

工作内容：定位、上抱箍，装支架、横担、支撑及杆顶支座，装瓷瓶。

定额编号 8-147 二线 （P44）

[应用释义] 横担长度与高低压及线数都有关系，一般按表 2-6 取值。

表 2-6

	低　压			高　压		
	二线	四线	六线	二线	四线	陶瓷、顶铁
铁横担	0.7m	1.5m	2.3m	1.5m	2.24m	0.8m

角钢常用的规格为∟65×6

定额编号 8-148～8-149 四线 （P44）

[应用释义] 见定额编号 8-147 二线释义。

定额编号 8-150～8-151 六线 （P44）

[应用释义] 见定额 8-147 二线释义。

定额编号 8-152 瓷横担 （P44）

[应用释义] 见定额 8-147 二线释义。

六、进户线横担安装

工作内容：测位、划线、打眼、钻孔、横担安装、装瓷瓶及防水弯头。

定额编号 8-153～8-155 一端埋设式 （P45）

[应用释义] 弯头：弯头是管道接头零件的一种，是用来改变管道的走向。常用弯头的弯曲角度为 90°、45°和 180°。180°弯头也称为 U 形弯管，也有特殊的角度，但为数极少。

以下是几种常见的弯头：

（1）焊接弯头，也称虾米腰或虾体弯头。制作方法有两种，一种是在加工厂用钢板下料，切割后卷制焊接成型，多数用于钢板卷管的配套；另一种是用管材下料，经组对焊接成型，其规格一般在 200mm 以上，使用压力在 2.5MPa 以下，温度不能大于 200℃，一般在施工现场制作。

（2）铸铁弯头，按其连接方式分为承插口式和法兰连接式两种。

（3）压制弯头，也称为冲压弯头或无缝弯头，是用优质碳素钢，不锈耐酸钢和低合金钢无缝管在特制的模具内压制而成型的。压制弯头都是由专业制造厂和加工厂用标准无缝钢管冲加工而成的标准成品，出厂时弯头两端应加工好坡口。其弯曲半径为公称直径的 1 倍半，在特殊场合下也有 1 倍的。其规格范围在 200mm 以内。其压力范围，常用的为 4.0、6.4 和 10MPa 左右。进户线横担安装分两种情况，当集中安装电表箱及其他配电箱或变电所外线路从一个方向引入，这时安装一端埋设式横担。

定额编号 8-156～8-158 两端埋设式 （P45）

[应用释义] 当引入线从多个方向导入时，横担须两端埋设。进户铁横担安装综合了横担、绝缘子及防水弯头安装。适用于一般低压架空线路引入装置。

进户线横担又称进户线支架，它的安装定额包括对安装支架所需进行的测位、划线、打眼、钻孔、横担安装、瓷瓶及防水弯头安装等，但不包括横担、绝缘子和防水弯头的材料费。横担若采用标准式，其价值可同绝缘子、防水弯头一样，查用材料价格表。

从进户线支架至总配电箱的导线，有两种情况：一种是这部分导线较短，即从进户支架下来后，就直接与配电箱连接，其长一般不超过1m。对于这种情况，不列入进户线内，套用"进户线架设"项目。

另一种是从支架至总配电箱的这段导线较长，一般其长度超过1m时，应在中间装设绝缘子固定。在固定绝缘子之前的导线套用"进户线架设"定额，在固定绝缘子之后的导线，根据其布线形式和方式套用配管、配线有关项目。

进户部分的导线可分接户线和进户线，实际上都是从架空线路上把电源引入室内的一种导线，因此一般都通称接户线或进户线。为了保证用电安全，在安装进户线时，一般都采用带绝缘皮的导线。

七、拉线制作安装

工作内容：放线、下料，上铁件、装拉线盘、调整、紧线、填土夯实。
定额编号　8-159～8-161　普通拉线（截面 mm² 以内）　　（P46）
［应用释义］放线：放线是确定配线敷设位置。

下料：以放线为基础，根据建筑物的形状、构造截面截取导线长度。

普通拉线：用于线路的耐张终端杆、转角杆和分支杆，主要起拉力平衡的作用。
定额编号　8-162～8-164　水平及弓形拉线（截面 mm² 以内）　　（P46）

［应用释义］架空线路的电杆在架线以后，会发生受力不平衡的现象，因此必须用拉线稳固电杆。拉线按用途和结构可分为以下几种：普通拉线（又称尽头拉线），用于线路的耐张终端杆、转角杆和分支杆；转角拉线，用于转角杆，主要起拉力平衡作用；人字形拉线（又称两侧拉线），用于基础不坚固和交叉跨越高架杆或较长的耐张段（两根耐张杆之间）中间的直线杆上，主要作用是在狂风暴雨时保持电杆平衡，以免倒杆、断杆；高桩拉线（又称水平拉线），用于跨越道路、渠道和交通要道处，高桩拉线应保持一定的高度，以免妨碍交通；自身拉线（又称弓形拉线），为了防止电杆受力不平衡或防止电杆弯曲，因地形限制不能安装普通拉线时，可采用自身拉线。
定额编号　8-165～8-167　VY 形拉线（截面 mm² 以内）　　（P47）

［应用释义］VY 形拉线实际上是当两根电杆相距较近时两电杆采用的普通拉线和高桩拉线。拉线坑一般深1～1.5m，常按 1.2m 计算。

八、导线架设

工作内容：线材外观检查，架线盘，放线，直线接头连接，紧线，弛度观测，耐张终端头制作，绑扎，跳线安装。
定额编号　8-168～8-170　裸铝绞线（截面 mm² 以内）　　（P48～P49）

［应用释义］配电线路导线主要是绝缘线和裸线两类，在市区或居民区应尽量用绝缘线，以保证安全。绝缘线按材质又分铜芯与铝芯两种。常用的铝芯橡皮绝缘线的型号为BLX，铜芯橡皮绝缘线型号是 BX，如 BX-35（35 是标称截面，单位为 mm²）。铜、铝塑料绝缘线的型号分别为 BV、BLV。常用的裸线有铝绞线，型号 LJ-□，后面的数字表示导线的标称截面，如 25、35、50、70、95、120mm² 等。这种材料价格低，缺点是抗拉强

度较差，在跨越杆或远距离供电时常用钢芯铝绞线，型号为 LGF□。

导线由于受到制造长度的限制，有时不能满足线路长度的要求，也有时存在破损或断股现象。这样在架设时，就必须对导线进行必要的连接和修补。

钳压连接是将两根导线穿入连接管内加压，借着管与线股间的握裹力，使两根导线牢靠地连接起来，这种方法适用于铝绞线、钢芯铝线和钢绞线。

1. 钳压接工具和材料

（1）压接钳。常使用的压接钳为 YT-1 型，是利用双勾紧线器原理制造的，这种压接钳结构新颖、轻便灵活，适用于压接型号为 LJ-25～185mm² 及 LGJ-35～240mm² 导线的连接管。

（2）钢模。安装 YF1 型压接钳内用于钳压导线连接管的钢模。

（3）连接管。供铝绞线及钢绞线使用的连接管是用与导线相同的材料制成的；供钢芯铝绞线使用的连接管，是用与铝线相同的材料制成的，连接管中附有衬垫，且置于重叠的两线端之间。

（4）钢丝刷。清刷连接管用的圆柱形钢丝刷和清刷导线用的平板形钢丝刷，其钢丝直径均为 0.2～0.3mm。

2. 压接前净化

导线在压接前，均必须进行净化工作：

（1）先用细铁纤裹纱头蘸汽油将连接管洗净，若已预先清洗，则应用纱头封堵连接管两端，再带到现场使用。

（2）用钢丝刷刷去导线连接部分表面的污垢，再用汽油擦洗揩干（擦洗长度为连接部分的 1.25 倍），然后涂抹一层中性凡士林（近年来在一些地区已推广使用电力复合脂代替凡士林涂料），再用钢丝刷轻刷一次。

（3）将净化好的导线从两端塞入已净化的连接管中，两端露出 20mm 以上；导线端头应用绑线绑扎牢固。

3. 压接

压接前应进行检查，检查合格后，即可放进钢模内，自第一模开始，按顺序钳压。每模压下后，应停留半分钟。铝绞线压接顺序是从一端开始，依次向另一端上下交错钳压。钢芯铝绞线则从中间开始，依次向另一端顺序上下交错钳压。

压接后导线端头露出长度不应小于 20mm，导线端头绑线应保留。连接弯管曲度不应大于管长的 2%；有明显弯曲时应校直；但应注意连接管不应有裂纹，管两端附近的导线不应有灯笼、抽筋等现象。

定额编号　8-171～8-173　钢芯铝绞线（截面 mm² 以内）　　（P48～P50）

［应用释义］在跨越杆或远距离供电时常用钢芯铝绞线，型号为 LGJ-□。

导线对此必须保证有安全距离，低压配电线路一般不得低于 6m。架空线路应沿道路平行敷设，避免穿过起重机频繁活动的地区，应尽可能减少同其他设施的交叉和跨越建筑物。

在距离海岸 5km 以内的沿海地区或工业区，视腐蚀性气体和尘埃产生腐蚀作用的严重程度，选用不同防腐性能的防腐型钢芯铝绞线。

建筑工地临时供电的杆距一般不大于 35m；线间的距离不得小于 0.3m；横担间的最

小垂直距离应不小于表 2-7 规定的值。

横担间的最小垂直距离（单位：m）　　　　　　　表 2-7

排列方式	直线杆	分支或转角杆
高压与低压	1.2	1.0
低压与低压	0.6	0.3

架空导线的最小截面为：

6～10kV 线路铝绞线：居民区 35mm²，非居民区 25mm²。

6～10kA 钢芯铝绞线：居民区 25mm²，非居民区 16mm²。

6～10kA 铜绞线：居民区 16mm²，非居民区 16mm²。

<1kA 线路铝绞线：16mm²。

<1kA 钢芯铝绞线：16mm²。

<1kA 铜线：10mm²，线直径 3.2mm。

但是 1kV 以下线路与铁路交叉跨越档处，铝绞线的最小截面为 35mm²。

架空配电线路的紧线工作和弛度的观测同时进行。紧线的方法通常采用单线法、双线法或三线法。单线法是一线一紧，所用紧线时间长，但它使用最普遍。双线法是两根线同时一次收紧，常用于同时收紧两根边导线。

紧线通常在一个耐张段进行，紧线前应先做好耐张杆、转角杆和终端杆的拉线。大档距线路应验算耐张杆强度，以确定是否增设临时拉线。临时拉线可拴在横担的两端，以防止紧线时横担发生偏转。待紧线完导线并固定好之后，再将临时拉线拆除。

紧线时首先将导线一端固定在紧线固定端耐张杆的耐张线夹中或蝶式绝缘子上。在耐张操作端，先用人力直接或通过滑轮组牵引导线，待导线脱离地面 2～3m 后，再用紧线器夹住导线进行紧线。所用紧线器通常为三角紧线器，采用这种三角紧线器紧线时，只须向前推动后面的拉环，当中夹线部分即可张开，夹入导线后，拉紧拉环和钢绳，会越拉越紧。使用中，装拆较为灵活方便。

紧线顺序一般是先紧中导线，后紧两边导线。紧线时，每根电杆上都应有人，以便及时松动导线，使导线接头能顺利越过滑轮和绝缘子。紧线应注意当导线收紧接近弛度要求值时，应减慢牵引速度，待达到弛度要求值后，即停止牵引。

弛度的观察和紧线同时配合进行。弛度的大小应根据设计给出，不可随意增大或减小。若弛度过小，说明导线承受了过大的张力，降低了安全系数。若气温再降低时，可能会因为导线过紧而发生断线事故。若弛度过大，导线对地距离必须减小，若气温继续升高，对地距离将更为减小而影响安全运行，甚至产生放电，因此，必须正确观测弛度。

观测弛度应选取耐张段中同代表档距（耐张段中的最小应力档距）相接近的实际档距作为观测档。当一个耐张段内采用一个观测档时，紧线时可先使观测档的弛度略小于规定值，然后放松导线使弛度略大于规定值，如此反复一二次后，再收紧导线使弛度值稳定在规定值。若在耐张段内采用几个观测档观测弛度时，应首先使距离紧线操作杆最远的一个观测档的弛度达到规定值，此时靠近操作杆的一个观测档必然发生过紧情况，应放松导线，同时观测该档弛度，使之达到要求值。

定额编号 8-174～8-176 绝缘铝绞线（截面 mm² 以内） （P50）

[应用释义] 绝缘子：低压针式绝缘子的型号有 PD-1 型。绝缘子代号还有：Q—加强绝缘子；W—弯脚；X—悬式绝缘子；J—拉紧绝缘子；T—铁横担直脚；E—蝶式等。

绝缘线按材质又分铜芯与铝芯两种。常用的铝芯橡皮绝缘线的型号为 BLX，铜芯橡皮绝缘线型号是 BX。

导线对地必须保证有安全距离，低压配电线路一般不得低于 6m。架空线路应沿道路平行敷设，避免穿过起重机频繁活动的地区，应尽可能减少同其他设施的交叉和跨越建筑物。

变电所引出的低压供电线路一般采用绝缘铝绞线架空线路，成本低、投资少、安装容易、维护和检修方便、易于发现和排除故障。

九、导线跨越架设

工作内容：跨越架的搭拆，架线中的监护转移。

定额编号 8-177～8-179 导线跨越 （P51）

[应用释义] 导线跨越架设必需保证有安全距离，低压配电线路一般不得低于 6m。

十、路灯设施编号

工作内容：定位，去尘，杆刷漆，编号量高度，钉粘号牌。

定额编号 8-180 开关箱 （P52）

[应用释义] 路灯设施的编号要注意计量单台，例如开关箱就是以"组"为单位计算。

定额编号 8-181 路灯杆号 （P52）

[应用释义] 路灯杆的编号是按一定的顺序来进行编号，而且一般要求编号刷漆要成规则的形状，且所有杆保持一致。

定额编号 8-182 钉或粘路灯号牌 （P52）

[应用释义] 路灯号牌可以通过三种方式来标示：①钉号牌；②粘贴路灯号牌；③刷漆标示。一般工程上比较方便快捷的做法是刷漆标号。

十一、基础制作

工作内容：1. 钢模板安装，拆除，清理，刷润滑剂，木模制作、安装、拆除，模板场外运输。2. 钢筋制作，绑扎，安装。3. 混凝土搅拌，浇捣，养护。

定额编号 8-183 C20 钢筋混凝土基础 （P53～P54）

[应用释义] 基础设计必须根据建筑物的用途和安全等级，建筑布置和上部结构类型，充分考虑建筑场地和地基岩土条件，结合施工条件以及工期、造价等各方面要求，合理选择基础方案，因地制宜、精心设计，以保证建筑物的安全和正常使用。

基础的沉降、内力以及基底反力的分布，除了与地基因素有关外，还受基础及上部结构的制约。

1. 柔性基础

柔性基础的抗弯刚度很小。它好比放在地上柔软薄膜，可以随着地基的变形而任意弯曲。基础上任一点的荷载传递到基底时不可能向旁边扩散分布，就像直接作用在地基上一样。所以，柔性基础的基底反力分布与作用于基础上的荷载分布完全一致。

2. 刚性基础

刚性基础具有非常大的抗弯刚度，受荷后基础不挠曲，因此，原来是平面的基底，沉降后仍然保持平面。如基础的荷载合力通过基底形心，刚性基础将迫使基底各点同步、均匀下沉。由此可见，具有刚度的基础，使基底沉降趋于均匀的同时，也使基底压力发生由中部向边缘转移。

一般路灯基础、架空线路设施基础采用下列三种形式的基础：

1. 扩展基础

上部结构通过墙、柱等承重构件传递的荷载，在其底部横截面上引起的压强通常远大于地基承载力。这就有必要在墙、柱之下设置水平截面向下扩大的基础——扩展基础，以便将墙或柱荷载扩散分布于基础底面，使之满足地基承载力和变形的要求。

钢筋混凝土扩展基础的抗弯和抗剪性能良好，可在竖向荷载较大、地基承载力不高以及承受水平力和力矩荷载等情况下使用。由于这类基础的高度不受台阶宽高比的限制，故适宜于需要"宽基浅埋"的场合下采用。

钢筋混凝土扩展基础高度和变阶处的高度应按现行《混凝土结构设计规范》进行受冲切和受剪承载力计算确定。锥形基础的边缘高度，不宜小于 200mm；阶形基础每阶高度，宜为 300~500mm。

钢筋混凝土扩展基础的混凝土强度等级不宜低于 C15。底板受力钢筋的最小直径不宜小于 8mm，间距不宜大于 200mm。当有垫层时，钢筋保护层厚度不宜小于 35mm；无垫层时，不宜小于 70mm。

2. 联合基础

联合基础主要指同列相邻两柱公共的钢筋混凝土基础，即双柱联合基础，但其设计原则，可供其他形式的联合基础参考。通常在为两柱分别配置扩展基础时，因其中一柱靠近建筑界线，或因两柱间距较小，而出现基底面积不足或荷载偏心过大等情况时采用，有时也用于调整相邻两柱的沉降差，或防止两者之间的相向倾斜等。

为使联合基础的基底压力分布较为均匀，除应使基础底面形心尽可能接近柱主要荷载合力作用点外，基础还宜有较大的抗弯刚度，因而通过采用"刚性设计"原则，即假设基底压力按线性规律分布，且不考虑基础与上部结构的相互作用。

有时由于两柱荷载大小差别过于悬殊，或受场地条件的限制，矩形联合基础底面形心不可能与荷载合力（$\sum F$）作用点靠近。但如该点与较大荷载柱外侧的距离 x 满足条件 $\dfrac{e'}{3}<x<\dfrac{e}{2}$；如柱距较大，可在大小二个扩展基础之间加设不着地的刚性联系梁形成联梁式联合基础，使之达到阻止其中两个扩展基础的转动、调整各自底面的压力趋于均匀的目的。梯形或联梁式联合基础的施工都比较复杂，后者联系梁的刚度要有充分保证，且应与柱及基础牢固联接成整体，因而较少采用。

联合基础的高度按受冲切及受剪承载力计算确定。为了满足刚性设计的要求，基础高度宜较大，因此无须配置受剪钢筋。这样做，虽然会增加混凝土用量，但实际上却比较经济。

3. 独立基础

独立基础是配置于整个结构物之下的无筋或配筋的单个基础。这类基础与上部结构连成一体，或自身形成一个块状实体，因此具有很大的整体刚度，一般可按常规方法设计。

（1）独立基础的常用形式

一些构筑物采用混凝土圆板或圆环基础及钢筋混凝土的实体基础。机器及设备的实体基础的形状及尺寸要结合构造和安装上的要求确定。

（2）壳体基础

壳体的形式很多，在基础工程中采用得较多的是正圆锥壳及其组合形式。前者可以用作柱基础；后者主要在烟囱、水塔、仓库和中、小型高炉等筒形构筑物下使用。

众所周知，荷载在梁、板内，主要引起弯曲应力；在拱、壳内，则主要引起轴向压力。对于抗压强度较好的砖、石和混凝土等材料而言，采用壳体结构无疑更能适应材料的特性，因而可获得良好的经济效果。根据某些工程实践统计，中、小型筒形构筑物的壳体基础，可比一般梁、板式的钢筋混凝土基础少用混凝土 50％左右，节约钢筋 30％以上。此外，一般情况下施工时不必支模，土方挖运量也较少。不过，也存在不少问题，首先是施工工作量大，技术要求高。例如修壳体基础的土胎、布置钢筋以及浇捣混凝土等，都有一定的技术要求和质量标准，且较难实行机械化施工，因而工期长、施工费用大。

定额编号　8-184　C20 无筋混凝土基础　（P53～P54）

［应用释义］　无筋基础，用砖或毛石砌筑时，在地下水位以上可用混合砂浆，水下则应用水泥砂浆。荷载较大，或要减小基础构造高度时，可采用强度等级较低的混凝土基础，也可用毛石混凝土基础以节约水泥。我国华北和西北地区，环境比较干燥，还广泛采用灰土做基础。灰土是用石灰和土配制而成的。石灰以块状生石灰为宜，经消化 1～2d 后立即使用；土料用塑性指数较低的黏性土。在我国南方则常用三合土基础。灰土基础和三合土基础都是在基槽内分层夯实而成的。

不配筋基础的材料都具有较好的抗压性能，但抗拉、抗剪强度却不高，设计时必须保证发生在基础内的拉应力和剪应力不超过相应的材料强度设计值。这种保证通常是通过对基础构造的限制来实现的，即基础每个台阶的宽度与其高度之比都不得超过一定的允许值。在这样的限制下，基础的相对高度都比较大，几乎不发生挠曲变形，所以无筋扩展基础习惯上称为刚性基础，一般只用于 6 层和 6 层以下（三合土基础不宜超过 4 层）的民用建筑和砌体承重的厂房。

十二、绝缘子安装

工作内容：开箱检查、清扫、绝缘测试、组合安装、固定、接地、刷漆。

定额编号　8-185～8-187　户外式支持绝缘子　（P55）

［应用释义］　绝缘子用来固定导线，并使导线对地绝缘。此外绝缘子还要承受导线的垂直荷重和水平拉力，所以它应有良好的电气绝缘性能和足够的机械强度。

最常用的有针式（直脚）绝缘子和悬式绝缘子两种。前者主要用于低压和 3～10kV 的高压线路上，后者主要用于 35kV 及以上的高压线路上。

针式绝缘子固定在横担上，横担通过支撑固定在电杆上。横担有木横担和铁横担两种。支撑多用铁制的扁铁或圆铁均可。

低压针式绝缘子的型号有 PD-1（或 2、3），数字是绝缘子的代号，1 号相对最大，按导线的截面如表 2-8 选定。

导线截面与绝缘子型号 表 2-8

导线截面/mm²	70～120	25～50	16 以下
针式绝缘子型号	PD-1	PD-2	PD-3

绝缘子代号还有：Q—加强绝缘子；W—弯脚；X—悬式绝缘子；J—拉紧绝缘子；T—铁横担直脚；E—蝶式等。

低压蝶式绝缘子的型号为 ED，高压蝶式绝缘子的型号为 E10，10 表示 10kV。

悬式绝缘子串的数量和电压的关系见表 2-9。

绝缘子串与电压的关系 表 2-9

绝缘子串	1 个	3 个	5 个	7 个	13 个
电压/kV	6～10	35	60	110	220

为了将电能输送到用户的各种用电设备，必须通过电路来实现。输送和分配电能的电路，统称为供电线路。

供电线路按电压的高低，一般将 1kV 及其以下的线路，叫做低压线路；1kV 及以上的线路，叫做高压线路。一般中、小型工厂企业与民用建筑的供电线路电压，主要是 10kV 及以下的高压和低压，而在三相四线制的低压供电系统中，380/220V 是最常采用的低压电源的电压。

工业企业的受电电压应当充分考虑到企业用电的特点，经过技术、经济方面的比较后确定。目前，工业企业的高压用电设备多为 6kV，这是因为 6～10kV 的配电设备构造比较简单，可采用户内式结构，便于操作和维护。只是在距电源较远，且用电量和用电面积都很大的情况下，才采用 35kV 的电压。在一般的工业和民用建筑中，常用的低压电气设备的额定线电压多为 380V，相电压为 220V。所以低压配电的电压一般采用 380/220V。对于要求 36V 或 12V 安全电压的电气设备，可通过安全变压器降压后局部供电，此时采用户外式结构，这时绝缘子也应为户外式支持绝缘子。

第三章 电缆工程

第一节 说明应用释义

一、本章定额包括常用的 **10kV 以下电缆敷设**，未考虑在河流和水区、水底、井下等条件的电缆敷设。

[应用释义] 从建筑业蓬勃发展的形势看，越来越多的工矿企业和建筑工程采用电缆供电，其工程造价虽然比架空线路高一些，但是供电可靠性增加，在实际中应用比例处于上升趋势。

本章定额内容主要有电缆沟铺砂盖砖（或盖混凝土板）、密封式电缆保护管、高压电缆终端头、电缆沟支架的制作和安装、电缆梯架的制作和安装、电缆敷设、电缆托盘安装及防火枕安装等，共九节 228 个子目。

电缆按其构造及作用不同可分为电力电缆、控制电缆、电话电缆、射频同轴电缆、移动式软电缆等。按电压可分为低压电缆（小于 1kV）、高压电缆，工作电压等级有 500V 和 1、6、10kV 等。电缆按芯数分有三芯、四芯、五芯等，本定额也适用于五芯电缆。

1. 电缆的型号

(1) 电缆的构造和型号：电缆型号的内容中包含其用途类别、绝缘材料、导体材料、铠装保护层等，在电缆型号后面还注有芯线根数、截面、工作电压和长度等。举例如下：

① $ZQ_2$1-3×50-10-250 表示铜芯、纸绝缘、铅包、双钢带铠装、纤维外披层、三芯、$50mm^2$、电压为 10kV、长度为 250m 的电力电缆。

② $YJLV_2$2-3×120-10-300 表示铝芯、交联聚乙烯绝缘、聚氯乙烯内护套、双钢带铠装、聚氯乙烯外护套、三芯、$120mm^2$、电压 10kV、长度 300m 的电力电缆。四川电缆厂生产的交联聚乙烯绝缘聚乙烯护套电力电缆型号为 XLPE。

③ $VV_2$2（3×25+1×16）表示铜芯、聚氯乙烯内护套、双钢带铠装、聚氯乙烯外护套、三套 $25mm^2$、一芯 $16mm^2$ 的电力电缆。新型电缆有 4+1 芯，便于用在五线制供电系统。

PVC 型聚氯乙烯绝缘聚乙烯护套电力电缆铜芯和铝芯截面有 $1.5\sim400mm^2$。

(2) 电缆供电线路的特点是：

① 不受外界风、雨、冰雹、人为损伤，所以供电可靠性比架空线路供电可靠性要高。

② 材料和安装成本都高，电缆造价约为架空线的好几倍，但节省了电杆、横担和绝缘子等。

③ 供电容量可以较大，与架空线比较，截面相同时电缆导线的阻抗比较小。

④ 电缆埋入地下不影响地上绿化。

2. 电缆工程安装方式

电缆的敷设方式：在电气定额中主要列有铺砂盖砖或盖混凝土板、电缆沿沟内敷设、电缆穿钢管直埋、电缆沿墙明设等。在建筑工程中，应用最多的是直埋敷设。

直埋电缆必须采用铠装电缆，其埋深不小于 0.7m，电缆沟深不小于 0.8m，电缆的上下各有 10cm 深的砂子（或过筛土），上面还有盖砖或混凝土盖板。地面上在电缆拐弯处或进建筑物处要埋设方向桩，以备日后施工时参考。直埋电缆一般限于 6 根以内，超过 6 根就采用电缆沟敷设方式。

电缆沟内预埋金属支架，电缆多时，可以在两侧都设支架，一般最多可设 12 层电缆。如果电缆非常多，则可用电缆隧道敷设，但现在建筑工程中应用不多。同一路径的电缆数量不足 20 根时，宜采用电缆沟敷设；多于 20 根时宜采用电缆隧道敷设。

本章定额所讲的电缆工程包括常用的 10kV 以下的电力和控制电缆敷设，未考虑在河流积水区、水底、井下等条件下的电缆敷设。

二、电缆在山地丘陵地区直埋敷设时，人工乘以系数 1.3。该地段所需的材料如固定桩、夹具等按实计算。

［应用释义］　在市政工程中，应用最多的是直埋敷设，直埋电缆必须采用铠装电缆，其埋深不小于 0.7m，电缆沟深不小于 0.8m，电缆的上下各有 10cm 深的砂子（或过筛土），上面还要盖砖或混凝土盖板。电缆在山地丘陵地区直埋敷设时，人工乘以系数 1.3。所用材料按材料费照实物计算。

三、电缆敷设定额中均未考虑波形增加长度及预留等富余长度，该长度应计入工程量之内。

［应用释义］　电缆导线形式、长度的选择主要考虑环境条件、运行电压、敷设方法和经济、可靠性等要求。同时应注意节约较短缺的材料，例如以铝代铜等。

在选择导线、电缆时一般采用铝芯线，但在有爆炸危险的场所、有急剧振动的场所及移动式照明的供电应采用铜芯电缆。

导线截面一般根据下列条件选择：

1. 按载流量选择

即按导线的允许温升选择。选用时电缆导线的允许载流量必须大于或等于线路中的计算电流值。这样在最大允许连续负载电流通过的情况下，导线发热不超过线芯所允许的温度，导线不会因过热而引起绝缘损坏或加速老化。

导线、电缆所允许的载流量是通过实验得到的数据，不同规格的导线、电缆的载流量和不同环境温度、不同敷设方式、不同负荷特性的校正系数等可查阅有关设计手册。

2. 按电压损失选择

为保证供电质量，导线上的电压损失应低于最大允许值。

3. 按机械强度要求选择

导线在敷设过程中或在运行中要受拉力或张力的作用，所以导线应有足够的机械强度以防断线。

4. 与线路保护设备配合

为了在线路短路时，保护设备能保护线路，两者之间要有适当的配合，一般规定如下：

熔断器熔体的额定电流，不应大于电缆或穿管绝缘导线允许载流量的 2.5 倍，或明敷绝缘线导线允许载流量的 1.5 倍。

在被保护线路末端发生单相接地短路（中性点直接接地网络）或两相短路时（中性点不接地网络），其短路电流对于熔断器不应小于其熔体额定电流的 4 倍；对于自动开关不应小于其瞬时或短延时过电流脱扣器整定电流的 1.5 倍。

长延时过电流脱扣器和瞬时或短延时过电流脱扣器的自动开关，其长延时过电流脱扣器的整定电流应根据返回电流而定，一般不大于绝缘导线、电缆允许载流量的 1.1 倍。

对于装有过负荷保护的配电线路，其绝缘导线、电缆的允许载流量，不应小于熔断器额定电流的 1.25 倍或自动开关长延时过电流脱扣器整定电流的 1.25 倍。

熔断器的熔体电流或自动开关过电流脱扣器整定电流，不小于被保护线路的计算电流，同时应保证在出现正常的短时过负荷时（如照明光源的起动），保护装置不致使被保护线路断开。

对于在 Q-1，Q-2 级或 G-1 级场所内，选择导线电缆截面时其允许载流量除了要满足上述要求外，还不应小于熔断器熔体额定电流的 1.25 倍和自动开关长延时过电流脱扣器整定电流的 1.25 倍。

5. 中性线（零线）截面的决定

（1）在单相及二相线路中，中性线截面应与相线截面积相同。

（2）照明分支线及截面为 16mm^2 以下的干线，中性线应与相线截面相同。

（3）在三相四线制供电系统中，如果负荷都是白炽灯或卤钨灯，而且三相平衡时，干线的中性线截面可按相线载流量的 50% 选择；如果全部或大部分为气体放电灯，则因供电线路中有 3 次谐波电流，中性线截面应按最大一相的电流选择。

6. 热稳定性校验

选择的导线和电缆截面通常在符合上述各项条件的前提下，先按允许载流量选择，然后按热稳定进行校验（校验公式查有关设计手册），其目的是当短路电流通过时不应由于导线、电缆温升超过允许值而破坏。若校验不符合要求，则应加大截面。

电缆敷设中波形增加长度及预留长度均未纳入电缆敷设定额，应按其他有关定额将其长度计入工程量之内。

四、本定额未包括下列工作内容：

1. 隔热层，保护层的制作安装。

2. 电缆的冬季施工加温工作。

[应用释义] 在电缆工程施工前，应检查电缆是否受潮，用火烧法（从电缆上撕下一点绝缘纸，用火烧之有"吡、吡"声则受潮了）或油浸法（撕下纸后浸入热沥青油中听声音）。在寒冷地区电缆埋深应在冻土层以下，北京地区的埋深应不小于 0.7m，农田内应不小于 1m。如果无法做到时，应该采取保护措施保护电缆不受损坏。

电缆通过有振动和承受压力的下列各地段，应穿管保护：

（1）电缆引入和引出建筑物（构筑物）的基础、楼板及过墙等处；

（2）电缆通过铁路、道路和可能受到机械损伤地段。

（3）垂直电缆在地面上 2m 至地下 0.2m 处，和行人容易接触，可能受到机械损伤的地方。

冬季寒冷天气来临时，为了防止电缆线路内热量散失过多、过快，须在围护结构中设置隔热保温层。以使通道内有一个比较稳定的环境。保温隔热层的材料和构造方案是根据使用要求、气候条件、通道的结构形式、电缆的敷设方式、防水处理方法、材料种类、施工条件等综合确定的。

电缆通道中按照结构层、防水层和保温层所处的地位不同，可归纳为三种体系：

1. 防水层直接设置在保温层上面的通道，从上到下的构造层次为防水层、保温层、结构层。保温材料必须是空隙多、密度小、导热系数小的材料，一般有散料、现场浇筑的混合料、板块料三大类。

（1）散料保温层，如炉渣、矿渣之类工业废料，如果上面做卷材防水层，就必须在散状材料上先抹水泥砂浆找平层，再铺卷材；为了有一过渡层，可用石灰或水泥胶结成轻料混凝土层。其上再抹找平层铺油毡防水层。

（2）现浇轻质混凝土保温层，一般为轻骨料如炉渣、矿渣、陶粒、蛭石、珍珠岩与石灰或水泥胶结的轻质混凝土或浇泡沫混凝土。上面抹水泥砂浆找平层铺卷材防水层。以上两种保温层可与找坡层结合处理。

（3）板块保温层，常见的有水泥、沥青、水玻璃等胶结的预制膨胀珍珠岩、膨胀蛭石板、加气混凝土块、泡沫塑料等块材或板材。上面做找平层再铺卷材防水层、屋面排水可用结构搁置坡度，也可用轻混凝土在保温层的下面先作找坡层。

刚性防水的构造原理同上，只要把找平层及以上各层改为刚性防水层即可。

2. 防水层与保温层之间设置空气间层来保温，这样虽然较为经济但不方便。

3. 保温层在防水层上面的保温，其构造层次为保温层、防水层、结构层。由于它与传统的铺设层次相反，故名"倒铺保温体系"。其优点是防水层不受太阳辐射和剧烈气候变化的直接影响，全年热温差小，不易受外来的损伤。缺点是须选用吸湿性低、耐气候性强的保温材料。一般须进行耐日晒、雨雪、风力、温度变化和冻融循环的试验。经实践，聚氨酯和聚苯乙烯发泡材料可作为倒铺的保温层，但须作较重的覆盖层压住。

从热工原理中知道，通道的内外的空气中都含有一定量的水蒸气，当室内外空气中的水蒸气含量不相等时，水蒸气分子就会从高的一侧通过围护结构向低的一侧渗透。空气中含水蒸气量的多少可用蒸汽分压力来表示。当构件内部某处的蒸汽分压力（也叫实际蒸汽压力）超过了该处最大蒸汽分压力（也叫饱和蒸汽压力）时，就会产生内部凝结。从而会使保温材料受潮而降低保温效果，严重的甚至会出现保温层冻结而使屋面破坏。

为了防止外部湿气进入保温层，可在保温层下做一层隔蒸汽层。隔蒸汽层的做法一般为：在结构层上先做找平层，根据不同需要，可以只涂沥青层，也可以铺一毡二油或二毡三油。

设置隔蒸汽层，可能出现一些不利情况：由于结构层的变形和开裂，隔蒸汽层油毡会出现移位、裂隙、老化和腐烂等现象；保温层的下面设置隔蒸汽层以后，保温层的上下两个面都被绝缘层封住，内部的湿气反而排泄不出去，均将导致隔蒸汽层局部或全部失效的情况。另一种情况是冬期内部湿度高，蒸汽分压力大，有了隔蒸汽层会导致内部湿气排不出去，使结构层产生凝结现象。

夏季，特别是在我国南方炎热地区，太阳的辐射热使得电缆通道内温度剧烈升高，影响电缆线路的正常工作。因此，我们必须对通道进行构造处理，以降低外部的热量对内部的影响。

隔热降温的形式如下：

1. 实体材料隔热

利用实体材料的蓄热性能及热稳定性、传导过程中的时间延迟、材料中热量的散发等性能，可以使实体材料的隔热层在太阳辐射下，内表面温度比外表面温度有一定程度的降低。内表面出现高温的时间常会延迟 3～5h，一般材料密度越大，蓄热系数越大，热稳定性也较好，但自重较大。晚间内部气温降低时，内部的蓄热开始四处散发，故一般温度也不会高。

2. 通风层降温

在通道中设置通风的空气间层，利用层间通风，散发一部分热量，使通道变成两次传热，以减低传至电缆层的温度。实测表明在电缆通道中设置通风层比用实体材料的降温效果有显著的提高。

3. 反射降温

利用表面材料的颜色和光滑度对热辐射的反射作用，对通道内电缆降温也有一定的效果。例如采用淡色砾石铺面或用石灰水刷白对反射降温都有一定效果。如果在通风层顶中的基层加一铝箔，则可利用其第二次反射作用，对其隔热效果将有进一步的改善。

电缆与建筑物平行敷设时，电缆应埋设在建筑物的散水坡外。电缆进入建筑物时，所穿的保护管应该超出建筑物的散水坡以外 0.1m。直埋电缆与道路、铁路交叉时，所穿保护管应伸出 1m。电缆与热力管沟交叉时，如电缆穿石棉水泥管保护，其长度应伸出热力管沟两侧各 2m；用隔热保护层时，应超过热力沟和电缆两侧各 1m。

上述电缆隔热层、保护层的制作安装、冬期施工电缆的加温工作分属土建工程的范围，不计入本章定额，应按土建时实费用计费。

第二节　工程量计算规则应用释义

一、直埋电缆的挖、填土（石）方，除特殊要求外，可按下表计算土方量：

项　目	电　缆　根　数	
	1～2	每增一根
每米沟长挖方量（m³/m）	0.45	0.153

[应用释义]　　直埋电缆敷设是沿已定的路线挖沟，然后把电缆埋入沟内。一般电缆根数较少，且敷设距离较长时采用此法。电缆沟的宽度及长度应根据埋设电缆的类型、根数决定。电缆埋设深度要求，一般是：电缆表面距地面的距离不应小于 0.7m；穿越农田时不应小于 1m；当遇到障碍物或冻土层较深的地方，则应适当加深；电缆在引入建筑物、与地下建筑物交叉及绕过地下建筑物处，则可埋设浅些，但也应采取保护措施，例如引入

建筑物、与地下设施交叉时可穿金属管。无法在冻土层以下敷设时，应沿整个电缆线路的上下各铺 100～200mm 厚的砂层。

当电缆与铁路、公路、城市街道、厂区道路交叉时，应敷设于坚固的保护管或隧道内。电缆保护管顶面距轨底或公路面的距离不应小于 1m，保护管的两端宜伸出路基两边各 2m，伸出排水沟 0.5m；跨城市街道，应伸出车道路面。电缆与铁路、公路交叉敷设时，保护管可采用钢管或水泥管等，保护管的内径不应小于电缆外径的 1.5 倍，管子内部应无积水，无杂物堵塞。使用水泥管、陶土管或石棉水泥管时，其内径不应小于 100mm。

直埋电缆的上、下方须铺以不小于 100mm 厚的软土或砂层，并盖以混凝土保护板，其覆盖宽度应超过电缆两侧各 50mm，也可用砖块代替混凝土盖板。当电缆之间，电缆与其他管道、道路、建筑物等之间平行或交叉时，其间的最小距离应符合有关规定，并严禁将电缆平行敷设于管道的上面或下面。

人工平整场地是指建筑物场地挖、填土方厚度在 ±30cm 以内及找平。挖、填土方厚度超过 ±30cm 以上时，按场地土方平衡竖向布置图另行计算。平整土地工程量按建筑物外墙边线每边加 2m，以"m²"计算。

本定额中的挖、填土石方属于常见的土石方工程。土石方工程的特点与施工要求同一般工程有较大的不同。土石方工程的特点是：施工条件复杂、面广量大、劳动繁重，是一切其他工程的先导和基础。故对其施工也有严格要求：标高、断面要求准确，土体要求有足够的稳定性和强度，否则将对工程费用产生较大影响。

土方工程多为露天作业，种类繁多，成分复杂，受地区气候条件影响，工程地质水文变化多，对施工有较大影响。对一个大型建设项目的场地平整、房屋及设备基础、厂区道路及管线的土石方施工，面积往往可达数十平方公里，土方量多达数百立方米。因此，土石方工程在单位工程概预算中占有较重要的份额。

人工挖地槽：凡当槽底宽度在 3m 以内，且槽长大于槽宽 3 倍的沟槽挖土。

人工挖地坑：凡当坑长小于坑宽 3 倍，坑底面积在 20m² 以内（不包括加宽工作面）的属于挖地坑。

挖掘机挖土是土方开挖中常用的一种机械，根据机械工作装置不同，可分为正铲、反铲、拉铲和抓铲等四种挖土机。挖掘机挖土预算定额中工作内容主要包括挖土机就位、开挖工作面、将土堆置一边、工作面内排水沟的修建与维护等。挖掘机所挖土的运输由自卸汽车配合进行联合作业。挖掘机所挖土自卸汽车运土项目工作包括挖土、装车、汽车运土（运距 1km 内）、卸土及空回，并用推土机推平。

人工挖土方要区分土质类别，按照 2m、3m、4m、5m、6m 以内，不同挖土深度，分别计算其工程量，并根据规定增加工日，分别选套相应的人工定额项目，当挖土深度超过 6m 时，按超挖部分的超挖量，每立方米增加垂直运输用工 0.15 工日；人工凿岩开挖时，执行相应的机械开挖定额，定额规定，挖土方均以一～四类土为准，按照土的天然密实体积计算。

工日是人工定额的单位，每 1 工日按 8h 计算，人工挖土方合计工日是按 1985 年全国统一劳动定额为基础计算而来。本定额按 1.5m 内挖深编制，超过 1.5m 时，定额规定应增加工日，制定预算定额时，取定的综合计算深度都要比 1.5m 深，这样预算定额与劳动定额之间就存在一定的比值，这个比值称为挖深系数。

　　石方工程量的计算，应分别按不同的岩石等级单独计算，如岩石的最厚一层不小于断面的 75％时，则工程量应按最厚一层的岩石等级计算。

　　明挖岩石开凿，按开凿方法可分为明挖石方和暗挖石方。

　　(1) 明挖石方分一般开挖、沟槽和基坑开挖，按设计断面尺寸，另加允许超挖量，以立方米计算。

　　(2) 允许超挖量，按被开挖的坡面积乘以允许超挖厚度计算。允许超挖厚度：五、六类岩石为 15cm，被开挖的底面积乘以允许超挖厚度 15cm 计算。

　　(3) 凡是沟槽长度大于沟槽宽度 3 倍，沟槽底宽在 7m 以内者，按一般开挖计算。

　　(4) 凡基坑底面积在 20m² 以内者，按基坑计算；底面积在 20m² 以上者则按一般开挖，如发现裂带、滑坡等，发生塌方超挖，其工程量另行计算。

　　暗挖土石方：

　　(1) 暗挖也称作峒库开挖，分平洞全断面掘进，导坑及扩大掘进，油罐掘进，正井、反井掘进，光面爆破，沟槽开挖等项目，按设计断面尺寸，另加允许超挖量，以立方米计算。

　　(2) 允许超挖量，侧墙为 15cm，拱顶为 20cm。

　　对允许超挖量的计取，现行一般有两种方法。一种方法是爆破、出渣等项目均应计算工程量；另一种方法则是爆破项目不再计算工程量，其他如出渣、运输、被覆等项目仍应计取超挖工程量。

　　(3) 若遇裂层、断裂带等发生塌方超挖，其工程量应另行计算。

　　(4) 如爆破孔中出现渗水积水，影响工效及发生的材料增耗，措施费用等，另行计算。

　　土石方工程量计算：

　　由于地质、地形的变化复杂，一般采用截面法。它分以下步骤：

　　(1) 确定横断面。根据地形图及竖向布置情况，标定断面位置，断面间距可以有变，不必强求一致，高差大可以短一点，高差小可以适当长一点。峒库工程间距，一般为 5m，若遇地质复杂，发生塌方等特殊情况，亦可缩短间距，增加断面。

　　(2) 画断面图。根据自然地面和设计地面轮廓线，按比例绘制，并按断面图计算断面面积。峒库工程断面图，可按直接测成峒后的断面所得数据绘制。

　　(3) 计算工程量。根据断面面积，按下列公式计算石方的工程量：

$$V = \frac{F_1 + F_2}{2} \times L$$

式中　V——相邻两截面间的石方工程量（m³）；

　F_1、F_2——相邻两截面的截面面积（m²）；

　　L——相邻两截面的距离（m）。

　　(4) 汇总工程量。把按公式算得的各个工程量相加，其总和就是我们需要的岩石子目或某个单位工程子目。各个子目相加，其总和就是单位工程的工程量。

　　计算时宜把开挖断面面积和允许的超挖断面面积分开，也就是把其工程量分开计算，以适应施工管理和经济核算的要求。

　　竣工断面的测量和断面图绘制工作，一般都由本单位的测量部门负责，其竣工断面面积和工程量的计算也由测量部门进行。我们应该把设计工程量、允许超挖工程量与竣工实际工程量加以对比，来衡量施工队伍的施工管理水平，搞好经济核算，节约人力和材料消耗，多、快、好、省地完成各项建设任务。

上述是土建工程中对土石方工程量计算的过程及有关规定，本章中直埋电缆的挖、填土石方，应先套用定额，定额中未涉及的按一般规则处理。

二、电缆沟盖板揭、盖定额，按每揭盖一次以延长米计算。如又揭又盖，则按两次计算。

[应用释义]　在生产厂房内及隧道、沟道内敷设电缆，多使用支架或桥架，面盖混凝土揭盖板。

电缆在电缆沟内的敷设。电缆沟一般用砖砌成或由混凝土浇灌而成。电缆沟设在地面以下，用钢筋混凝土盖板盖住。室内电缆沟盖应与地面相平，沟盖间的缝隙间可用水泥砂浆填实。无覆盖层的室外电缆沟沟盖板应高出地面≥100mm；有覆盖层时，盖板在地面下300mm，盖板搭接应有防水措施。电缆可以放在沟底，也可放在支架上。

这种敷设方法要求电缆沟内平整、干燥，能防地下水侵入。沟底保持1%的坡度。沟内每隔50m应设一个0.4m×0.4m×0.4m的积水坑。

电缆沟盖板的揭与盖，分别与一次计入工程量，按有关定额增加人工费。

三、电缆保护管长度，除按设计规定长度计算外，遇有下列情况，应按以下规定增加保护管长度。

1. 横穿道路，按路基宽度两端各加 2m。

2. 垂直敷设时管口离地面加 2m。

3. 穿过建筑物外墙时，按基础外缘以外加 2m。

4. 穿过排水沟，按沟壁外缘以外加 1m。

[应用释义]　当电缆在引入建筑物、与地下建筑物交叉及绕过地下建筑物处，则可埋设浅些，但也应采取保护措施。例如引入建筑物、与地下设施交叉时可穿金属管。

当电缆与铁路、公路、城市街道、厂区道路交叉时，应敷设于坚固的保护管或隧道内。电缆保护管顶面距轨底或公路面的距离不应小于1m，保护管的两端宜伸出路基两边各2m，伸出排水沟外缘各0.5m；跨城市街道，应伸出车道路面。电缆与铁路、公路交叉敷设时，保护管可采用钢管或水泥管等，保护管的内径不应小于电缆外径的1.5倍，管子内部应无积水，无杂物堵塞。使用水泥管、陶土管或石棉水泥管时，其内径不应小于100mm。

电缆的上、下须铺以不小于100mm的软土或沙层，并盖以混凝土保护板，其覆盖宽度应超过电缆两侧各50mm，也可用砖块代替混凝土盖板。当电缆之间、电缆与其他管道、道路、建筑物等之间平行或交叉时，其间的最小距离应符合有关规定，并严禁将电缆平行敷设于管道的上面或下面，以免电缆过早过快地损坏。

四、电缆保护管埋地敷设时，其土方量有施工图注明的，按施工图计算；无施工图的一般按沟深 0.9m，沟宽按最外边的保护管两侧外缘外各加 0.3m 工作面计算。

[应用释义]　　电缆保护管的埋地敷设即属于暗配管工程施工,其土方量的计算规则按土建工程土方量计算如下:

根据设计精度要求和土方规划的地形特点,选择合适的土方工程量算法进行计算。土方工程量计算一般是根据原有的土方规划和竖向设计初步方案进行的。土方量的计算工作,就其要求精度不同,可分为估算和计算两种。估算一般用于规划阶段,而施工设计时,土方量则必须精确计算。计算土方量的方法很多,常用的大致可以归纳为以下四类:断面法、等高面法、方格网法、土方平衡。

(1) 断面计算法

断面法是一种常用的土方量计算方法。

① 绘制断面线

根据地形变化和竖向规划的情况,在竖向布置图上先绘出横断面线,绘制方式为:断面的位置应设在自然地形变化较大的部位;而断面的走向,则一般以垂直于地形等高线为宜。所取断面的数量多少,取决于地形变化情况和对计算结果准确程度的要求。地形复杂,要求计算精度高时,应多设断面,断面的间距可为 10～30m;地形变化小且变化均匀,要求仅作初步估算时,断面可以少一些,所取断面的间距可为 40～100m,断面间距可以是均匀相等的,也可以在有特征的地段增加或减少一些断面。

② 作剖面图

依据各断面的自然标高和设计标高,在坐标纸上,按一定比例作出。作图所用比例视计算精度要求而异。一般在水平方向采用 1∶500～1∶200,垂直方向采用 1∶200～1∶100。

③ 计算各断面挖填面积

每一断面的挖填面积,都可从坐标纸上直接求得。也可以根据断面上的几何图形,按一般常用的面积计算公式计算得出。

④ 断面之间土方量计算

相邻两断面之间的填土量和挖方量,等于两断面的填方面积或挖方面积的平均值乘以两者之间的距离。

(2) 等高面计算法

在等高线处取断面的土方量计算方法,就是等高面法。等高线是将地面上标高相同的点相连接而成的直线和曲线,它是假想的"线",而实际上是不存在的。它是天然地形与一组有高程的水平面相交后,投影在平面图上绘出的迹线,是地形轮廓的反映。等高线具有线上各点标高相同,线不相交,总是闭合等特点。因此,利用等高线闭合形成的等高面作为土方计算截面,是比较方便也有一定精度的。

等高面法是在等高线处沿水平方向取断面,上下两层水平断面之间的高度差即为等高距值。等高面计算法与断面法基本相似,是由上底断面面积与下底面面积的平均值乘以等高距,求得两层水平断面之间的土方量。

① 先确定一个计算填方和挖方的交界面——基准面:基准面标高是取设计地面挖掘线范围内的原地形标高的平均值。

② 求设计地面原地形高于基准面的土方量:先逐一求出原地形基准面以上各等高线所包围的面积。因在自然地形上各等高面的形状是不规则的,所以其面积可用方格计算纸

或求积仪求取。

③ 计算挖掘范围内低于地形基准面的土方量仍按上述方式，分层计算基准面以下各等高面面积。

④ 求挖方总量：以上所得出的挖掘线范围内基准面以上土方量与基准面以下土方量之和，即挖方量总量。

⑤ 计算填方量：如果是以规则形状的土坑作填方区，则可按相应的体积计算公式算出填方区的容积，此容积的数值即是填方量。如果是以不规则的自然形土坑作填方区，或是堆土成山，或是将自然地形的平地平均填高，则仍可分层计算土方量后，再累计为填方工程的总土方量。

（3）方格网计算法

根据各种不同的功能用途，对原地面进行挖陷、堆填、平整或做坡，来达到一定的设计目的。这些过程中，挖土和填土是两项基本的工程。为了计算出挖土和填土的工程量，我们还可以采用另外一种简单实用，而且准确度较高的计算方法——方格网法。

① 编制土方量计算图

用方格网法计算土方量，是依据土方量计算方格网图进行的。土方计算方格图的绘制就是计算工作的第一项内容。绘制方格网的步骤及相应方法有以下几个方面：

a. 划分方格

根据测量坐标网，将绘有等高线的总平面图划分为若干正方形的小方格网。方格的边长取决于地形情况和计算精度要求。在地形平坦的地方，方格边长一般用20~40m；在地形起伏较大的地方，方格边长多采用10~20m，在初步设计阶段，为提供设计方案比较的依据而进行的土方工程量估算，方格边长可大到50m。一般采用一种尺寸的方格网进行计算，但在地形变化较大处或布置上有特殊要求处，可局部加密方格。

b. 填入自然标高

根据总平面图的自然等高线高程确定每一个方格交叉点的自然标高，或根据自然等高线采用插入法计算出每个交叉点的自然标高，然后将自然标高数字填入方格网点的右下角。

当方格网点的位置在两条等高线之间时，就需要用插入法来求该点的自然标高。插入法求自然标高的方法是：首先，参照等高线图，设两条等高线之间所求网点的自然标高为 H_x，过此点作相邻两等高线之间最短直线的长度为 L，然后按下式计算方格网点自然标高：

$$H_x = H_a \pm \frac{XH}{L}$$

式中　H_x——网点自然标高（m）；

　　　H_a——位于低边的等高线高程（m）；

　　　x——网点至低边等高线的距离（m）；

　　　H——等高距（m）；

　　　L——相邻两等高线间距最短平距（m）。

c. 填入设计标高

根据竖向设计图上相应位置的标高情况，在方格网图中网点的右上角填入设计标高。

d. 填入施工标高

施工标高等于设计标高减自然标高，得数为正（+）数时表示填方，得数为负（-）数时为挖方。施工标高数值应填入方格网点的左上角。有的为了计算方便，还可为每一网点编号，编号可填入网点的左下角。

至此，可供计算土石方工程量的方格网计算图即已编制好，据此就可进行计算。例如：

施工标高	设计标高
+0.50	56.70
+⑨	56.20
角点偏号	自然标高

② 求填挖零点线

填好施工标高以后，如果在同一方格中既有填土部分，又有挖土部分，就必须求出零点线。所谓零点就是既不挖土也不填土的点，是从填土转到挖土，或从挖土转到填土的中间点。将零点互相连接起来，就构成了方格网内的零点线，零点线是挖土区和填方区的分界线。它将填土地段和挖土地段分隔开来，是土方计算的重要依据。

③ 土方量的计算

根据方格网计算土石方工程量时，先要对每一方格内的土方量进行计算。

a. 每方格土方计算

根据方格网中各个方格的填挖情况，分别计算每一个方格的土方量。由于每一方格内填挖情况不同，计算所依据的图式也不同。计算中，应按方格内的填挖具体情况，选用相应的图式，并分别将标高数字代入相应的公式中进行计算。

b. 汇总工程量

当算出每个方格的土石方工程量后，即按行列相加，最后算出挖、填方工程总量。

在上面的内容中，我们已经了解怎样利用断面法、等高面法和方格网法来计算挖方和填方的工程量。下面，还要对挖方和填方之间的平衡关系进行更深入的了解。

（4）土方平衡

竖向设计是一个基本要求，就是要使设计的挖土工程量和填方工程量基本平衡。土石方平衡的方法很简单，就是将已经求出的挖方总量和填方总量相互比较，若二者数值接近，则可认为达到了土方平衡的要求。若二者差距太大，则是土方不平衡，就应当调整设计地形，将地面垫高些或再挖深些，一直达到土方平衡为止。

在进行土石方平衡时，除了考虑地面施工的土石方量以外，还要考虑各种设施，如管线工程的土石方开挖，各种地下构筑物、地下建筑物及有关设备的基础工程开挖的土石方量等。由于在初步土石方平衡时还不可能取得与其他工程有关土石方的准确资料，所以，其他工程的土石方工程量可采取估算方法取得。

土方平衡的要求是相对的，没有必要做到绝对平衡。实际上，作为计算依据的地形图本身就不可避免地存在一定误差，而且用等高面法计算的结果也不能保证十分精确，因此在计算土方量时能够达到土方的相对平衡即可。而最重要的考虑，则应落在如何既要保证完全体现设计意图，又要尽可能减少土石方施工量和不必要的搬运量上。

电缆保护管地敷设时，其土方量有施工图标明的，按上述规则计算；无施工图的一般按沟深 0.9m，沟宽按最外边的保护管两侧边缘外各加 0.3m 工作面，按上述方法计算其土方量。

五、电缆敷设按单根延长米计算。

[应用释义] 架空线路虽投资少，但杆下绿化树木将受到砍伐，架空线路使厂区环境和厂容厂貌受损。在现代化城市街道旁人行道上更不宜用架空线供电。架空线路已被电缆供电网络所取代了。

1. 按允许载流量选择导线和电缆截面

(1) 导线和电缆中发热及其允许电流

金属导线或电缆中流通电流时，由于导体电阻的存在，电流使导体产生热效应，使导体温度升高，同时向导体周围介质发散热量。导线或电缆的绝缘介质，所允许承受的最高温度 t_d，必须大于载流导体表面的最高温度 t_m，即 $t_d > t_m$。才能使绝缘介质不燃烧，不加速老化。

电线电缆生产厂对各种型号规格的导线和电缆都做了大量试验，规定了各种型号导线的最大载流量（称最大电流或允许电流），并列成表格，提供设计时选用。称此法为按发热条件选择导线截面积，也称为按允许载流量选择导线截面积。

(2) 长期负荷工作制负荷

导线或电缆按发热条件长期允许工作电流 I_{al} 受环境温度影响，可用校正系数 K 进行校正；以决定该导线的额定允许载流量，即

$$I_N = KI_{al} > I_c$$

式中 I_{al}——导线或电缆允许长期工作电流值（A）；

I_N——经校正后的导线或电缆长期额定电流（A）；

I_c——线路计算负荷电流（A）。

在决定导线或电缆允许载流量时，导线周围环境温度在空气中取 $t_n = 25℃$，在土中取 $t_n = 15℃$ 作为标准值。当导线或电缆敷设环境温度不是 t_n 时，则载流量应乘以温度校正系数 K_t。

$$K_t = \sqrt{\frac{t_1 - t_o}{t_1 - t_n}}$$

式中 t_o——导线或电缆敷设处实际环境温度（℃）；

t_1——导线或电缆芯线长期允许工作温度（℃）。

导线或电缆多根并列敷设或穿管敷设时，在空气或土中敷设时，其散热条件与单根时不相同了。

(3) 重复性短时工作负荷

当负荷重复周期 ≤10min，工作时间 ≤4min 时，导线或电缆的允许电流可按下述情况决定：

① 导线截面 $S ≤ 6mm^2$ 的铜线，或 $S ≤ 10mm^2$ 的铝线，其允许电流按前述长期工作制计算。

② 导线截面 $S > 6mm^2$ 的铜线，或 $S > 10mm^2$ 的铝线，其允许电流等于长期允许电流

的 $0.875/\sqrt{JC}$ 倍，JC 是该用电设备的暂载百分数。

（4）短时工作制负荷。

当用电工作时间 $t_w \leqslant 4\min$，在停止用电的时间内，导线或电缆已散热，且降到周围环境温度时，此时导线或电缆的允许电流按重复短时工作制决定。

2. 按允许电压损失选择导线电缆截面

在电力系统中，各种用电设备随工作状态的变化而改变用电量的多少，如机械加工、电弧炉、升降机、刨床、电气机车牵引动力等等负载变化，都将使电网电压及电流发生变化。因此，电网供给负载端点的实际电压，并不等于该用电设备的额定电压，其差值称为电压偏移。

（1）输电线路电压损失计算

输电线路单位长度的电阻为 R_0（Ω/km），单位长度的电抗为 X_0（Ω/km）；设导线总长为 l（km）时，导线电阻为 $R_0 l$，电抗为 $X_0 l$；l 是导线计算长度。一般而言，导线的计算长度与其始端至末端的电杆直线距离是不等的。因架空线路导线有弧垂，电缆线路敷设有弧弯角及垂弧等存在。

对高层建筑和工厂供配电的电力电网中，将输电线路作为集中参数电路计算。而不考虑电路参数的分布性。因此，不计算输电线上的漏电导 g_0，分布电容 C_0、趋肤效应的影响，是符合工程实际的。

① 线路末端联接对称三相负载

输电线路的电压损失，是指输电线路始端电压与末端电压的代数差值，而不是两电压的相量差值，即不考虑两电压的相角差别，因供配电低压电网输电线路短，线路参数的阻抗角 θ 很小，产生的相位差也很小，对实际电压损失的影响在 5% 以下。因此，为简化计算量，输电路线电压损失百分数按一定的百分数计算。

② 线路各段联接对称负载

当已知各负载功率、线路电阻、电抗及额定电压时，各段线路的电压损失就可以计算出来，略去线路上的功率损耗，略去线路始端电压与末端电压的相位差角，以末端电压为参考相量，其值为线路额定电压。利用负载电流或负载功率计算线电压损失百分数的方法，多用在计算某些负荷波动对电压损失的影响程度。用干线电流或干线功率计算线电压损失百分数的方法，多用于计算干线电压损失或干线某点的总电压损失。可根据需要来选择计算方法。

（2）按允许电压损失选择线路导线截面

输电线路有电阻及电抗存在，电能沿输电线路传输时，必然产生电能损耗和电压损失。为使电压损失能保持在国家规范允许范围之内，那么，如何恰当地选择导线截面，是我们要解决的问题。

首先，电压损失可以分解为两部分，即有功分量电压损失和无功分量电压损失两部分。在 10kV 架空线路取电抗值 $X_0 = 0.30 \sim 0.4\Omega$/km，10kV 电缆线路 $X_0 = 0.08\Omega$/km，可以先假定电抗 $X_0 = 0.35\Omega$/km（平均值）计算出电抗电压损失 $\Delta U_r\%$，再按允许电压损失 $\Delta U_r\%$，可查阅国家规范而得到。

工程上计算导线长度以公里（km）为单位，计算电阻时长度以米（m）为单位，导线截面以平方毫米（mm²）为单位，故经单位换算后按下式选择导线截面：

$$S = \frac{100}{ru_{\text{IN}}^2 \Delta Ua\%} \sum_{i=1}^{n} P_i L_i$$

按上式选择与之相近的标称导线截面 S，根据线路布置状况计算出电抗 X_0 值，如与所选的 X_0 值差别不大，说明所选导线截面正确可用。反之，其 X_0 值相差较大时，则应按计算所得 X_0 值重算 $\Delta U_r\%$，重选导线截面 S，使之满足电压损失的指标要求。这就是按电压损失的规范标准，选择导线截面应做的设计计算工作。

3. 按经济电流密度选择导线和电缆截面

在电力系统中的电器设备、输电线路及一切日用电器装置，都广泛使用铜或铝导线，节约有色金属，减少铜、铝耗量，是重要的经济政策之一，减小导线截面积，固能节省有色金属，但增大了导线电阻，增加了电能损耗，能源利用率降低了，节约能源也是重要经济政策之一。为了减少线路损耗，须增大导线截面积，降低导线电阻值，但这样做又增加了有色金属耗量。

电缆选择好后，按选好的导线截面以单根延长米计算。

六、电缆敷设长度应根据敷设路径的水平和垂直敷设长度，另加下表规定附加长度：

序　号	项　　目	预留长度	说　　明
1	电缆敷设驰度、波形弯度、交叉	2.5%	按电缆全长计算
2	电缆进入建筑物内	2.0m	规范规定最小值
3	电缆进入沟内或吊架时引上预留	1.5m	规范规定最小值
4	变电所进出线	1.5m	规范规定最小值
5	电缆终端头	1.5m	检修余量
6	电缆中间头盒	两端各2.0m	检修余量
7	高压开关柜	2.0m	柜下进出线

说明：电缆附加及预留长度是电缆敷设长度的组成部分，应计入电缆长度工程量之内。

[应用释义] 电缆附加长度包括：在电缆进入建筑物处；电缆中间头，终端头；由水平到垂直处；进入高压柜、低压柜、动力箱处；过建筑物伸缩缝、过电缆井等处。电缆直埋时还得预留"波纹长度"；一般按 1.5%，以防热胀冷缩受到拉力。对于电话电缆和射频同轴电缆的预留长度，电气安装工程定额也已经预留了 20% 的余量。例如：直埋电缆进入建筑物处预留长度 2.3m，施工时应做直径 4m 的半圆弧，其长度为：$4 \times 3.14 \div 2\text{m} = 6.28\text{m} \approx 6.3\text{m}$，伸直后多余的长度即为预留长度，$(6.3-4)\text{m} = 2.3\text{m}$。所以直埋电缆进建筑物预留 2.3m。

七、电缆终端头及中间头均以"个"为计量单位。一根电缆按两个终端头，中间头设计有图示的，按图示确定，没有图示，按实际计算。

[应用释义] 在 1kV 以下的低压电缆敷设综合了电缆终端头，而高压电缆没有综合终头施工内容，应另套高压电缆头制作安装项目。高压电缆敷设项目包含了中间头的制作安装，无论是采用普通型，还是采用热缩式的中间头，均不得调整定额。

在高压电缆敷设和高压电缆头的制作安装中，耐压试验均已包含在各项设备调试中，不得另列项计算。室内高压电缆头的形式常用预制壳式，即环氧树脂浇铸。另一种是橡塑绝缘电缆，又称干式电缆。

第三节　定额应用释义

一、电缆沟铺砂盖板、揭盖板

工作内容： 调整电缆间距，铺砂，盖砖，盖保护板，埋设标桩，揭盖盖板。

定额编号　8-188～8-189　铺砂盖砖　（P61）

[应用释义]　电缆在电缆沟内敷设时，电缆沟一般用砖砌成或由混凝土浇灌而成。电缆沟设在地面以下，用钢筋混凝土盖板盖住。室内电缆沟盖应与地面相平，沟盖间的缝隙可用水泥砂浆填实。无覆盖层的室外电缆沟沟盖板应高出地面≥100mm；有覆盖层时，盖板在地面下300mm，盖板搭接应有防水措施。电缆可以放在沟底，也可放在支架上。

定额编号　8-190～8-191　铺砂、盖保护板　（P61）

[应用释义]　直埋电缆的上、下须铺以不小于100mm厚的软土或砂层，并盖以混凝土保护板，其覆盖宽度应超过电缆两侧各50mm，也可用砖块代替混凝土盖板。

在沟底上面铺约100mm厚筛过的软土或细砂层作为电缆的垫层，软土或细砂中不应有石头或其他坚硬杂物，在垫层上面敷设电缆。检查放好的电缆确无受损后，在电缆上面覆盖100mm厚的细砂或软土层，再盖上保护板或砖。板宽应超出电缆两侧各50mm，板与板之间应紧靠连接。覆盖土要分层夯实。

定额编号　8-192～8-194　揭盖盖板（板长mm以下）　（P61）

[应用释义]　电缆沟的盖板采用钢筋混凝土盖板，两人能抬得动，不宜超过50kg；室内常常用钢板盖板。

电缆沟铺砂盖砖或混凝土板项目综合了电缆沟挖填土、铺砂、盖砖或混凝土保护板、埋设标志桩等。其中土方的土质及工程量已作了综合考虑，除遇有流砂岩石地带及对电缆埋设深度有特殊要求以外，一般不得调整定额。按照新的规定，直埋电缆尽量采用铺砂盖混凝土保护板，少量的可盖砖。

二、电缆保护管敷设

工作内容： 测位，沟底夯实，锯管，接口，敷设，刷漆，接口。

定额编号　8-195　铸铁管　（P62）

[应用释义]　铸铁管规格习惯以公称直径DN表示，国内生产的铸铁管的直径在$DN50$～$DN1500$之间。

铸铁管按材质分为普通铸铁管、高级铸铁管和球墨铸铁管。

普通铸铁管的材质为普通灰铸铁，化学成分中碳含量为3％～3.3％，硅含量为1.5％～2.2％，锰含量为0.5％～0.9％，硫含量为≤0.12％，磷含量为≤0.4％，抗拉强度应不小140MPa，按工作的压力大小分为高压管（P_N≤1.0MPa），普压管（P_N≤0.75MPa）和低压管（P_N≤0.45MPa）。

高级铸铁管（又称可锻铸铁管）对铸铁化学成分提出了严格要求。进一步采取脱硫和脱磷措施，铸造方法亦有适当改进。铸铁组织致密，韧性增强，抗拉强度可达250MPa。球墨铸铁管（简称球铁管）被认为是耐腐蚀性好，强度高，具有较强韧性的较理想管材，正逐步替代普通铸铁管。

球墨铸铁是在原材料经严格选择的铁水中，添加了镁、钙等碱土金属或稀土金属，使铸铁中的石墨组织成呈球状，表面积最小，从而消除了普通铸铁或高级铸铁中由片状石墨所引起的金属晶体连续性被割断的缺陷，使抗拉强度提高到 380～450MPa。这种管材经热处理后，显微组织中铁素体的形成，使管材具有良好的延伸率，冲击韧性比高级铸铁管还高出 10 倍以上。

铸铁管根据用途可分为给水铸铁管及排水铸铁管；根据接口方式有承插铸铁管及柔性接口铸铁管。

（1）给水铸铁管

给水铸铁管具有较高的承压能力及耐腐蚀性，可以根据输送介质的压力选择不同的压力级别：高压管工作压力为 1.0MPa；中压管为 0.75MPa；低压管为 0.4MPa；给水铸铁管直径在 350mm 以下，管长为 5m；直径为 400～1000mm，管长 6m。

（2）排水铸铁管

成分与给水铸铁管不同，因此承压能力差，质脆。但能耐腐蚀，适用于室内的污水管道。直管长度（有效长度）1.5m。常用形式为承插口铁管。近年来高层建筑中有采用柔性接口的排水铸铁管，它主要由带有特制法兰的直管、密封的胶圈及法兰和连接螺栓组成。

定额编号　8-196～8-197　石棉水泥、混凝土管　　（P62）

［应用释义］　石棉水泥、混凝土管为非金属管，主要用于室外排水管道，规格以内径表示，常用的有直吸企口管。

在寒冷地区电缆埋深应在冻土层以下，北京地区的埋深不应小于 0.7m，农田内应不小于 1m。如果无法做到时，应取采取保护措施保护电缆不受损坏。

电缆进入建筑物时，所穿的保护管应该超出建筑物的散水坡外 0.1m。直埋电缆与道路、铁路交叉时，所穿保护管应伸出 1m。电缆与热力管沟交叉时，如电缆穿石棉水泥管保护，其长度应伸出热力管沟两侧各 2m；用隔热保护层时，应超过热力管沟和电缆两侧各 1m。

定额编号　8-198　钢管　　（P62）

［应用释义］　钢管在工程中得到广泛应用和发展，是由于钢管与其他管材比较有以下特点：

（1）材料强度高。钢管的容重虽然较大，但强度却高得更多，与其他管材相比，钢材的容重与屈服点的比值最小。在相同载荷条件下，采用管材时，整体自重常常小。由于重量轻，便于运输和安装，因此，特别适用于承载大的场所，也适用于可移动、易装拆的位置的需要。

（2）安全可靠。钢管材质均匀，各向同性，弹性模量大，有良好的塑性和韧性，为理想的弹性—塑性体，较为符合作为保护管。因此，安装准确，可靠性较高。

（3）工业化生产程度高。钢管的制造虽需较复杂的机械设备和严格的工艺要求，但与其他管材比较，钢管工业化生产程度最高，能成批大量生产，制造精确度高、工艺安装的施工方法，可缩短周期，降低造价，提高经济效益。

（4）密闭性较好。由于焊接钢管时可做到完全密封，一些要求气密性和水密性较好的地段的电缆保护管，都可适用。

（5）具有一定的耐热性。

温度在 250℃ 以内，钢管的性质变化很小，温度达到 300℃ 以后，强度逐渐下降，达到 450～650℃，强度为零。因此，钢管的防火性较混凝土管为差，一般用于温度不高于 250℃ 的场合。有特殊防火要求的建筑中，钢管必须用耐火材料予以围护。特别是在重要场所，应根据其重要性等级和防火规范加以特别处理。

但是，钢管最大的缺点是易于锈蚀。一般钢管都要经过除锈、镀锌或刷涂料（油漆）的处理，以后隔一定时间又要重新维修，这种经常性除锈、油漆和维护的费用比较高。所以现在采用一种喷涂新工艺，即在严格清洗、除锈的基础上喷铝或锌，其防锈寿命可长达 20～30 年。

为克服钢管的缺点，在电缆敷设工程中经常采用镀锌钢管和无缝钢管。

焊接钢管经过镀锌处理后，称为镀锌钢管，俗称白铁管。适合输送电气线路、水、热水、低压蒸汽、煤气等介质。

无缝钢管具有承受高压及高温的能力，随着壁厚增加，承受压力及温度的能力也增加，用于输送高压蒸气、高温热水、易燃、易爆及高压流体等介质，可分热轧及冷拔两种管。无缝管标注以外径×壁厚表示，符号 $\phi \times \delta$。还可加入少量元素制成锅炉钢管，应用在工艺管道中。

三、顶管敷设

工作内容：测位，安装机具，顶管接管，清理，扫管。

定额编号　8-199～8-200　顶管（每根）　　（P63）

［应用释义］　密封顶管敷设只是电缆进出建筑物的外墙才列项，目的是为了防止室外潮气侵入，电缆经过建筑物内部隔墙时不用顶管。

由于各地的工作条件不同，施工方法有很多种，如普通顶管、机械化顶管、挤压顶管、水射顶管、穿刺顶管。

承重平台主梁必须根据荷载计算选用，主梁两端伸出工作坑壁搭地不得小于 1.2cm。

棚架：即起重架与防雨棚合成一体，罩以防雨棚布为工作棚。

电缆顶管敷设的工程量按实际的电缆根数统计，如果有备用的密封电缆顶管，也应如实计入工程量，只是不穿电缆而已。工程量以"根"为单位计算。一般顶管外径不得小于电缆外径的 1.5 倍。

四、铝芯电缆敷设

工作内容：开箱，检查，架线盘，敷设，锯断，排列，整理，固定，收盘，临时封头，挂牌。

定额编号　8-201～8-203　水平电缆（截面 mm² 以内）　　（P64～P65）

［应用释义］　电力电缆是电力系统主网的主要元件。一般敷设在地下的廊道内，其作用是传输和分配电能。电力电缆主要用于城区、国防工程和电站等必须采用地下输电的部位。电力电缆主要由三大部分组成：

（1）导体：传输电流，指导功率传输方式；

（2）绝缘层：承受电压，起绝缘作用；

（3）保护覆盖层：保护电缆绝缘不受外界环境的影响和防止机械损伤等。

一般电缆架设工程，一般采用水平电缆，确需垂直敷设时，由水平到垂直处应预留长度。

定额编号 8-204～8-206 竖直通道电缆（截面 mm² 以内）　　（P64～P65）

［应用释义］　采用铝芯电缆的垂直敷设时，其电缆支架固定间的最大距离相对于水平敷设时为大，采用垂直敷设时，此间距电力电缆为 1.5m，控制电缆为 1.0m，钢丝铠装电缆为 6.0m。

五、铜芯电缆敷设

工作内容：开盘，检查，架线盘，敷设，锯断，排列，整理，固定，收盘，临时封头，挂牌。

定额编号 8-207～8-209 水平电缆（截面 mm² 以内）　　（P66～P67）

［应用释义］　电缆导线形式的选择主要考虑环境条件，运行电压敷设方法和经济、可靠性等要求。同时应注意节约较短缺的材料，例如以铝代铜等，所以在实际工程中铝芯电缆比铜芯电缆用得多。

电缆的安装工程一般规定：

（1）电缆直埋时应在冻土层以下敷设。在通过道路时应穿管保护，同一沟内直埋电缆不宜多于 8 根。

（2）室外低压配电线路的电压降，自变压器低压侧出口至电源引入处，在最大负荷时的允许值为其额定电压的 4%，室内线路（最远至配电箱）为 3%。

（3）穿越管、槽敷设的绝缘导线和电缆，其电压等级不应低于交流 500V。不同电压和用途的电缆应分开敷设，若必须在同一桥架或线槽上敷设时，应采取加隔离板或部分穿管等措施，但同一设备、同一系统的电源线和控制线除外。在室内敷设的电缆不应有可燃被层。

（4）电缆线路截面：小区外线电缆截面已规范化，统一为 35、120、240mm²。

（5）电缆沟、隧道应有防水措施，底部应有 5‰坡度将水导向电缆井内的集水坑。

（6）电缆沟进入建筑物时应设防火墙，电缆隧道进入建筑物应设带防火门的防火墙。隧道内每 50m 处设一防火密闭门，通过隔门的电缆须作防火处理。

（7）电缆隧道长度大于 20m 时两端应设出口（包括入孔），当两个出口距离大于 75m 时应增加出口。入孔井的直径不应小于 0.7m。

（8）引入线穿墙过管宜不小于 Φ100 钢管，供电单位维护管理时应为 Φ150 钢管。

为保证电缆敷设的质量，必须做到以下几点：

（1）埋设的电缆应避开建筑规划中需要挖掘的地方，使电缆不致受到损坏及腐蚀。

（2）在平面设计时，尽可能选择短而直的路径。

（3）尽量避开和减少穿越地下管道、公路、铁路和通信电缆。

（4）对电缆敷设方式的选择，一般要从节省投资、施工方便及安全运行三方面考虑。电缆直埋敷设施工最方便、造价最低、散热较好，应优先选用。

（5）在确定电缆构筑物时，应该结合规划预留备用支架及孔眼。

（6）电缆在室外明敷设时，不宜设置在阳光曝晒的地方。

（7）单芯电缆通交流电时，不得穿钢管敷设，也不应该用铠装的电缆。应采用非金属管敷设。

定额编号 8-210～8-212 竖直通道电缆（截面 mm² 以内） （P66～P67）

[应用释义] 铜芯电缆采用竖直通道敷设时，应开挖电缆井。入孔井的直径不应小于 0.7m。

与电缆线路安装有关的建筑物、构筑物的土建工程质量，应符合国家现行的建筑工程施工及验收规范中的有关规定。

电缆的敷设方式比较多，有直接埋地敷设，电缆沟敷设，电缆隧道敷设，电缆排管敷设，穿钢管、混凝土管、石棉水泥管等管道敷设以及用支架、托架、悬挂方法敷设等。电缆的敷设应根据电缆线路的长短、电缆的数量及周围环境条件等具体条件决定，但作为施工单位只能依施工图施工。

尽管电缆敷设方式比较多，但敷设时都应遵守以下共同规定：

（1）电缆敷设时不应破坏电缆沟和隧道的防水层。

（2）在三相四线制系统中使用的电力电缆，不应采用三芯电缆另加一根单芯电缆或导线，或电缆金属护套等作为中性线的方式，以免当三相电流不平衡时，使得电缆铠装发热。当在三相系统中使用单芯电缆时，为减少损耗，避免松散，应组成紧贴的正三角形排列，并且每隔 1m 用线布带扎牢。

（3）并联运行的电力电缆其长度应相等。

（4）电缆敷设时，在电缆终端头及电缆中间接头附近可留有备用长度。

（5）电缆敷设时，不应使电缆过度弯曲。

（6）油浸纸绝缘电缆最高与最低之间的最大位差不应超过有关规定。当不能满足要求时，应采用适应于高位差的电缆，或在电缆中间设置塞止式接头。

（7）电缆垂直敷设如超过 45°倾斜敷设时，每个支架均须固定，水平敷设时则只在电缆首、末两端，转弯及接头的两端处固定，所有电缆夹宜统一。使用于交流的单芯电缆或分相铅包电缆在分相后的固定，其夹具不应有铁件构成的闭合磁路。裸铅（铝）包电缆的固定处应加软衬垫保护。

（8）施放电缆时，电缆应从盘上部引出，并应避免电缆在地面上或支架上拖拉摩擦。

（9）敷设电缆时，如电缆存放地点在敷设前 24h 内的平均温度以及现场的温度低于允许值时，应用下列方法对电缆进行加热或躲开寒冷期，日后施工。

① 用提高周围空气温度的方法加热。

② 用电流通过电缆导体进行加热。

（10）电力电缆接头盒的布置原则：并列敷设的电缆，其接头盒的位置宜相互错开；明敷电缆的接头盒，须用托板托置，并应用耐电弧隔板与其他电缆隔开，托板与隔板伸出接头两端的长度各不小于 0.6m，直埋电缆的接头盒外面应有防止机械损伤的保护盒。位于冻土层内的保护盒，盒内宜注以沥青，以防水分进入盒内，因膨胀而损坏电缆接头。

（11）电缆进入电缆沟、隧道、竖井、建筑物、盘（柜）以及穿入管子时，出入口应封闭，管口应密封。

电力电缆一般是缠绕在电缆盘上进行运输、保管和敷设施工的。30m 以下的短段也可按不小于电缆允许的最小弯曲半径卷成圈子，并至少在四处捆紧后搬运。以前电缆托盘多为木制结构，现在基本为钢制，因钢结构牢固不易损坏，能够保护电缆。并且钢制电缆托盘可重复使用，比较经济。在运输和装卸电缆盘的过程中，关键问题是不要让电缆受到损伤，从而使电缆绝缘遭到破坏。

电缆运输前必须进行检查，电缆盘应完好牢固，电缆封端应严密并固定牢靠和保护好，如果发生问题应处理好后才能运输。电缆盘在车上运输时，应将电缆盘牢靠地固定。装卸电缆盘一般采用吊车吊装，卸车时如无起重设备，不允许将电缆盘直接从载重汽车上直接推下，应用木板搭成斜坡牢固跳板，再用绞车或绳子拉住电缆盘使电缆盘慢慢滚下。电缆盘在地面上的滚动必须控制在较小距离范围内，滚动的方向必须按照电缆盘侧面上箭头所示方向（顺电缆缠紧方向）滚动，以防止电缆松脱、电缆盘损坏。

电缆敷设时，电缆的导线形式及敷设方式有多种情况，我们应根据各种不同环境条件，以经济合理、安全可靠的原则确定。

六、电缆终端头制作安装

1. 干包式电力电缆终端头制作安装

工作内容：定位，量尺寸，锯断，剥护套，焊接地线，装手套包缠绝缘，压接线端子，安装固定。

定额编号　8-213～8-215　1kV 以下（截面 mm² 以内）　　　（P68）

[应用释义]　电缆做为传输线输送电能，总归要有终端。电缆通过终端接头盒与变压器、架空线路相连接。电缆的使用长度也受到制造的限制。对于较长线路，须将两段或多段电缆连接起来，这就需要连接盒。对于高压线路，为了减少金属护套（金属屏蔽层）的感应电动势，需要绝缘外套连接接头盒实行护套的换位连接。对充油电缆，为了便于运行和维护，供油系统要分段隔开，需采用阻止式连接接头盒。

干包式电缆终端头是直接在电缆接头盒处处压接线端处装手套包缠绝缘即可。

干包式电缆终端头：干包式电缆终端头不用任何绝缘浇注剂，而用软"手套"和聚氯乙烯带干包而成。它的特点是体积小、重量轻、工艺简单、成本低廉，是室内低压油纸电缆头采用较多的一种。其制作工艺如下：

（1）剥切外护层。按照剥切尺寸，先在锯割钢带处做好记号，把由此向下 100mm 处的一段钢带，用汽油将沥青混合物擦净，用细锉打光，表面搪一层焊锡。放好接地用的多股裸铜绞线，并装上电缆钢带卡子。然后，在卡子的外边缘沿电缆周长用钢锯在钢带上锯出一个环形深痕，但要注意锯割时不要伤及铝套。锯完后，用钳子夹住钢带，逆着缠绕方向把钢带撕下。

（2）焊接地线。清除铝套后，按需要长度焊接地线，地线与钢带的焊接点选在两道卡子之间，焊接时应使上下两层钢带均应与地线焊牢。焊接速度要快，以免损坏电缆内部绝缘纸。

（3）剥切。按先后顺序依次剥除铝套、统包绝缘和分线芯。每步剥切工作必须在上一步剥切完成合格后方可进行。

（4）包缠内包层。从线芯分叉口根部开始，用聚氯乙烯带在线芯上包缠 1～3 层，层数以能使聚氯乙烯软管能较紧地套装为宜，不使线芯与聚氯乙烯软管间产生空隙。包缠时，顺绝缘纸的包缠方向，以半遮盖方式向线芯端部包缠，包带要拉紧，不应有打折、扭皱现象，一直包至线芯端部。

（5）套聚乙烯软手套。内包层包缠后，选择与线芯截面相适应的软手套，用电缆油或变压器油润滑后套入线芯，并用手轻轻向下勒，使其与内包层紧紧相贴，但用力不可太猛，以防弄破。

套入软手套后，用聚氯乙烯带临时包扎软手套根部，然后用聚氯乙烯带和塑料胶粘带包缠手套的指部，从手指根部开始至高出手指口约 20～30mm 处，塑料胶粘带包在最外层，包缠成一个锥形体。

（6）安装接线端子。软手套手指包缠好后，即可在线芯上套入软管，然后在软手套手指与软管重叠部分用直径为 1～1.5mm 的尼龙绳紧紧绑扎，绑扎长度不少于 30mm，其中越过搭接处两端各为 5mm。

接线端子的连接方式，一般铝芯电缆采用压接，铜芯电缆采用压接或焊接。将选择好的端子的接管内壁和线芯表面擦拭干净，除去氧化层和油渍，将线芯插入端子接管内进行压接。

接线端子装好后，用聚氯乙烯带在裸线芯部分勒绕填实，然后翻上聚氯乙烯软管，盖住接线端子的两个压坑。再用尼龙绳紧扎软管与端子的重叠部分。

（7）包绕外包层。自线芯三叉口处起，在聚氯乙烯软管外面用黄蜡带或玻璃漆带以半迭包方式包绕二层加固。在线芯三叉口处的软手套外压入 2～3 个"风车"，且应勒紧，填实三叉口的空隙。然后用聚氯乙烯带和黄腊带包绕成橄榄型。外包层的最大直径为铅套外径加 25mm，高度为铅套外径加 90mm，终端头成型后，按已定相位，用与相线纸绝缘同样颜色的聚氯乙烯带包缠各相线芯，以区别相序。外面再包缠 1～2 层透明聚氯乙烯带。

2. 浇注式电缆终端头制作安装

工作内容： 定位，量尺寸，锯断，剥切，焊接地线，缠涂绝缘层，压接线柱，装终端盒式手套，配料浇注。

定额编号 8-216～8-218 浇注式 10kV 以下（截面 mm² 以内） （P69～P70）

［应用释义］ 一般电压较低的橡塑绝缘电力电缆在终端连接时，首先将外护层、铠装层、金属屏蔽层等连接长度内的部分剥去，然后将热缩材料制成的应力管和绝缘管依次套在绝缘上，接好屏蔽地线和线芯端子，做好绝缘和密封，在外绝缘上套几个雨裙即可。35kV 及以下的电力电缆，大都采用浇注式的终端连接盒。其应力锥嵌入内绝缘，雨裙和接头盒连为一体。体积小，安装简便，保证了应有的电气性能和使用寿命。

3. 热缩式电缆终端头制作安装

工作内容： 定位，量尺寸，锯断，剥切清洗，内屏蔽层处理，焊接地线，压接线端子，装终端盒，配料浇注，安装。

定额编号 8-219～8-221 热缩式（截面 mm² 以内） （P71）

［应用释义］ 高压电缆终端接头盒一般由内绝缘、外绝缘、密封结构、出线杆和屏蔽罩等部分组成。

充油电缆主要有增绕式、电容式和象鼻式终端接头盒。

增绕式终端接头盒，其主要特点是在工厂绝缘上加包了增绕绝缘层，且在金属屏蔽层处包成应力锥，这样可降低绝缘层中的电场强度。除此之外，又采用了接地屏蔽环，使电场集中得到一定的改善，整个终端密封在一个高强度瓷套管中，以防止接头处的尖端放电。

电容式终端接头盒主要是在工厂绝缘外附加一些电容器，强制电场强度切向均匀分布，从而减少了终端的高度。

高压塑电缆终端接头盒，一般有绕包带型、模塑型、浇铸型等。应力锥一般是用乙丙橡胶或硅橡胶预先制成，然后在敷设现场将其插入接头盒中。当应力锥装到一定部位后，靠金具和弹簧紧压，使界面紧密相接。热缩式电缆终端头制作安装时就是在浇注式电缆终端头浇注前在电缆外套一热缩管，然后终端盒配料浇注即可。

热缩式电缆终端头是近几年推出的一种新型电缆终端头，热缩型电缆头的安装工艺十分简便，易于掌握，易于施工。所用的热缩材料主要是：绝缘隔油管、直套管、三叉手套、密封套和防雨罩等。热缩式电缆头制作工艺如下：

（1）将铅套沿铠装切口向上 130mm 处以上部分剥切，将电缆线芯分开。

（2）用干净的白布蘸汽油或无水乙醇擦净线芯绝缘表面油渍，从铅套口以上 40～50mm 处至线芯末端 60mm 处套进隔油管，并加热使之紧贴线芯绝缘。加热火焰应螺旋状前进，以保证隔油管沿圆周方向充分均匀受热收缩。

（3）套上应力管并从下到上均匀加热，使其收缩紧贴隔油管。在铅套切口和应力管之间包缠耐油填充胶，包成苹果形，中部最大直径约为统包绝缘外径加 15mm，填充胶与铅套口重叠 5mm，以确保隔油密封。

（4）再次清洁铅套密封段，并进行预热，套上三叉分支手套。分支手套应与铅套重叠 70mm。先从铅套切口位置开始加热收缩，再往下均匀加热收缩密封段，随后再往上加热收缩至分支指套。

（5）剥切线芯端部绝缘（剥切长度为接线端子接管孔深加 5mm），压接接线端子，并用填充胶填堵绝缘端部的 5mm 间隙，与上下均匀重叠 5mm。套绝缘外管，下端插至手套的三叉口，从下往上加热，使其收缩，上端与接线端子重叠约 5mm，多余部分割弃。套密封套管，加热均匀收缩后，再套上相序标志套。

对于户外终端头，则应加装防雨罩。先套入三孔防雨罩（三相共用），自由就位后加热收缩，然后每相再套两个单孔防雨罩，加热收缩，收缩完毕之后，再安装顶端密封套，热缩后装上相序标志套。

制作热缩型电缆终端头，应特别注意在安装三叉分支手套时，宜先对填充胶预热，并将电缆定位，套上分支手套后，按所需分叉角度摆好线芯后再进行加热。避免在三叉分支手套热缩定型后，再大幅度地改变电缆线芯的分叉角度，造成手套分叉口及指套根部的开裂。

七、电缆中间头制作安装

1. 干包式电力电缆中间头制作

工作内容：定位，量尺寸，锯断，剥护套及绝缘层，焊接地线，清洗，包缠绝缘，压连接管安装，接线。

定额编号　8-222～8-224　干包中间头 1kV 以下（截面 mm² 以内）　（P72）

［应用释义］　中间头连接盒的作用是将两根制造长度的电缆连接起来，以满足实际工程长度的需要。连接的原则是保证导电线芯电的良好连接，绝缘部分的完好电气性能，

金属屏蔽处电场均匀分布。

根据绝缘不同，可分为油浸纸绝缘连接盒和橡胶绝缘连接盒两大类。

（1）油浸纸绝缘电缆的连接接头盒

电压较低的黏性浸渍纸绝缘电缆导电线芯是通过连接套，采用冷焊压接线芯连接起来，而不允许用焊接或煅接，以防止对油的污染和造成老化。靠近连接端的电缆绝缘（工厂绝缘）一般切削成阶梯或锥形面（反应力锥），然后包缠填充绝缘至与电缆绝缘外径相同，再在其外包绕增绕绝缘。增绕绝缘两端形成应力锥面。应力锥面和反力锥面均按使其表面的切向场强为一常数设计的。两根相接的电缆的屏蔽用经过应力锥及增绕绝缘表面上包缠的导体（如铅丝）完全连接起来，形成等位面。整个装置与压力供油箱连通，保证油的供给和循环，粘性浸渍纸绝缘电缆的连接盒内应灌满电缆胶。

为了减少金属护套损耗，长电缆线路各相电缆的金属护套需交叉换位互换接地，这时电缆的连接须用绝缘接头盒。其内绝缘结构尺寸和普通接头相同，但增绕绝缘外缠绕的半导体纸和金属接地层都要在接头中间断开、不能连续。接头和外壳钢管中间部分用环氧树脂绝缘片或瓷质绝缘垫片隔开，使电缆的金属屏蔽层（金属护套）在轴向绝缘。

为了防止电缆故障漏油扩大到整个电缆线路，并分隔电缆线路油压，使各段电缆内部压力不超过允许值及减少暂态油压的变化，往往采用塞止式连接盒。其只作电缆的电气连接，将被连接的电缆油道隔开，使油流互不相通。其结构分单室式和双室式两种。它们是用一个（单室）和两个（双室）环氧树脂套管（或瓷套管）将被连接的两根电缆的油流分开。

（2）橡胶绝缘电缆连接盒

橡塑绝缘电力电缆一般没有金属护套和浸渍剂，故只需用普通连接盒将电缆各制造长度连接起来。过去按照制造工艺分为绕包带型、模塑型和压力浇铸型等类型。随着工艺技术的发展，目前橡塑绝缘电缆的附件装置主要以预制式为主。

对 35kV 及以下的电缆，导电线芯连接以后，在原有工厂绝缘的上面套有一热缩材料制成的应力管，然后再做其他部分的连接处理。热缩应力管，是由聚乙烯料加入一定的配合剂，经辐照交联后制成。这种管材具有"记忆"效应，即按预定尺寸制成后，经冷扩工艺过程，然后安装在接头处，再予以加热，管材会自动收缩到原先的尺寸，应力管便牢牢套在工厂绝缘上。对于高压交聚乙烯绝缘电力电缆的连接盒，目前主要是在金属屏蔽层边缘的电场集中处安装以预制成型的应力锥。

干包式电力电缆中间头制作安装与终端头制作安装的过程基本类似。

2. 浇注式电缆中间头制作安装

工作内容： 定位，量尺寸，锯断，剥切，压边接管，包缠涂绝缘层，焊接地线，封铅管式装连接盒，配料浇注。

定额编号　8-225～8-227　1kV 以下（截面 mm² 以内）　　（P73～P74）

［应用释义］　浇注式电缆中间头制作安装时电压较低时绝缘电缆导线线芯是通过连接管，采用焊接（锡焊）或压接的方法将线芯连接，然后包缠涂绝缘层至与电缆绝缘外径相同，再在其外配料浇注混凝土。

浇注式电缆中间头采用环氧树脂做材料，故又称为环氧树脂浇注式电缆中间头，它采用铁皮模具在现场浇注成型，等环氧树脂复合物固化后将模具拆除而成，铁皮模具可做成两半，用螺栓组装固定，其制作工艺如下：

（1）剖切铅（铝）套。为了弯曲线芯和校正线芯，剖切铅（铝）套长度可按规定加长30mm，将喇叭口以下 60mm 一段铅（铝）套用汽油洗净打毛，然后用聚氯乙烯带作临时包缠，以防弄脏。将喇叭口以上部分铅（铝）套剥除。

（2）胀喇叭口，撕统包绝缘，校正线芯。用专用工具胀喇叭口，然后用聚乙烯带将喇叭口以上25mm 一段统包绝缘包缠保护，其余统包绝缘纸逐层撕去，分开线芯，并用蘸汽油的布把线芯绝缘擦洗干净。为使线芯绝缘不受损伤或弄脏，可对三根线芯用聚氯乙烯带作临时包缠，随后在线芯三叉口处塞一三角木模，用手轻轻把线芯弯曲，并进行校正。

（3）压接，涂包绝缘。先剥切线芯端部绝缘。剥切长度为钳压接管长度的 1/2 加5mm。将要连接的两线芯两端部从压接管的两端插入，进行压接。应注意不要伤及三叉口纸绝缘。压好后，先将压接管表面用锯条拉毛，用汽油或酒精洗净，然后把各线芯上，统包绝缘上和铅（铝）套上的临时包带拆除，并拆去三角木模。

对每根线芯进行统包，方法和环氧树脂终端头相同，以半叠包方式，边涂边包。先在各线芯上涂包2层，再在压接管上加包2层（即压接管上共涂包4层）。压接管的压坑应用涂料或蘸有涂料的无碱玻璃丝带填满。线芯涂包完后，即开始在两端的统包三叉口处涂包，先在统包处涂2层，再在三叉口处交叉压紧4～6次，再沿统包一直包到喇叭外侧60mm 处的铅（铝）套上，共涂包2～3层。

（4）浇注，焊接地线。安装模具，将模具内壁涂上一层薄薄的脱模剂，并在接头两端喇叭口外侧40mm 一段铝（铅）套上用塑料带重叠包绕至其厚度与模具两端口径相同，将模具固定在上面。

将模具固定好后，即可浇注环氧树脂浇注料。待环氧树脂完全固化后，即可将模具拆除，并用汽油将接头表面的脱模剂清洗干净。

再后将接头两端的铅（铝）套及钢带用多股软铜线焊好接地。

定额编号   8-228～8-230   10kV 以下（截面 mm² 以内）   （P73～P74）

［应用释义］   埋地敷设的电缆，接头盒下面必须垫混凝土基础板，其长度应伸出接头保护盒两侧大约 0.6～0.7m。电缆的中间头应该设在电缆井内，在电缆头盒的周围要有防止引起火灾的措施。

3. 热缩式电缆中间头制作安装

工作内容：定位，量尺寸，锯断，剥切清洗，内屏蔽层处理，焊接地线，套热缩管，压接线端子，加热成形，安装。

定额编号   8-231～8-223   1kV 以下（截面 mm² 以内）   （P75）

［应用释义］   一般电压较低的橡胶绝缘电力电缆在中间连接时，首先将外护层，铠装层，金属屏蔽层等连接长度内的部分剥去，然后将热缩材料制成的应力管和绝缘管依次套在工厂绝缘上。

定额编号   8-234～8-236   10kV 以下（截面 mm² 以内）   （P75）

［应用释义］   对高压电缆，导电线芯连接以后，在原有工厂绝缘的上面套一热缩材料制成的应力管，然后再做其他部分的连接处理。热缩应力管，是由聚乙烯料加入一定的配合剂，经辐照交联后制成。按预定尺寸制成后，经冷扩工艺过程，然后安装在接头处，再予以加热，管材会自动收缩到原先的尺寸，应力管便牢牢地套在工厂绝缘上。

八、控制电缆头制作安装

工作内容：定位，锯断，剥切，焊接头，包缠绝缘层，安装固定。

定额编号　8-237～8-238　终端头（芯以内）　　（P76）

[应用释义]　控制电缆敷设综合了电缆终端头，而高压电缆没有综合终端头施工内容。在电缆敷设和高压电缆头的制作安装中，耐压试验均已包含在各项设备调试中，不得另项计算。

定额编号　8-239～8-240　中间头（芯以内）　　（P76）

[应用释义]　电缆敷设项目包含了中间头的制作安装，无论采用普通型，还是采用热缩型的中间头，均不得调整定额。

控制电缆头和中间头的做法与电力电缆基本相同，但制作工艺比电力电缆要简单得多。控制电缆的中间头，在一般情况下最好尽量避免。只有在下列情况才可有中间头：①当敷设长度超过制造长度时；②必须延长已敷设工程的控制电缆时；③当消除使用中的电缆故障时。

控制电缆线芯一般可用绞接并搪锡或压接（或锡焊）的方法进行连接，连接好后，可采用聚氯乙烯带包缠或聚氯乙烯套封端。应保证绝缘、密封、防潮。

九、电缆井设置

工作内容：1. 挖土方，运构件，坑底平整夯实，拼装壁、底、盖，回填夯实，余土外运，清理现场。2. 调制砂浆，砌砖，搭拆简易脚手架，材料运输等。3. 调制砂浆，铺灰，安装。

定额编号　8-241　预制混凝土井安装（座）　　（P77）

[应用释义]　预制混凝土电缆井一般采用低标号混凝土，基础采用碎石、卵石、碎砖夯实或低标号混凝土。为使电缆流进电缆井时，油压力阻力较小，井底宜设半圆形或弧形流槽。流槽直壁向上升展。电缆管道的流槽顶与上、下游管道的管顶相平，或与 0.85 倍大管管径处相平，流槽两侧至电缆井壁间的底板（称沟肩）应有一定宽度，一般应不小于20cm，以便养护人员下井时立足，并应有 0.02～0.05 的坡度坡向流槽，以防井道积水时淤泥沉积。在电缆管道转弯或几条管渠交汇处，为了不致使电缆弯曲时断线，流槽中心线的弯曲半径应按转角大小和管径大小确定，但不得小于大管的管径。

定额编号　8-242～8-243　砖砌井（m³）　　（P77）

[应用释义]　电缆井井身的材料可采用砖、石、混凝土。国外多采用钢筋混凝土预制，近年来，美国已开始采用聚合物混凝土预制电缆井，我国目前多采用砖砌，以水泥砂浆抹面。井身的平面形状一般为圆形，但在大直径管道的连接处或交汇处，可做成方形，矩形或其他各种不同的形状。

井身的构造与是否需要工人下井有密切关系。不需要下人的浅井，构造很简单，一般为直壁圆筒形；需要下人的井在构造上可分为工作室、渐缩部和井筒 3 部分。工作室是养护人员养护时下井进行临时操作的地方，不应过分狭小，其直径不能小于1m，其高度在埋深许可时一般采用 1.8m。为了降低电缆井造价，缩小井盖尺寸，井筒直径一般比工作室小，但为了工人检修出入安全与方便，其直径不应小于 0.7m。井筒与工作室之间可采用锥形渐缩部连接，渐缩部高度一般为 0.6～0.8m，也可以在工作室顶偏向出水管渠一边加钢筋混凝土盖板梁,井筒则砌筑在盖板梁上。为便于上下,井身在偏向进水管渠的一边应保持一壁直立。

定额编号 8-244～8-245 井盖安装(套) (P77)

[应用释义] 电缆井井盖可采用铸铁或钢筋混凝土材料,在车行道上一般采用铸铁。为防止雨水流入,盖顶略高出地面。盖座采用铸铁、钢筋混凝土或混凝土材料制作。

第四章　配管配线工程

第一节　说明及工程量计算规则应用释义

一、各种配管的工程量计算，应区别不同敷设方式、敷设位置、管材材质、规格，以"延长米"为计量单位。不扣除管路中间的接线箱（盒）、灯盒、开关盒所占长度。

［应用释义］　本章主要讲述配管配线工程，它是电气概预算的重点内容之一。干管、干线及控制线路的敷设，工程量是按实际长度计量的。

现行定额工程量计算规定，把室内配电线路划分为干线和支线两种。凡属于干线者按图纸设计的实际长度测量，属于支线者则按电气设备的出线口计算工程量。

室内导线敷设的方式有瓷夹板、瓷珠配线、钢索吊线、大瓷瓶配线、管内穿线等，应用最多的是管内穿线。

1. 常用管材

（1）阻燃 PVC 管：近年来有取代其他管材之势，这种管材的优点如下：

① 施工裁剪最方便，用一种专用胶粘合容易把 PVC 粘结起来。国产 PVC 胶亦很好用，加工做弯容易。

② 耐腐蚀，抗酸碱能力强；耐高温，符合防火规范的要求。

③ 重量轻，只有钢管重量的 1/6，便于运输，施工省力。

④ 价格便宜，比钢管价廉。

可提高安装工作效率，有许多连接头配件。

（2）钢管：代号 SC，它的标称直径近似于内径。钢管的特点是抗压强度高，若是镀锌钢管还比较耐腐蚀。

（3）电线管：代号 TC，它的标称直径近似于外径。

（4）硬塑料管：代号 PC，特点是耐腐蚀性能较好；但是不耐高温，属非阻燃型管。含氧指数低于 27%，不符合防火规范要求。

（5）阻燃型半硬塑料管：代号 PVC，含氧气指数高于 27%，符合防火规范要求。

（6）阻燃型可挠塑料管：代号 KPC，含氧气指数高于 27%，符合防火规范要求。质地软，不宜作干线，只作局部引线保护用。

（7）线槽配线：当导线的数量较多时用线槽配线（穿管线最多 8 根）。按材质分，线槽有金属线槽和塑料线槽。

（8）封闭式母线槽：为了输送很大的安全载流量，用普通的导线就显得容量不够了，常用母线槽的形式输送大电流。

常用绝缘导线：

（1）铝芯橡皮绝缘线：型号 BLX-□。

（2）铜芯橡皮绝缘线：型号 BX-□。

（3）铝芯塑料绝缘线：型号 BLV-□。

（4）铜芯塑料绝缘线：型号 BV-□。

（5）铝芯氯丁橡皮绝缘线：型号 BLXF-□。

□中数字表示导线的标称截面。

二、定额中未包括钢索架设及拉紧装置、接线箱（盒）、支架的制作安装，其工程量另行计算。

［应用释义］ 配管配线的工程内容包括各种钢管、电线管、塑料管、线槽、防爆钢管敷设以及管内穿各种型号截面的导线。这一章的内容还有鼓形绝缘子、针式绝缘子配线，车间带形母线安装等，一共有 11 节 460 个子目，但不包括钢索架设及拉紧装置、接线箱（盒）、支架的制作安装等。

三、管内穿线定额工程量计算，应区别线路性质、导线材质、导线截面积，按单线延长米计算。线路的分支接头线的长度已综合考虑在定额中，不再计算接头长度。

［应用释义］ 室内导线敷设方式有瓷夹板、瓷珠配线、瓷瓶配线、钢索吊线、大瓷瓶配线、管内穿线等，应用最多的是管内穿线。

管内穿线：这部分项目主要适用于绝缘线在管内或线槽内敷设。

普通导线：适用于一般动力和照明工程的干线敷设，也适用于各种控制线的敷设。

耐高温线：适用于高温场所以及在高温下必须保证工作的线路，例如建筑场中的火灾自动报警线路。

管内穿线分为普通导线、耐高温导线、塑料绝缘线、塑料护套线、电话广播线五种，其工程量综合了管内穿线和接头等。管内穿屏蔽铜芯塑料线 BVP 时，导线比普通塑料铜线 BV 贵 10%，安装费不动，将主材费提高 10%。

管内穿线项目不再区分动力线和照明线，只是按导线的型号和截面不同而区分子目。定额新增了耐高温线等，用于消防报警干线等处。

四、塑料护套线明敷设工程量计算，应区别导线截面积、导线芯数，敷设位置，按单线路延长米计算。

［应用释义］ 塑料护套线明敷设与建筑物无关，定额只区分截面积、导线芯数、敷设位置来确定子目。

塑料护套线在分支接头和中间接头处，应装置接线盒，接头应采用焊接或压接。塑料护套线亦可以穿管敷设，其有关要求和线管配线相同。

五、钢索架设工程量计算，应区分圆钢、钢索直径，按图示墙柱内缘距离，按延长米计算，不扣除拉紧装置所占长度。

［应用释义］ 因为钢索架设工程量计算中，要考虑钢索在两端拉紧装置上的绑扎，所以应该区分圆钢、钢索直径，按墙柱内缘距离，不扣除拉紧装置所占长度。

六、母线拉紧装置及钢索拉紧装置制作安装工程量计算，应区别母线截面积、花篮螺栓直径以"10 套"为单位计算。

[应用释义]　　车间带形母线安装定额是以母线材质及母线安装方式划分项目的。其母线拉紧装置及钢索的拉紧装置，应区分母线截面积，花篮螺栓直径以"10 套"为单位计算其工程量。

当车间硬母线跨柱、跨梁或跨屋架敷设，且线路较长，支架间距也较大时，应在母线终端及中间，分别装设终端及中间拉紧装置，如图 2-11 所示。

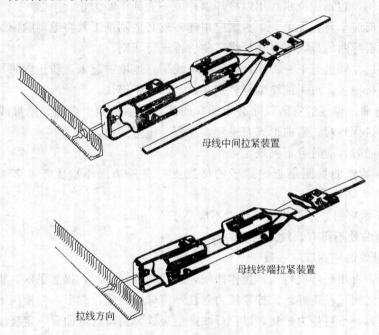

母线中间拉紧装置

母线终端拉紧装置

拉线方向

图 2-11　母线拉紧装置示意图

拉紧装置可先在地面上组装好以后，再进行安装。安装时，拉紧装置一端与母线相连接，另一端用双头螺栓固定在支架上。支架宜装有调节螺栓的拉线，拉线的固定点应能承受拉线张力。同一档距内，各相母线弛度最大偏差应小于 10%。母线与拉紧装置螺栓连接的地方，应用止退垫片，螺栓拧紧后卷角，以防止松脱。

七、带形母线安装工程量计算，应区分母线材质、母线截面积、安装位置，按延长米计算。

[应用释义]　　带形母线安装与敷设形式有关，分为"沿屋架、梁、柱、墙安装"和"跨屋架、梁、柱、墙安装"。工程内容综合了绝缘子灌注、支架安装、伸缩装置和刷分相漆等。

带形母线，通常在高低压变配电装置中作为配电母线，在大型车间中作为配电干线以及在电镀车间中作为低压载流母线之用。

1. 母线加工

（1）加工前的检查。

（2）母线矫正。

（3）母线测量。

（4）母线的切割和弯曲。

① 母线切割。切割母线时，先按预先测得的尺寸，用铅笔在矫正后的母线上划好线，然后再进行切割，切割工具可用钢锯或手动剪切机。用钢锯切割母线，虽然工具轻，又比较方便，但工作效率低。用手动剪切机剪切母线，工作效率高，操作方便。大截面的切割则可用电动无齿锯，切割时，将母线置于锯床的支架上，然后接通电源使电动机转动，慢慢压下操作手柄，边锯边浇水，用以冷却锯片，一直到锯断为止。

母线切断面应平整，无毛刺，否则应用锉刀或其他刮削工具将毛刺除掉。为了使切割尺寸准确，对要弯曲的母线，可在母线弯曲后再进行切割。

母线切割后立即进行下一工序，否则将母线平直地堆放起来，防止弯曲及碰伤。如截下来的母线规格很多，可用油漆编号分别存放，以利于辨认。

② 母线弯曲。母线的安装，除必要的弯曲外，应尽量减少弯曲。硬母线的弯曲应进行冷弯，不得进行热弯。弯曲形式有平弯、立弯、扭弯三种。

母线在弯曲时，应符合下列规定：

a. 母线开始弯曲处距最近绝缘子的母线支持夹板边缘不应大于 $0.25L$，但不得小于 50mm。

b. 母线开始弯曲处距母线连接位置不应小于 50mm。

c. 母线弯曲处不得有裂纹及明显的折皱。

d. 多片母线的弯曲度应一致。

母线平弯，可用平弯机弯曲，操作简便，工效高。弯曲时，提起手柄，将母线穿在平弯机两个滚轮之间，校正好后，拧紧压力丝杠，将母线压紧，然后，慢慢压下手柄，使母线弯曲。操作时，不可用力过猛，以免母线产生裂缝。当母线弯曲到一定程度时，可用事先做好的样板进行一次复核，以达到合适的弯曲角度。对于小型母线，也可以用台虎钳弯曲，弯曲时，先在钳口上垫上铝板或硬木，再将母线置于钳口中夹紧，然后慢慢板动母线，使其达到合适的弯曲。

母线立弯，可用立弯机，将母线需要弯曲部分放在立弯机的夹板上，再装上弯头，拧紧夹板螺钉，校正无误后，操作千斤顶，使母线立弯。立弯的弯曲半径不能过小，否则会产生裂痕和折皱。

母线扭弯，可用扭弯机，先将母线扭弯部分的一端夹在台虎钳上，钳口和母线接触处要适当保护，以免钳口夹伤母线。母线另一端用扭弯器夹住，然后用双手抓住扭弯器手柄用力扭动，使母线弯曲达到需要的形状为止，这种冷弯的方法，通常只能弯曲 $100×8$ 以下的铝母线，超过此限时应将母线弯曲部分加热后进行弯曲，母线加热温度不应超过规定值。扭弯部分的长度应为母线宽度的 2.5～5 倍。

2. 母线连接

带形母线连接应采用焊接或螺栓搭接。搭接一般只用于需要拆卸的接头或与设备的连接。

（1）搭接

　　首先将母线在平台上调直，选择较平的一面作基础面，进行钻孔。螺栓在母线上的分布尺寸和孔径大小应符合有关规定。钻孔前根据孔距尺寸，先在母线上画出孔位，并用尖凿（俗称冲子）在孔中心冲出印记，用电钻钻孔。孔径一般不应大于螺栓直径 1mm，钻孔应垂直，孔与孔中心距离的误差不应大于 0.5mm。钻好孔后，应将孔口的毛刺除去，使其保持光洁。母线搭接长度为母线宽度，搭接面下面的母线应弯成鸭脖弯。搭接面表面要除去氧化膜并保持清洁，涂上电力复合脂，用精制的镀锌紧固件（螺栓、螺母、垫圈）压紧，保证接触严密可靠，连接螺栓应用力矩扳手紧固。

　　带形母线采用螺栓搭接时，连接处距支柱绝缘子的支持夹板边缘应不小于 50mm，上片母线端头与下片母线平弯开始处的距离应不小于 50mm。

　　当母线平放时，紧固螺栓应由下向上穿，其余情况下，螺母应置于维护侧，螺栓长度宜露出螺母 2～3 扣。

　　（2）焊接

　　母线焊接的方法很多，常用的有气焊、碳弧焊和氩弧焊等方法。在母线加工和安装前，根据施工条件和具体要求选择适当的焊接方法，应尽量采用氩弧焊。

　　母线焊接前，应将母线坡口两侧表面各 50mm 范围内用钢丝刷清刷干净，不得有油垢、斑疵及氧化膜等；坡口加工面应无毛刺和飞边。

　　焊接时对口应平直，其弯折偏移不应大于 1/500；中心线偏移不得大于 0.5mm，且宜有 35°～40° 的坡口、1.5～2mm 的钝边。每个焊缝应一次焊完，除瞬间断弧外不准停焊。母线焊完未冷却前，不得移动或受力。焊接所用填充材料的物理性能和化学成分与原材料一致，对接焊缝的上部应有 2～4mm 的加强高度。引下线母线采用搭接焊时，焊缝的长度不应小于母线宽度的两倍。接头表面应无肉眼可见的裂纹、凹陷、缺肉、气孔及夹渣等缺陷；咬边深度不得超过母线厚度的 10%，且其总长度不得超过焊缝总长度的 20%。

　　为了确保焊缝质量，在正式焊接之前，焊工应经考试合格。考试用试样的焊接材料、接头形式、焊接位置、工艺手法等均应与实际相同。所焊试件可任取一件进行检查。其合格要求：① 焊缝表面不应有凹陷、裂纹、未熔合、未焊透等缺陷；② 焊缝应采用 X 光无损探伤，其质量检验应按有关标准的规定；③ 铝母线焊接接头的平均最小抗拉强度不得低于原材料的 75%；④ 焊缝直流电阻应不大于同截面，同长度的原金属的电阻值。凡有其中一项不合格时，则应加倍取样重复试验，如仍不合格时，则认为考试不合格。

　　母线对接焊缝设置部位应符合下列规定：

　　① 离支持绝缘子母线夹板边缘不小于 50mm；

　　② 母线宜减少对接焊缝；

　　③ 同相母线不同片上的对接焊缝，其错开位置应不小于 50mm。

　　3. 母线安装

　　带形母线多采用沿墙、沿梁、沿柱或跨梁、跨柱的敷设方式。不管是采用哪种敷设方式，其工作内容都基本相同，包括：支架加工固定、绝缘子安装、母线在绝缘子上的固定、补偿装置的安装以及拉紧装置的安装等。

　　（1）支架的架设

　　母线安装前，应依据母线敷设方式及部位确定支架的装设位置，然后将加工好的支架埋设在墙上或固定在结构构件上。

在墙上装设支架时，可配合土建砌墙时将支架埋入，也可以在墙体砌好后，重新打孔埋设；在梁上或柱子上装设支架多用螺栓抱箍固定，也可将支架焊接在预先埋设的铁件上。

母线支架间的距离应视其敷设方式及结构情况而定。当跨柱跨梁敷设时一般不超过6m，且终端应设拉紧装置。一般终端或中间固定支架宜装设带有调节螺栓的拉线，拉线的固定点应能承受拉线张力。当沿墙、沿梁敷设时，一般不超过3m；沿墙或沿柱垂直敷设时则不宜超过2m，母线应夹紧在绝缘子上。

支架的装设应平正、牢固。支架加工尺寸应按实际需要决定，可参考现行国家标准图集。

（2）绝缘子的安装

固定母线的绝缘子（瓷瓶）分高压和低压两种。带形母线多为低压母线，低压母线所用瓷瓶为 WX-01 型。

在安装前首先应用填料将螺栓及螺帽埋入瓷瓶孔内。其填料可采用 32.5 级（或 32.5级以上）水泥和洗净的细砂掺和，其配合比按重量为 1∶1。具体做法是：先把水泥和砂子均匀混合后，加入 0.5% 的石膏，加水调匀，湿度控制在用手紧抓能结成团为宜。瓷瓶孔应清洗干净，把螺栓和螺帽放入孔内，加放填料压实。

加工时，不要使螺栓歪斜，并要避免瓷瓶产生裂纹、破损等缺陷。瓷瓶的一面胶合好后，一般要养护 3d。养护期间，不可在阳光下暴晒或产生结冰等现象，等填料干固后再用同样的方法胶合另一面孔中的螺栓。

另一种方法是采用水泥石棉作填料，其配比为 3∶1。胶合时先把石棉绒撕碎，放入水泥内拌合均匀，用喷壶喷少量水，边喷边拌，直到完全搅匀为止，但水不宜太多。

胶合好的瓷瓶用布擦净，经检查无缺陷后，即可固定到支架上。固定瓷瓶时，应垫红钢纸垫，以防拧紧螺母时损坏瓷瓶。如果在直线段上有许多支架时，为使瓷瓶安装整齐，可先在两端支架的螺栓孔上拉一根细钢丝，再将瓷瓶顺钢丝固定在每个支架上。

（3）母线在绝缘子上的固定

带形母线在绝缘子上的固定方法，通常有两种。第一种方法是用夹板，这种方法只要把母线放入卡板内，将卡板扭转一定角度卡住母线即可。

第二种方法是用卡板固定，母线固定在瓷瓶上，可以平放，也可以立放，视情况和需要而定。

当母线水平放置且两端有拉紧装置时，母线在中间夹具内应能自由伸缩。如果在瓷瓶上有同一回路的几条母线，无论平放或立放，均应采用特殊夹板固定。当母线平放时就应使母线与上部压板保持 1～1.5mm 间隙，母线立放时，母线与上部压板应保持 1.5～2mm间隙。这样，当母线通过负荷电流或短路电流受热膨胀时就可以自由伸缩，不致损坏瓷瓶。应注意交流母线的固定金具或其他支持金具不应构成闭合磁路。

（4）母线补偿装置安装

为使母线在温度变化时有自由伸缩的自由，当母线长度超过一定限度时，应按设计安装补偿装置（又称伸缩节）。一般在构件的伸缩缝处和两端不采用拉紧装置的水平安装的母线中间设置补偿装置。在设计无规定时，宜每隔以下长度设置一个：铝母线 20～30m；铜母线 30～50m；钢母线 35～60m。补偿装置可用 0.25～0.5mm 厚的铜片或铝片（用于

铝母线）叠成后焊接或铆接而成。补偿装置不得有裂纹、断股和折皱现象，其总截面不应
小于原母线截面的 1.2 倍。

（5）母线拉紧装置的装设

当带形母线跨柱、跨梁或跨屋架敷设，且线路较长，支架间距也较大时，应在母线两
端及中间，分别装设终端及中间拉紧装置。

拉紧装置可先在地面上组装好以后，再进行安装。安装时，拉紧装置一端与母线相连
接，另一端用双头螺栓固定在支架上。支架宜装设有调节螺栓的拉线，拉线的固定点应能
承受拉线张力。同一档距内，各相母线弛度最大偏差应小于 10%。母线与接紧装置螺栓
连接的地方，应用止退垫片、螺栓拧紧后卷角，以防止松脱。

**八、接线盒安装工程量计算，应区分安装形式，以及接线盒类型，以"10 个"为单
位计算。**

［应用释义］ 接线盒安装工程量计算，应区分安装形式。接线盒下面必须垫混凝土
基础板，其长度应伸出接线盒两侧各 0.7m。

九、开关、插座、按钮等的预留线，已分别综合在相应定额内，不另计算。

［应用释义］ 开关、插座、按钮的预留线，已计入相应定额的管线配线中，不另
列项。

第二节 定额应用释义

一、电线管敷设

1. 砖、混凝土结构明、暗配
工作内容：测位，划线，打眼，埋螺栓，锯管，套丝，煨弯，配管，接地刷漆。
定额编号 8-246～8-248 砖、混凝土结构明配 （P82～P83）
［应用释义］ 建筑物室内施工工程主要包括室内布线及各种电器的安装，室内布线
通常有明配和暗配两种，明配是把线管敷设于墙壁、桁架等表面明露处，要求横平竖直，
整齐美观。

线管配线常用的线管有低压流体输送钢管（又称焊接钢管，分镀锌和不镀锌两种，其
管壁较厚，管径以内径计）、电线管（管壁较薄，管径以外径计）、硬塑料管、半硬塑料
管、塑料波纹管、软塑料管和软金属管（俗称蛇皮管）。

明配砖、混凝土结构的线管施工时与其他工种配合问题小，施工量可相对集中。土建
施工仅为其预留孔洞或设预埋件即可。明线施工一般在土建墙面抹灰后集中进行。在电气
施工中，敷设管线和安装电气设备时，尽量不要破坏土建的结构和污染建筑装修墙面，顶
棚和楼地面，以确保工程质量。

定额编号 8-249～8-251 砖混凝土结构暗配 （P82～P83）
［应用释义］ 砖、混凝土暗配管线施工应用很多，是将线管敷设于墙壁、地坪或楼
板内等处，要求管路短，弯曲少，以便于穿线。

在现浇混凝土构件内敷设管子，可用钢丝将管子绑扎在钢筋上，也可以用钉子将管子

钉在木模板上，将管子用垫块垫起，用铁线绑牢。垫块可用碎石块，垫高 15mm 以上。此项工作是在浇灌前进行的。当线管配在砖墙内时，一般是随土建砌砖时预埋；否则，应事先在砖墙上开槽或留槽。线管在砖墙内的固定方法，可先在砖缝里打入木楔，再在木楔上钉钉子，用钢线将管子绑扎在钉子上，再将钉子钉入，使管子充分嵌入槽内。应保证管子离墙表面净距不小于 15mm。在地坪内，须在土建浇筑混凝土前埋设，固定方法可用木桩或圆钢等打入地中，用钢丝将管子绑牢。为使管子全部埋设在地坪混凝土层内，应将管子垫高，离土层 15~20mm，这样，可减少地下湿土对管子的腐蚀作用。埋于地下的电线管路不宜穿过设备基础，在穿过建筑物基础时，应加保护管保护。当许多管子并排敷设在一起时，必须使其各个离开一定距离，以保证其间也灌上混凝土，进入落地式配电箱的管子应排列整齐，管口应高出基础面不小于 50mm。为避免管口堵塞影响穿线，管子配好后应将管口用木塞或牛皮纸堵好。管子连接处以及钢管与接线盒连接处，要做好接地处理。

当电线管路遇到建筑物伸缩缝，沉降缝时，必须相应做伸缩、沉降处理。一般是装设补偿盒。在补偿盒的侧面开一个长孔，将管端穿入孔中，而另一端用六角螺母与接线盒拧紧固定即可。

室内穿线工作一般应在管子全部敷设完毕及土建地坪和粉刷工程结束后进行。在穿线前应将管中的积水及杂物清扫干净。导线穿管时，应先穿一根钢线作引线。拉线时应由二人操作，一人担任送线，一人担任拉线，两人送拉动作要协调，不可硬送硬拉而将引线或导线拉断。穿线完毕后即可进行导线连接及电器安装。

2. 钢结构支架、钢索配管

工作内容：测位，划线，打眼，上卡子，安装支架，锯管，套丝，煨弯，配管，接地刷漆。

定额编号　8-252~8-254　钢结构支架配管　（P84~P85）

［应用释义］　钢结构支架配管适用于设计钢结构的建筑物内配管。钢结构在一般市政中应用较少；在大型建筑中钢结构较多。

在大型工程结构中，钢结构是应用比较广泛的一种建筑结构。一些高度或跨度较大结构、荷载或吊车起重量很大的结构、有较大的振动的结构、高温车间的结构、密封要求很高的结构、要求能活动或经常装拆的结构等等，采用其他建筑材料，目前尚有困难或不很经济，则可考虑采用钢结构。属于这类性质的结构有：

（1）单层厂房结构

钢结构一般用于重型车间的承重骨架，例如冶金厂的平炉车间、初轧车间、混铁炉车间；重型机器厂的铸钢车间、水压机车间、锻压车间；造船厂的船台车间；飞机制造厂的装配车间，以及其他工厂跨度较大车间的屋架、吊车梁等。我国鞍钢、武钢、包钢和上海宝钢等几个著名的冶金联合企业的许多车间都采用了各种规模的钢造结构厂房，上海重型机器厂水压机车间、上海江南造船厂中都有高大的钢结构厂房。

（2）大跨结构

主要用于飞机库、汽车库、火车站、大会堂、体育馆、展览馆、影剧院等，其结构体系主要采用框架结构、拱架结构、网架结构、悬索结构、预应力钢结构等。我国最早建成的广州中山纪念堂圆屋顶就是钢结构，规模宏大的人民大会堂为钢屋架。

（3）多层、高层结构

用于旅馆、饭店、公寓等多层及高层楼房。采用钢结构的高层建筑也越来越多。如北京京伦饭店、上海锦江宾馆等都是钢结构。

（4）桥梁结构

由于钢桥建造简便、迅速、易于修复，因此钢结构广泛用于中等跨度和大跨度桥梁。我国著名的杭州钱塘江大桥、武汉长江大桥、南京长江大桥均为钢结构桥梁，其规模和难度都举世闻名，标志着我国桥梁事业已进入世界先进的技术行列。上海市政工程建设重大工程之一的黄浦江大桥也是采用钢结构。

（5）塔桅结构

用于高度较大的天线电桅杆、微波塔、电视塔、高压输电线路塔、化工排气塔、石油钻井架、大气监测塔、旅游瞭望塔、火箭发射塔等。

（6）板壳结构

用于要求密闭的容器，如大型储液库、煤气库，炉壳要求能承受很大内力并有温度急剧变化的高炉结构，大直径高压输油管和煤气管道等。上海在 1958 年就建成容积为 54000m³ 的湿式储气柜。

（7）移动结构

用于装配式活动房屋，水工闸门、升船机、桥式吊车和各种塔式起重机、龙门起重机、缆索起重机等。这类结构随处可见，这几年，高层建筑的发展，也使塔式起重机像雨后春笋般地矗立在街头。

（8）轻钢结构

用于中小型房屋建筑中，有弯曲薄壁型钢结构、圆钢结构、钢管结构，多数用在轻型屋盖中。此外，还有用薄钢板做成折板结构，把屋面结构和屋盖主要承重结合起来，成为一体的轻钢屋盖结构体系。

本章钢结构支架定额项目中未包括镀锌钢管，如遇到镀锌钢管可套用砖、混凝土结构明配镀钢管相应定额。

定额编号　8-255～8-256　钢索配管　（P84～P85）

[应用释义]　钢索配管要严格做好防锈防腐处理，对其配管敷设时，定额已经综合了配管、接线箱、接线盒、盒、钢索刷漆等内容。

钢索配线适用于屋架较高、跨距较大、灯具安装高度要求较低的工业厂房内。特别是纺织工业用的较多，因为厂房内没有起重设备，生产所要求的亮度大，标高又限制在一定的高度。

钢索配线就是在钢索上吊瓷瓶配线、吊钢管（或塑料管）配线或吊塑料护套线配线；同时灯具也吊装在钢索上，配线方法除安装钢索外，其余的基本与其他配线相似。

钢索配线后的弛度不应大于 10mm，当用花篮螺栓调节后，弛度仍不能达到时，应增加中间吊钩。这样既可保证对弛度的要求，又可减少钢索的拉力。

钢索吊管配线：

这种配线就是在钢索上进行管配线。在钢索上每隔 1.5m 设一个扁钢吊卡，再用管卡将管子固定在吊卡上。在灯位处的钢索上，安装吊盒钢板，用来安装灯头盒。

灯头盒两端的钢管，应跨接接地线，以保证管路连成一体，接地可靠，钢索亦应可靠

定额编号 8-262～8-266 钢管公称直径（mm 以内） （P88～P89）

［应用释义］ 砖、混凝土结构钢管明配线：砖、混凝土结构明配管路定额适用于钢管沿墙跨柱敷设、钢管在楼板下敷设、钢管沿墙敷设、钢管沿预制板敷设、钢管沿预制板梁下敷设、钢管在楼板梁下敷设、吊顶内制作金属支架配管等。

本章定额中的各种钢管、电线管的敷设与建筑结构有关，对于砖结构、混凝土结构、预制框架结构、钢结构等不同建筑结构，定额均单独列项。但是凡有吊顶的金属管路敷设一律套用砖、混凝土结构明配管的相关子目。

3. 砖、混凝土结构暗配

工作内容：测位，划线，锯管，套丝，煨弯，配管，接地刷漆。

定额编号 8-267～8-271 钢管公称直径（mm 以内） （P90～P91）

［应用释义］ 砖、混凝土暗配管线施工应用很多。一般预制框架结构的梁、柱是在预制构件厂内生产的，施工现场只是吊装工作，这给电气施工带来了一些麻烦。例如，暗敷设钢管在碰到预制梁时就必须绕梁敷设，定额针对这种不利因素适当地增加了一些人工工日。

管路暗敷设在现浇混凝土梁、柱内时，注意在封侧向模板之前下完管，否则难以插入钢筋内。禁止将互为备用的回路敷设在同一根管内。控制和动力线路共穿一根管时，如果线路长而且弯多，控制线的截面不得小于动力线截面的 10%，否则应该分开敷设。

从进户线到各层，段末端箱、柜、盘、台以及它们之间的管线为干线；从末端箱、柜、盘、台至各处用电器的管线为支路管线。降压起动设备至配电箱为干线，至电动机为支线。在照明平面图中，从进户线至各层分电箱，以及各分层配电箱至三个分户表板的管线均为干线；其余从表板至各灯具的管线为支线。一般插座以前的管线为干线，因为插座箱也属于设备；而配电箱也属于设备；而配电箱至普通插座的管线支线也属于支线敷设。

在现浇混凝土构件内敷设管子，可用钢丝绑扎在钢筋上，也可以用钉子将管子钉在木模板上，将管子用垫块垫起，用钢线绑牢。垫块可以用碎石块，垫高 15mm 以上。此项工作是在浇灌前进行的。当线管配在砖墙内时，一般是随土建砌砖时预埋；否则，应事先在砖墙上开槽或留槽。线管在砖墙内的固定方法，可先在砖缝里打入木楔，再在木楔上钉钉子，用钢线将管子绑扎在钉子上，再将钉子打入，使管子充分嵌入槽内。应保证管子离墙表面净距不小于 15mm。在地坪内，须在土建浇制混凝土前埋设，固定方法可用木桩或圆桩等打入地中，用钢丝将管子绑牢。为使管子全部埋设在地坪混凝土层内，应将管子垫高，离土层 15～20mm，这样，可减少地下湿土对管子的腐蚀作用。埋于地下的电线管路不宜穿过设备基础，在穿过建筑物基础时，应加保护管保护。当许多管子并排敷设在一起时，必须使其各个离开一定距离，以保证其间也灌上混凝土，进入落地式配电箱的管子应排列整齐，管口应高出基础面不小于 50mm。为避免管口堵塞影响穿线，管子配好后应将管口用木塞或牛皮纸堵好。管子连接处以及钢管与接线盒连接处，要做好接地处理。

钢管在穿线之前应把管口毛刺打光，套护口，以防刮伤导线。在配电箱处的管口一定要及时用塞子塞牢，以防管内掉进异物影响以后的穿线工作。

室内穿线工作一般应在管子全部敷设完毕及土建地坪和粉刷工程结束后进行。在穿线前应将管中的积水及杂物清扫干净。导线穿管时，应先穿一根钢线作引线。拉线时应由二人操作，一人担任送线，一人担任拉线，两人送拉动作要协调，不可硬送硬拉而将引线或导线拉断。

管内穿线不许有接头、背花、死扣等。金属管内不许只穿一根交流电线，否则会在管内产生感应电流而浪费电流。管内穿线导线的总截面积不得超过管孔净面积的 40%。电压相同的同类照明支线可以共穿一根管，但不得超过 8 根。而工作照明线和事故照明线不能同穿一根管。花灯或同类照明的几个回路共穿一根管时，也不得超过 8 根。

4. 钢结构支架配管

工作内容：测位，划线，打眼，安装支架，上卡子，锯管，套丝，煨弯，配管，接地刷漆。

定额编号 8-272～8-276 钢管公称直径（mm 以内） （P92～P93）

[应用释义] 在生产厂房内及隧道、沟道内敷设电缆，多使用支架或桥架。常用支架有角钢支架、水泥支架、装配式支架等。

制作支架所用钢材应平直，无显著扭曲，下料后长短差应在 5mm 之内，切口应无卷边、毛刺。支架焊接应牢固，且无变形。焊接时应注意各横撑间的垂直净距应符合设计，偏差不应大于 2mm，当设计无规定时，可参照国家统一规定。但层间净距应不小于两倍电缆外径加 10mm，充油电缆为不小于两倍电缆外径加 50mm。

管道穿越主道路时，须保证敷土层或加套管，埋深应在冰冻线以下（指本地区的冰冻线）。开挖管沟可采用人工开挖和机械开挖。当与其平行敷设的其他性质的管道，根数较多又埋设深度相近时，也可采用机械大开挖的方法。一般对管径较小的单根管道多采用人工开挖。挖沟槽时，应根据管径、材质、土层性质、埋设深度，确定放坡系数后再决定开沟的宽度。

当在天然湿度的土中开沟，地下水位低于沟底时，可开直形沟槽，但沟深不得超过下列数值：即砂土和砂砾土 1m，亚砂土和粉质黏土 1.25m，黏土 1.5m。较深的管沟可分层开挖，以每层 2m 为宜。

人工挖沟时，土堆放应考虑下管方案，如采用机械下管时土方可向沟两侧堆放，人工下管时单侧堆放，但其距沟边留有不小于 1m 的距离，余土应及时运走，防止土方堆积过高造成塌方。机械挖沟时，应留出人工清土 30cm 的余量，防止超挖现象。对地下水位高于沟底的管沟，应采取防水措施，不得带水施工。

对铸铁管采用单根下管，焊接钢管根据下管方式可在沟上连接，但管径较小的钢管不宜连接根数过多。人工下管多采用压绳法下管，在管子的两端各套上一根大绳，并将压在管下的大绳一端固定住，上半部的另一端用手拉住，也可用撬棍别住，两端操作者同时慢慢松绳，将管放入沟内。下管之前应测量沟底标高是否符合设计要求并定出中心桩。铸铁管要注意方向，不可把承插口方向颠倒，即承口应迎着水流方向安装。

下管还可采用倒链、三角架的方法，管子预先放置在沟的上方（与沟长平行），管下由横放的枕木支撑，将三角架支在沟上，支腿在管子两侧，并挂好倒链，将管栓好吊起同时撤掉管下支撑的枕木或木方，通过倒链将管放入沟内。当采用吊车下管时，应注意管沟上方有无高压线或其他障碍物。排管应准确，弯头、三通或阀门留出的位置经调管后应符合图纸要求。

根据管中心桩调直管道，承插铸铁管的插口插入承口的深度及四周间隙应符合规范要求,钢管在调直时,应注意对口的间隙及管坡口角度及钝边的高度符合规定。在接口时,为了施工方便应将管口处挖出工作坑,铸铁管接口后可用湿泥或湿草袋覆盖进行养护。

钢管施焊应先打底层,然后罩面层,面层焊缝宽度均匀,焊纹走向平直,不允许出现焊瘤、咬边、夹渣、气孔及裂纹,焊条材质应与母材一致。

施工时,一般在弯头处,三通的支管顶端或管道末端堵头处,往往由于管内水压力的作用或土层条件差因素,使在这些部位产生一个将管道向外推的力。这个推力可导致管接口松动甚至脱开的情况,因此对管径大于 350mm 的管道,应设置混凝土挡墩来抵消向外的推力。挡墩可根据敷设的周围条件分有外侧向支墩及全包支墩。支墩的尺寸、形状、混凝土强度等级按照施工图施工。挡墩应紧靠在坚实的原土层上。在松软的土壤中敷设,根据管径,试验压力由设计者确定是否加设支墩。

管道试压时,管长不宜超过 1000m,试压管段的试压设备及管道连接应遵照一定的顺序。试压堵板采用钢板制作,堵板套入承口及插口时,应留有不小于 1.5～2cm 的接口间隙。管段末端的千斤顶应顶放在堵板中心位置上,不得有偏移。千斤顶的后背支撑应根据试压管段的具体情况,必须有原土或沟侧支撑固定,不允许在试压时产生纵向位移。

埋地敷设的管道的防腐是很重要的。尤其是金属管道,它的防腐能力差,当遇水或与潮湿的土层接触时,除潮湿的土层对金属表面产生的腐蚀作用,还会受到杂散电流对金属表面产生电化学作用使管道遭到破坏,尤其在工厂区更为严重。

(1)铸铁管防腐做法

因为铸铁管本身有较好的防腐蚀性能,一般在管子出厂前用沥青进行处理后运至施工现场,所以不必再做防腐处理。但对出厂时间较长,沥青保护层脱落或局部破坏者,施工时应进行补刷热沥青。

(2)钢管防腐做法

① 除锈

防腐的好坏决定于基底处理质量。除锈可采用人工除锈、机械除锈、化学除锈等几种方法。

人工除锈:适用于少量管材且锈蚀不严重,只是表面有浮锈的管子。除锈工具有钢丝刷、砂纸及棉纱破布等,应见到金属光泽。

机械除锈:可采用带钢丝刷的管道除锈机和机械喷砂除锈机进行除锈,对大批量的管子除锈可提高工作效率。

化学除锈:主要是采用酸洗的方法,它可以有效地清除金属管内外表面的氧化物。

② 防腐

除完锈的管应立即进行防腐处理,一般常在管外做绝缘防腐,绝缘防腐即采用防腐涂料及包裹材料与土壤完全隔绝。

(3)钢结构支架配管

管道的安装是靠支架支撑并固定的,根据支架在管路中起的作用可分活动支架、固定支架及导向支架等类型,不同支架其结构形式也不同。

① 活动支架

配管配线工程的活动支架要承受管子、热媒、保温材料及管件或阀件等全部荷载；活动支架除了承担以上的基本荷载外，还可允许管道在支架上自由滑动。

活动支架的种类很多：有滑动支架、滚动支架、弹簧支吊架、吊架等。

滑动支架一般可以分为以下几种类型：

a. 管子直接在型钢支架上滑动，U 形管卡控制管子横向位移，管卡一侧不安装螺栓固定。

b. 管子下部焊有滑托（支托、支座），滑托可在型钢支架上滑动。滑托根据管径大小可分 T 形滑托、弧形板形、曲面槽形等滑托形式。

因为线管配线管道多沿墙、沿柱或在地沟内敷设，因此支架安装在墙、柱上或地沟壁等位置，支架埋设的方法可根据结构的性质采取预留孔洞、预埋钢构件或用膨胀螺栓、射钉枪等方式安装。

墙体留洞时孔洞尺寸应按规定施工，孔洞中心或洞底标高应准确，安装前需将洞内清理干净，用水浇透，放入型钢支架并找平找正，调好标高，然后填塞细石混凝土捣实抹平，不突出结构面即可。

预埋件适用在混凝土墙体或柱上安装的支架，结构施工时应注意做好预埋件的位置、标高的核对工作。预埋件应平整并与附近钢筋固定，防止浇注混凝土时移位，预埋件板面与结构面平。

滑动支架根据管径、保温情况，同架敷设的根数确定型钢的种类及型号，应按标准图册选定制作安装。

在非沿墙、柱敷设的管道，可采用吊架安装，吊架大多固定在顶棚上、梁底部，固定多采用膨胀螺栓、楼板钻孔穿吊杆或梁底设预埋件等方式。

管卡采用扁钢制作，吊杆采用圆钢，可加花篮螺栓调整吊杆长度。吊架安装时，应弹好中心线以保证管道的平直。如为双管敷设时，可将型钢支架固定在楼板上，吊架安装在型钢上。穿楼板安装时可采用冲击钻钻孔，不宜人工凿洞。

② 固定支架

主要是承受管道因受热膨胀所产生的水平推力，固定支架设置在补偿器的两侧，目的是均匀分配补偿器间的管道膨胀量。当管道全部采用滑动支架时，管道可沿直线方向无限量膨胀或收缩，使三通或弯头部位的接口受到损伤。当设置补偿器时，须将补偿器所补偿管段的两端固定不动，即可保证固定支架中间的管段膨胀量得以补偿。因此，固定支架要承受很大的水平推力。管道根据物料平面布置的拐弯或绕柱都可以当作自然补偿器使用，可不必单独设置补偿器，但对较大的厂房则根据情况而定，因此只有在自然补偿的拐弯或多个绕柱敷设的管道的适当位置设置固定支架即可。

固定支架一般在较小口径的管道上可将 U 形管卡两边螺栓拧紧，使管道在该点不能产生位移，也可用角钢将管道与支架焊住等方法。

③ 管道支架的间距要求

在每两个支架之间由于管道、电缆、保温材料等重量的作用，会使管道产生下垂，弯曲下垂的距离称挠度，以 f 表示。支架距离越大，f 值越大。当 f 值达到一定程度时会造成管道的破坏，支架距离太近又会增加投资的费用，因此应合理地选择支架的间距，并使 f 值在允许范围之内。

④ 立管支架

立管管卡可分单管管卡及双管管卡，采用扁钢制作。立管管卡安装时，应考虑墙面面层的做法以保证立管中心距墙面距离。立管管卡要求每楼层不少于一个，当建筑物层高超过 5m 时，应设置两个管卡。

⑤ 管道支架安装应注意事项

a. 支架埋设深度应符合图册或规范要求，型钢必须按图册规定选择，不允许以小代大，焊接要平整牢固。

b. 安装支架时，须考虑管道的坡度，并使每个支架受力均匀，不允许有部份支架悬空而造成管道成波浪形状。

c. 管道的焊缝不允许在应力集中的支架上，应错开 50～200mm 以上的距离。

d. 当采用吊架和滑动支架时，安装中应考虑管道受热膨胀后的位移，要求吊架的吊杆有一倾斜角度，其倾斜方向与管道膨胀方向相反。当采用滑动支架时，为了保证管道膨胀后滑托在型钢支架上，安装滑托时，应向热媒流动方向的相反处移动约 5cm 并与管道固定（采用花焊）。

e. 管道支架不允许在土建或其他专业施工时，作为搭设脚手架的支撑或被操作人员蹬踩。

f. 型钢支架应在土建抹灰前安装好，然后再安装管道，并需刷好防锈漆。

穿线工作一般应在管道全部敷设完毕及土建地坪和粉刷工程结束后进行。在穿线前应将管中的积水及杂物清扫干净。导线穿管时，应先穿一根钢线作引线。拉线时应由二人操作，一人担任送线，一人担任拉线，两人的拉送动作要协调，不可硬送硬拉而将引线或导线拉断。

5. 控制柜箱进出线管安装

工作内容：定位，配料，横担，抱箍安装，竖钢管，上压板，螺栓紧固。

定额编号　8-277～8-279　镀锌管 *DN*40　（P94）

[应用释义]　镀锌钢管：焊接钢管经过镀锌处理后，称为镀锌钢管。镀锌管的表示符号为 *DN*，而管径均以公称直径表示。管端可以加工成管螺纹以便丝扣连接，同时具有良好的可焊性能。

配电箱有照明配电箱和动力配电箱之分。配电箱可安装在墙上或柱子上。

施工时，先量好配电箱安装孔的尺寸，在墙上划好孔位，然后打洞，埋设螺栓（或用金属膨胀螺栓）。待填充的混凝土牢固后，即可安装配电箱。安装配电箱时，要用水平尺放在箱体上，测量箱体是否水平。如果不平，可调整配电箱的位置以达到要求。同时在箱体的侧面用磁力锤，测量配电箱上下端面与吊线的距离是否相等，如果相等，说明配电箱装得垂直，否则应查找原因，并进行合理的调整。

配电箱安装在支架上时，应先将支架加工好，然后将支架埋设固定在墙上，或用抱箍固定在柱子上，再用螺栓将配电箱安装在支架上，并调整其水平和垂直。

在加工支架时，应注意下料和钻孔严禁使用气割；支架焊接应平整，不能歪斜，并应除锈露出金属光泽，刷樟丹漆一道，灰色油漆二道。

控制箱柜进出线应力求简单，无多余的电气设备，而且运行操作灵活，能避免误操作动作，便于检测与维护。

从进户线到各层、段末端箱、柜、盘、台以及它们之间的管线为干线；从末端箱、柜、盘、台至各用电器的管线为支路管线。在照明平面图中，从进户线至总配电箱，总配电箱至各层分电箱，以及各分层配电箱至三个分户表表板的管线均为干线；其余从表板至各灯具的管线为支线。

穿线配管：控制箱柜绝缘导线电压等级不低于50V。在潮湿的场所应选用钢管，明设于干燥的场所可以用电线管。有腐蚀的场所应选用硬塑料管或镀锌钢管。

定额编号　8-280～8-282　镀锌管 *DN*50　（P94）

[应用释义]　镀锌钢管：钢管分为焊接钢管和无缝钢管。焊接钢管又分为直缝钢管和螺旋焊缝钢管。钢管具有耐高压、韧性好、耐振动、管壁薄、重量轻、管节长、接口少、加工接头方便的优点。但是钢管比铸铁管价格高，耐腐蚀性差，使用寿命较短。钢管主要用于压力较高的输水管线，穿越铁路、河谷，对抗震有特殊要求的地区及泵房内部的管线。钢管接口可采用焊接、法兰连接、螺纹连接。焊接钢管经过镀锌处理后，称为镀锌钢管。

三、硬塑料管敷设

1. 硬塑料管地埋敷设

工作内容：配管，锯管，煨弯，管口处理，接管，埋设，封管口。

定额编号　8-283～8-287　硬塑料管公称直径（mm 以内）　（P95）

[应用释义]　硬塑料管：硬质聚乙烯管，适合于输送含酸、碱的介质或在酸、碱度比较大的环境里，具有一定的机械强度，质轻（密度仅为钢管的1/5），管内壁光滑，流动阻力小，易于加工。但塑料管耐冲击能力差，易老化，耐高温能力差，塑料管的线膨胀系数比钢管大 6～7 倍，因此在室外露天安装时应考虑外界温度及介质的温度、补偿器的数量，应能满足管材伸缩量的要求。

硬塑料管分轻型管和重型管两种，轻型管使用压力在 0.6MPa 以下，重型管使用压力在 1.0MPa 以下。硬塑料管，具有耐腐蚀性强、重量轻、绝热绝缘性能好、易加工安装等特点。不过这种管材使用寿命比较短。

2. 砖、混凝土结构暗配及钢索配管

工作内容：测位，划线，打眼，埋螺栓，锯管，煨弯，配管，接管。

定额编号　8-288～8-292　砖、混凝土暗配　（P96）

[应用释义]　塑料管敷设与建筑结构无关。定额只按阻燃和非阻燃划分为两大类。均按公称直径区分子目。

在现浇混凝土内敷设硬塑料管见定额编号 8-267～8-271 砖、混凝土结构暗配管的有关释义。

定额编号　8-293～8-294　钢索配管　（P96）

[应用释义]　钢索配塑料管管路敷设项目，定额都综合了配管、接线箱、接线盒、支架、刷漆等内容。

为了保证电源及线路的正常、安全、可靠地工作，就必须设计合理的供配电系统，使之符合照明技术设计标准和电气设计规范。包括本章的线路配管敷设各子项目，都是为了线路的安全可靠而采取的线路保护措施。

钢索配硬塑料管的要点是先把盒子固定在模板上，并将出口对着塑料管，下管料时，管子稍长一点，一端先粘固于灯头盒内，另一端抹上胶水，并紧握使其弯曲，以便插入另一个盒内。

钢索配线适用于屋架较高，跨距较大，灯具安装高度要求较低的工业厂房内。特别是纺织工业用得较多，因为厂房内没有起重设备，生产所要求的亮度大，标高又限制在一定的高度。

钢索配线就是在钢索上吊瓷瓶配线、吊钢管（或塑料管）配线或吊塑料护套线配线，同时灯具也吊装在钢索上。

钢索安装时，其终端杆拉环应固定牢固，并能承受钢索在全部负载下的拉力。当钢索长度在 50m 及以下时，可在一端装花篮螺栓；超过 50m 时，两端均应装花篮螺栓；每超过 50m 应加装一个中间花篮螺栓。钢索在终端固定处，钢索卡子不应少于两个，钢索的终端头应用金属线扎紧。

钢索长度超过 12m，中间可加吊钩作辅助固定。一般中间吊钩间距不应大于 12m，中间吊钩宜使用直径不小于 8mm 的圆钢。

钢索配线所使用的钢索一般应符合下列要求：

（1）宜使用镀锌钢索，不得使用含油芯的钢索；

（2）敷设在潮湿或有腐蚀的场所应使用塑料护套钢索；

（3）钢索的单根钢丝直径小于 0.5mm，并不应有扭曲和断股现象；

（4）选用圆钢作钢索时，在安装前应调直、预拉和刷漆。

钢索安装前，可先将钢索两端固定点和钢索中间的吊钩装好，然后将钢索的一端穿入鸡心环的三角圈内，并用两只钢索卡一反一正夹牢。钢索一端装好后，再装另一端，先用紧线钳把钢索收紧，端部穿过花篮螺栓处的鸡心环，用上述同样的方法把钢索折回固定。花篮螺栓的两端螺杆均应旋进螺母，并使其保持最大距离，以备作钢索弛度调整，将中间钢索固定在吊钩上后即可进行配线等工作。

钢索配线后的弛度不应大于 100mm，当用花篮螺栓调节后，弛度仍不能达到时，应增加中间吊钩。这样既可以保证对弛度的要求，又可减少钢索的拉力。

钢索吊珠配线：在钢索上进行瓷珠配线和吊管配线的不同处就是把吊管用的吊卡改成安装瓷珠的吊卡。根据敷设方式的不同，有 2 线、4 线和 6 线等几种形式。瓷珠吊卡安装间距最大为 1.5m。

钢索吊管配线：这种配线就是在钢索上进行管配线。在钢索上每隔 1.5m 设一个扁钢吊卡，再用管卡将管子固定在吊卡上。在灯位处的钢索上，安装吊盒钢板，用来安装灯头盒。灯头盒两端的钢管，应跨接接地线，以保证管路连成一体，接地可靠，钢索亦应可靠接地。当在钢索上吊硬塑料管配线时，灯头盒可改为塑料灯头盒，管卡也可改为塑料管卡。吊卡可用硬塑料板弯制。

3. 砖、混凝土结构明配

工作内容：测位，划线，打眼，埋螺栓，锯管，煨弯，配管，接管。

定额编号 8-295～8-299 硬质聚乙烯管公称直径（mm 以内） （P97）

[应用释义] 硬质聚乙烯管：硬聚乙烯塑料管材，分轻型管和重型管两种，其规格范围为 8～200mm。

硬质聚乙烯塑料管，具有耐腐蚀性强、重量轻、绝热、绝缘性能好、易加工安装等特点。可输送多种酸、碱、盐及有机溶剂。使用温度范围为 $-14\sim40℃$，最高温度不能超过 $60℃$。使用压力范围：轻型管在 0.6MPa 以下，重型管在 1.0MPa 以下。

线管配线施工包括线管选择、线管加工、线管敷设和穿线等几道工序。

一般在室内或有酸、碱等腐蚀介质的场所选用硬塑料管。管子规格的选择应根据管内所穿导线的根数和截面决定，一般规定导线的总截面积（包括外护层）不应超过管子截面积的 40%，所选的线管不应有裂缝和扁折，无堵塞。

明配管应排列整齐，美观，固定点间距均匀。一般管路应沿建筑物结构表面水平或垂直敷设，其允许偏差在 2m 以内均为 3mm，全长不应超过管子内径的 1/2。当管子沿墙、柱和屋架等处敷设时，可用管卡固定。管卡的固定方法，可用膨胀镙栓或弹簧螺钉直接固定在墙上，也可以固定在支架上。支架形式可根据具体情况按照国家标准图集选择。管卡与终端、转弯中点、电气器具或接线盒边缘的距离为 150～500mm；中间管卡最大间距应符合有关规定。管子贴墙敷设进入开关、灯头、插座等接线盒内时，要适当将管子煨成双弯，不能使管子斜穿到接线盒内，同时要使管子平整地紧贴在建筑物上，在距接线盒 300mm 处装在离地面 1.5m 处的开关、插座沿建筑物表面敷设时，在直线段上架空敷设的硬塑料管，因可以改变其挠度来适应长度的变化，所以，可不装补偿装置。

明配塑料管在穿楼板时，易受到机械损伤的地方应用钢管保护，其保护高度距楼板面不应低于 500mm。明线敷设施工的最大优点是与土建和其他工种配合问题小，施工量可相对集中。土建施工仅为电气施工预留孔洞或埋设预制作。明线施工一般在土建墙面抹灰粉刷后集中进行。

室内穿线工作一般应在管子全部敷设完毕及土建地坪和粉刷工程结束后进行。在穿线前应将管中的积水及杂物清扫干净。导线穿管时，应先穿一根钢线作引线。

四、管内穿线

工作内容：穿引线，扫管，涂滑石粉，穿线，编号，接焊包头。

定额编号　8-300～8-306　照明线路　　(P98)

[应用释义] 为了保证电光源正常、安全、可靠而经济地工作，就必须设计合理的供配电系统，使之符合照明技术设计标准和电气设计规范。

1. 照明供电

照明装置的供电质量主要决定于供电电压质量和供电电源的可靠性。

(1) 照明对电压质量的要求

照明电光源对电压质量的要求，包括电压偏移和电压波动两个方面。

① 电压偏移

照明电压偏高，易于损坏；电压偏低，不能保证照明效果。所以，照明器只有在额定电压下运用时，才具有最好的使用效果。按有关设计标准规定，照明器端电压的允许电压偏移值应不超过额定电压的 5%，也不宜低于额定电压的下列数值：

a. 对室内要求较高的室内照明为 2.5%；

b. 一般工作场所、室外工作场所照明为 5%；对远离变电所的小面积工作场所允许偏移 10%；

一般规定为 36V。

　　e. 由蓄电池供电时，可根据容量大小、电源条件、使用要求等因素分别采用 220、36、24、12V。

　　② 供电方式的选择

　　我国照明一般采用 380/220V 三相四线中性点直接接地的交流网络供电。具体的供电方式与照明工作场所的重要程度、负荷等级有关，分述如下：

　　a. 一般工作场所　照明负荷可由一个单变压器的变电所供电。工作照明和疏散用事故照明应从变电所低压配电屏或从厂房、建筑物入口处分开供电。

　　当动力与照明合用且采用"变压器——干线"式供电时，工作照明和疏散用事故照明电源宜接在变压器低压侧总开关之前。当厂房或建筑物为动力与照明合用供电线路时，工作照明和疏散事故应从厂房或建筑物电源入口处分开供电。

　　b. 较重要的工作场所　照明负荷一般都采用在单台变压器高压侧设两回线路供电。

　　当工作场所的照明由一个以上单变压器变电所供电时，工作和事故照明应由不同的变电所供电。变电所之间宜装设低压联络线，以备变压器出现故障或检修时，能继续供给照明用电。事故照明电源也可采用蓄电池组、柴油或汽油发电机组等小型电源或由附近引来的另一电源线路供电。当工作场所内有双变压器变电所时，工作和事故照明电源应分别接自不同的变压器低压配电屏。

　　c. 重要工作场所　照明负荷的电源可引自一个以上单变压器变电所，且各变压器的电源是互相独立的。也可引自双变压器变电所，但两台变压器的电源互为独立。

　　d. 特殊场所　照明负荷当由一个以上单变压器变电所供电时，低压母线分段开关应设有电源自动投入装置（BZT），各变压器由单独的电源供电，工作照明与事故照明接在不同的低压母线上，事故照明最好另设第三独立电源（如蓄电池等），事故照明电源应能自动投入。

　　2. 照明线路的保护

　　导线流过的电流过大会引起导线温升过高，促使绝缘迅速老化缩短使用期限，甚至引起火灾，因此照明线路应设过电流保护装置。照明线路的过电流保护一般采用熔断器或自动空气开关。一旦照明线路的电流超过保护装置整定值时，它会自动切断被保护的线路。

　　引起线路过电流的主要原因是短路或过负荷。短路大多由线路的绝缘破坏引起，短路电流通常比负荷电流大许多倍，引发火灾事故的危险性最大。过负荷则主要是由于照明负荷的盲目增加引起的。

　　(1) 保护装置设置原则

　　① 保护类型的设置原则

　　照明网络的保护一般分为短路保护和过负荷保护两种：

　　a. 所有照明线路均应有短路保护。

　　b. 下列场合还应设过负荷保护：

　　(*a*) 住宅、重要仓库、公共建筑、商店、工业企业办公、生活用房、有火灾或爆炸危险的房间内；

　　(*b*) 当有延燃外层的绝缘导线明敷在易燃体或难燃物的建筑结构上时。

② 保护装置的安装位置

保护装置应在下列位置安装：

a. 分配电箱和其他配电装置的出线处；

b. 向建筑物供电的进线处（当建筑物进线由架空线支线接入，而架空线采用 20A 及以下的保护设备保护时，其支线可不装保护装置）；

c. 220/12～36V 变压器的高、低压侧；

d. 线路截面减小的始端（当前端保护装置能保护截面减小的后端线路，或后端线路截面大于前端线路截面的一半时，允许不装设保护装置）。

③ 安装保护装置的几个具体问题

a. 零线上一般不装保护和断开设备，但对有爆炸危险场所的二线制单相网络中的相线及零线，均应装设短路保护，并使用双极开关同时切断相线和零线。

b. 住宅和其他一般房间，保护装置只应装在相线上。

c. 三相三线、单相或直流双线网络中，中性线不接地，如果用自动开关作保护，允许将其安装在三相网络的两个相线和双线网络的一个相线上。

d. 在中性点直接接地的系统中，对两相和三相线路的保护一般采用单极保护装置——单极自动开关；只有要求同时切断所有相线时，才使用双极和三极保护装置——双极、三极自动开关。

(2) 保护装置的选择

照明线路一般采用熔断器或自动空气断路器（自动开关）做保护装置，其选择方法如下：

① 熔断器

a. 熔断器额定电压必须大于或等于其安装回路的额定电压。

b. 熔体的额定电流 I_{eR} 必须大于回路的计算电流 I_C，且必须大过电光源的启动电流（即灯泡的启动电流不应引起保护设备动作）。

c. 校验熔断器开断电流。

因为一般熔断器经受回路的冲击短路电流时在 0.01s 熔断，故应满足下式：

$$I_{co} > I_{ch}$$

式中　I_{co}——熔断器的开断电流（A）；

　　　I_{ch}——回路的冲击电流有效值（A）。

② 自动开关

照明用自动开关采用过载长延时、短路瞬时的保护特性。

a. 自动开关的额定电压必须大于或等于其安装回路的额定线电压，即 $U_e \geqslant U_c$。

b. 自动开关的额定电流应大于被保护线路的计算电流，并尽量接近线路计算电流，即 $I_e > I_c$。

③ 各级保护的配合

为了使故障限制在一定的范围内，应保证保护装置动作的选择性，所以各级保护装置之间必须合理配合。配合措施如下：

a. 熔断器与熔断器的配合　为保证熔断器动作的选择性，一般要求上一级熔断电流比下一级熔断电流大二至三级。

b. 自动开关与自动开关之间的配合　要求上一级自动开关脱扣器的额定电流一定要大于下一级自动开关脱扣器的额定电流；上一级自动开关脱扣器瞬时动作的整定电流一定要大于下一级自动开关脱扣器瞬时动作的整定电流。

c. 熔断器与自动开关的配合　当上一级自动开关与下一级熔断器配合时，熔断器的熔断时间一定要小于自动开关脱扣器动作所要求的时间；当下一级自动开关与上一级熔断器配合时，自动开关脱扣器动作时间一定要小于熔断器的最小熔断时间。

④ 保护装置与导线截面允许载流量的配合

为了在线路短路时，保护设备能保护线路，两者之间要有适当的配合，一般规定如下：

熔断器熔体的额定电流，不应大于电缆或穿管绝缘导线允许载流量的 2.5 倍，或明敷绝缘导线允许载流量的 1.5 倍。

在被保护线路末端发生单相接地短路（中性点直接接地网络）或两相短路时（中性点不接地网络），其短路电流对于熔断器不应小于其额定电流的 4 倍；对于自动开关不应小于其瞬时或短延时过电流脱扣器整定电流的 1.5 倍。

长延时过电流脱扣器和瞬时或短延时过电流脱扣器的自动开关，其长延时过电流脱扣器的整定电流应根据返回电流而定，一般不大于绝缘导线、电缆允许载流量的 1.1 倍。

对于装有过负荷保护的配电线路，其绝缘导线、电缆的允许载流量，不应小于熔断器额定电流的 1.25 倍或自动开关长延时过电流脱扣器整定电流的 1.25 倍。

熔断器熔体电流或自动开关过电流脱扣器整定电流，不小于被保护线路的计算电流，同时应保证在出现正常的短时过负荷时（如照明光源的启动），保护装置不致使被保护线路断开。

3. 线管穿线

线管配线施工最后一道工序是线管穿线。管内穿线分为普通导线、耐高温导线、塑料绝缘线、塑料护套线、电话广播线五种，其工程内容综合了管内穿线和接头等。

管内穿线工作一般应在管子全部敷设完毕及土建地坪和粉刷工程结束后进行。在穿线前应将管中的积水及杂物清扫干净。导线穿管时，应先穿一根钢线作引线。拉线时应由二人操作，一人送线，一人拉线，两人拉、送动作要协调，不可硬送、硬拉而将引线或导线拉断。

普通导线：适用于一般动力和照明工程的干线敷设，也适用于各种控制线的敷设。

耐高温线：适用于高温场所以及在高温下必须工作的线路，例如建筑物中的火灾自动报警线路。

鼓形绝缘子配线：适用于沿墙明敷设以及沿支架在梁、墙上明敷设。

管内穿屏蔽铜芯塑料线 BVP 时，导线比普通塑料铜线 BV 贵 10%，安装费不变，将主材费提高 10%。

管内穿线工作一般应在管子全部敷设完毕及土建地坪和粉刷工程结束后进行。在穿线前应将管中的积水及杂物清除干净。

导线穿管时，应先穿一根钢线作引线，当管路较长或弯曲较多时，也可在配管时就将引线穿好。一般在现场施工中对于管路较长、弯曲较多，从一端穿入钢引线有困难时，多采用从两端同时穿钢引线，且将引线头弯成小钩，当估计一根引线端头超过另一根引线端头时，用手旋转较短的一根，使两根引线绞在一起，然后把一根引线拉出，此时就可以将引线的一头与需穿的导线结扎在一起，在所穿电缆根数较多时，可以将电线分段结扎。

拉线时应由两人操作，较熟练的一人送线，另一人拉线，两人送、拉动作要配合协调，不可硬拉、硬送。当导线不动时，两人应往复回拉 1~2 次再向前拉，不可过分勉强而将引线或导线拉断。

在较长的垂直管路中，为防止由于导线本身的自重拉断导线或拉脱接线盒中的接头，导线每超过下列长度，应在管口处或接线盒中加以固定：

(1) 当 50mm² 以下的导线，长度为 30m 时；

(2) 当 70~95mm² 的导线，长度为 20m 时；

(3) 当 120~240mm² 的导线，长度为 18m 时。

穿线时应严格按照规范要求进行，不同电压的导线和交流与直流的导线，不得穿入同一根管子内，但下列回路可以除外：①电压为 65V 以下的回路；②同一台设备的电动机回路和无抗干扰要求的控制回路；③照明花灯的所有回路；④同类照明的几个回路，但管内导线总数不应多于 8 根。同一交流回路的导线必须穿入同一根钢管内。导线在管内不得有接头和扭结，其接头应放在接线盒内。

配至设备的钢管，应将钢管敷设到设备内；如不能直接进入时，可在钢管口处加金属软管或软塑料管引入设备。金属软管和钢管、接线盒等的连接要用管接头。

五、塑料护套线明敷设

1. 木结构

工作内容：测位，划线，打眼，下过墙管，上卡子，装盒子，配线，接焊包头。

定额编号 8-307~8-312 二芯 三芯   （P99）

[应用释义]   木结构：结构是指建筑物或构筑物的承重骨架，是建筑物赖以支承的主要构件。建筑材料和建筑技术的发展决定着结构形式的发展，而建筑结构形式的选用对建筑物的使用以及建筑形式又有着极大的影响。

依结构构件所使用的材料的不同，目前有木结构、混合结构、钢筋混凝土结构和钢结构之分。

木结构由上槛、下槛、墙筋、斜撑及横撑等构成，墙筋靠上、下槛固定。上、下槛及墙筋断面通常为 50mm×70mm 或 50mm×100mm。墙筋之间沿高度方向每隔 1.5m 左右设斜撑一道。当表面系铺钉面板时，则斜撑改为水平的横撑。斜撑或横撑的断面与墙筋相同或略小于墙筋。墙筋与横撑的间距由饰面材料规格而定，通常取 400、450、500 及600mm。一般灰板条抹灰饰面取 400mm，饰面板取 500mm，胶合板、纤维板取 600mm或 450mm。

隔墙饰面系在木骨架上铺饰各种饰面材料，包括灰板条抹灰、装饰吸声板、钙塑板、纸面石膏板、水泥刨花板、水泥石膏板以及胶合板、纤维板等。

木结构塑料护套线明敷设，一般护套线路应沿木结构表面水平和垂直敷设，其允许偏差在 2m 以内均为 3mm，全长不应超过护套线直径的 1/2。当护套线沿墙、柱和屋架等处敷设时，可用管卡固定。护套线的固定方法，可用膨胀螺栓或弹簧螺钉直接固定在墙上，也可以固定在支架上。支架的形式可根据具体情况按照国家标准图集选择。管卡与终端、转弯中点、电气器具或接线盒边缘的距离为 150～500mm。

2. 砖、混凝土结构

工作内容：测位，划线，打眼，埋螺栓，下过墙管，上卡子，装盒子，配线，接焊包头。

定额编号 8-313～8-318 二芯 三芯 (P100)

［应用释义］ 砖、混凝土结构中护套线明敷设应排列整齐、美观、固定点间距均匀。一般线路应沿建筑物结构表面水平或垂直敷设，其允许偏差在 2m 以内均为 3mm。当线路沿墙、柱或屋架等处敷设时，可用卡子固定。管卡的固定方法，可用膨胀螺栓或弹簧螺钉直接固定在墙上，也可固定在支架上。管子贴墙敷设进入开关、灯头、插座等接线盒内时，要适当将管子煨成双弯，不能使管子斜穿到接线盒内，同时使护套线平整地紧贴建筑物上，在距接线盒 300mm 处，用管卡固定护套线。

塑料护套线具有防潮和防腐蚀等性能，可用于比较潮湿、有腐蚀性的特殊场所。塑料护套线多用于照明线路，可以直接敷设在楼板、墙壁等建筑物表面上，用铝片卡（钢筋轧头）作为导线的支持物，但不得直接埋入抹灰层内暗敷设。

塑料护套线的敷设应横平竖直。按塑料护套线截面大小每隔 150～200mm 划出铝片卡的固定位置。导线在距终端、转变中点、电气器具或接线盒边缘 50～100mm 处都要设置铝片卡进行固定。

铝片卡的固定方法应根据建筑物的具体情况而定。在木结构上，可用一般钉子钉牢；在混凝土结构上，可采用环氧树脂粘结，为增加粘结面积，可利用穿卡底片，先把穿卡底片粘结在建筑物上，待粘结剂干固后，再穿上铝片卡。粘结前应对粘结面进行处理。用钢丝刷把接触面刷干净，再用湿布揩净待干。穿卡底片的接触面也应处理干净。将处理过的建筑物表面和穿卡底片的接触面打毛，再均匀地涂上胶粘剂，进行粘结。粘结时，用手稍加一定的压力，边加压边转，使粘结面接触良好，养护 1～5d，等胶粘剂充分硬化后，方可敷设塑料护套线。

在钉铝片卡时，一定要使钉帽与铝片卡一样平，以免划伤线皮，铝片卡的型号应根据导线规格及数量来选择。其规格有 0～4 号 5 种，号码越大，长度就越大。

在水平方向敷设塑料护套线时，如果导线很短，为了方便，可按实际需要长度先将导线剪断，把它盘起来，然后再一手持导线，一手将导线固定在铝片卡上，如果线路较长，且又有几根导线平行敷设时，可用绳子先把导线吊挂起来，使导线重量不完全承受在铝片卡上，然后将护套线轻轻地整理平正后用铝片卡扎，并轻轻拍平，使其紧贴墙面。每只铝片卡所扎导线最多不要超过 3 根。垂直敷设时，应自上而下操作。

弯曲护套线时用力要均匀，不应损伤护套和芯线的绝缘层，其弯曲半径不应小于导线外径的 3 倍，弯曲角度不小于 90°。当导线通过墙壁和楼板时应加保护管，保护管可用钢管、瓷管或塑料管。当导线水平敷设距地面低于 2.5m 或垂直敷设距地面低于 1.8m 时应加保护管。

3. 沿钢索

工作内容：测位，划线，上卡子，装盒子，配线，焊接包头。

定额编号 8-319～8-324 二芯 三芯 （P101）

[应用释义] 沿钢索敷设塑料护套线的要点是先把盒子固定在模板上,护套稍长一点,一端先固定于灯头盒内,另一头抹上胶水,并紧握使其弯曲,以便可以插入另一个盒内。

4. 砖、混凝土结构粘接

工作内容: 测位,划线,打眼,下过墙管,配料,粘结底板,上卡子,装盒子,配线,焊接包头。

定额编号 8-325～8-330 二芯 三芯 （P102）

[应用释义] 混凝土结构:普通混凝土(容重在 $24kN/m^3$ 左右)的组成材料为水泥、粗骨料(石子)、细骨料(砂子)和水。水泥品种的选用,应考虑建筑物或构筑物不同要求、所处环境条件及施工条件等因素,一般在普通气候环境中的混凝土应优先采用普通硅酸盐水泥。也可采用矿渣硅酸盐水泥、火山灰质硅酸盐水泥和粉煤灰硅酸盐水泥。

常用的粗骨料(粒径在5mm以上)有卵石(砾石)和碎石。卵石有河卵石、海卵石及山卵石等;碎石是由各种硬质岩石轧碎而成。细骨料(粒径在0.15～5mm之间)一般采用天然砂,有河砂、海砂及山砂。所采用的骨料必须质地致密,具有足够的强度,并要求清洁不含杂质,以保证混凝土的质量。

混凝土拌合用水可采用普通生活用水或清洁的井水和河水,不允许用含有有机杂质的沼泽水,含有腐殖酸或其他酸、盐的污水和工业废水。

应根据对混凝土强度、稠度和密度要求的不同,确定各种材料之间的配合比例。同一配合比的混凝土,所采用水灰比的大小对混凝土强度有很大影响。对于具有振捣设备的施工工地,可采用水灰比为0.3～0.4的干硬性混凝土,以提高混凝土的强度和密实度。否则宜采用水灰比为0.5～0.7的塑性混凝土。

塑料护套线与混凝土结构的粘结是在塑料护套线沿结构表面明敷设时,通过胶粘剂和铝片卡底板与结构平面粘结,然后上卡子固定即可。

六、钢索架设

工作内容: 测位,断料,调直,架设,绑扎,拉紧刷漆。

定额编号 8-331～8-334 直径（mm^2 以内） （P103）

[应用释义] 钢索:由钢丝经过机械加工而成的一种绳索。

钢丝:钢丝分为碳素钢丝、钢铰线、刻痕钢丝和冷拔低碳钢丝等四种。碳素钢丝也称高强钢丝,是用高碳光圆条钢筋经冷拔和矫直回火制成。如将碳素钢丝的表面经过机械刻痕即成刻痕钢丝。钢铰线则是由7根高强钢丝用绞盘绞成一股而形成。冷拔低碳钢丝一般是将小直径的低碳钢光圆钢筋用拔丝机经数次冷拔而得到的。

钢索架设:见定额编号 8-293～8-294 钢索配管中钢索安装的释义。

七、母线拉紧装置及钢索拉紧装置制作安装

工作内容: 下料,钻眼,煨弯,组装,测拉,打眼,埋螺栓,连接固定,刷漆。

定额编号 8-335～8-336 母线拉紧装置 （P104）

[应用释义]　　母线：也称汇流排，在原理上就是电气设备电路中的一个电气节点，起着集中变压器电能和向用户馈线分配电能的作用。

低压母线过墙时要经过过墙隔板。过墙隔板一般是由耐火石棉板或塑料板做成，分上下两部分，下部石棉板开槽，母线由槽中通过。

过墙板采用石棉水泥板时，必须先烘干，然后放在变压器油或绝缘漆中浸透，取出后再做烘干处理。过墙板安装应在母线敷设完以后，由上下两块合成。安好后缝隙不得大于1mm，过墙板缺口与母线应保持2mm空隙。固定螺栓时须垫橡皮垫圈或石棉垫圈，每个螺栓应同时拧紧，以免受力不均而损坏过墙板。

高压穿墙套管用于工频交流电为35kV及以下电厂、变电站的配电装置或高压成套封闭式柜中，作为导电部分穿过接地隔板、墙壁及封闭式配电装置的绝缘、支持和与外部母线连接之用。

配管配线的工程内容包括了各种钢管、电线管、塑料管、线槽、防爆钢管敷设以及管内穿各种型号截面的导线，但不包括钢索架设及拉紧装置、母线拉紧装置、接线箱（盒）、支架的制作安装等。

当车间硬母线跨柱、跨梁或跨屋架敷设，且线路较长，支架间距也较大时，应在母线终端及中间，分别装设终端及中间拉紧装置。

拉紧装置可先在地面上组装好以后，再进行安装。安装时，拉紧装置一端与母线相连接，另一端用双头螺栓固定在支架上。支架宜装有调节螺栓的拉线，拉线的固定点应能承受拉线张力。同一档距内，各相母线弛度最大偏差应小于10％。母线与拉紧装置螺栓连接的地方，应用止退垫片、螺栓拧紧后卷角，以防止松脱。

定额编号　8-337～8-339　钢索（钢绞线）拉紧装置　（P104）

[应用释义]　　钢索即钢绞线，是由7根高强钢丝用绞盘绞结而成一股。

钢索拉紧装置的制作安装未被包括在本章配管配线的工程量之中。

八、接线箱安装

工作内容：测位，打眼，埋螺栓，箱子开孔，刷漆，固定。

定额编号　8-340～8-341　明装　（P105）

[应用释义]　　接线箱明装一般直接安装在墙上，应先埋设固定螺栓，固定螺栓的规格应根据接线箱的型号和重量选择。其长度应为埋设深度（一般为120～150mm）加箱壁厚度以及螺帽和垫圈的厚度，再加上3～5扣的余量长度。

施工时，先量好接线箱安装孔的尺寸，在墙上划好孔位，然后打洞，埋设螺栓（或用金属膨胀螺栓）。待填充的混凝土牢固后，即可安装接线箱。

接线箱安装在支架上时，应先将支架加工好，然后将支架埋设固定在墙上，或用抱箍固定在柱子上，再用螺栓将接线箱安装在支架上，并调整其水平和垂直。

在加工支架时，应注意下料和钻孔严禁使用气割；支架焊接应平整，不能歪斜，并应除锈露出金属光泽，刷樟丹漆一道，灰色油漆二道。

定额编号　8-342～8-343　暗装　（P105）

[应用释义]　　接线箱的暗装须在土建时在墙壁上预留孔洞，且预留孔洞尺寸合适，并埋设好螺栓，安装接线箱时，要用水平尺放在箱顶上，测量箱体是否水平。如果不平，

可调整接线箱的位置（可通过在下面加厚混凝土调整）以达到要求。同时在箱体的侧面用磁力吊线锤，测量接线箱上下端面与吊线的距离是否相等，如果相等，则说明接线箱垂直。否则应查找原因，并进行调整。

九、接线盒安装

工作内容：测位，打眼，埋螺栓，箱子开孔，刷漆，固定。

定额编号　8-344～8-345　暗装　（P106）

［应用释义］　接线盒的暗装类似于定额8-342～8-343暗装释义。

定额编号　8-346　明装　（P106）

［应用释义］　接线盒的明装类似于定额8-340～8-341明装释义。

定额编号　8-347　钢索上安装接线盒　（P106）

［应用释义］　接线盒的作用是将两段导线在需要连接的地方连接起来，并起保护作用，连接要保证导线线芯的良好连接，绝缘部分完好的电气性能，金属屏蔽处电场均匀分布。

根据绝缘不同，可分为油浸纸绝缘接线盒和橡胶接线盒两大类。

1. 油浸纸绝缘连接接线盒

电压较低的导线连接是通过连接套，采用冷焊压接线芯连接起来，而不允许用焊接或锻接，以防止对线路造成老化。靠近连接端的导线绝缘一般切削成阶梯或锥形面（反应力锥），然后包缠填充绝缘至与导线绝缘外径相同，再在其外包绕增绕绝缘。增绕绝缘两端形成应力锥面。应力锥面和反应力锥面均按使其表面的切向场强为一常数而设计的。两根相接的导线的屏蔽用经过应力锥及增绕绝缘表面上包缠的导体（如钢丝）完全连接起来，形成等位面。

为了减少金属护套的损耗，长导线线路各相芯线的金属护套需要交叉换位互换接地，这时导线的连接须用绝缘接线盒。

2. 橡胶绝缘接线盒

橡胶绝缘导线一般没有金属护套和浸渍剂，故只需用普通接线盒将导线连接起来。对35kV及以下的导线，导电线芯连接以后，在原有的工厂绝缘上面套有一热缩材料制成的应力管，然后再做其他部分的连接处理。

十、开关、按钮、插座安装

1. 开关、按钮

工作内容：测位，划线，打眼，缠埋螺栓，清扫盒子，上木台，缠钢丝弹簧垫，装开关，按钮，接线，装盖。

定额编号　8-348～8-351　板式开关暗装　（P107）

［应用释义］　板式开关暗装时应有预留的孔洞，并埋设好固定螺栓。安装时，将盒子清扫干净后，在螺栓缠好钢丝弹簧垫，缠好后，即可安装板式开关。

先将开关盒按图纸要求位置埋在墙内。埋设时，可用水泥砂浆填充，但应注意埋设平正，铁盒口面应与墙的粉刷层平面一致。待穿完导线后，即可将开关用螺栓固定在铁盒内，接好导线，盖上盖板即可。

开关的安装位置应便于操作，其安装高度：拉线开关一般距地 2～3m，距门框为 0.15～0.2m，且拉线的出口应向下。其他各种开关一般为 1.3m，距门框为 0.15～0.2m。成排安装的开关高度应一致，高低差不应大于 2mm，拉线开关相邻间距一般不小于 20mm。

定额编号　8-352　扳把开关明装　（P108）

〔应用释义〕　扳把开关明装时可安装在墙上或柱子上。直接安装在墙上时，应先埋设固定螺栓（或用金属膨胀螺钉），固定螺栓的规格应根据开关的型号和重量选择。其长度应为埋设深度（一般为 120～150mm）加开关厚以及螺帽和垫圈的高度，除此之外，还应预留 3～5 扣的余长。

开关明装时，首先是采用塑料膨胀螺钉或缠有钢丝的弹簧螺丝将木台固定在墙上，固定木台用螺钉长度约为木台厚度的 2～2.5 倍，然后在木台安装开关，木台厚度一般不小于 10mm。

当木台固定好后，即可用木螺钉将开关固定在木台上，且应装在木台的中心。相邻的开关应尽可能采用同一种形式配置，特别是开关柄，其接通和断开电源的位置应一致。

一般装成开关往上扳是接通电路，往下扳是电路切断。不同电源或电压的开关应明显区别。

定额编号　8-353　拉线开关安装　（P108）

〔应用释义〕　拉线开关安装比较简单，一般为贴着墙壁明装，只需在墙上固定好木板垫座，然后用螺钉将拉线开关固定在木板上，接线装盖后即完毕。

定额编号　8-354～8-355　一般按钮　（P108）

〔应用释义〕　按钮也是一种手动控制电器，它的特点是发布命令控制其他电器动作，所以它属于主令电器。它的容量（额定电流）很小，不能直接接入大电流电路中，只能接在控制电路中。

按钮发布的指令用来控制磁力启动器的接通、分断和接触器、继电器的动作，实现远距离控制。按钮也可以实现点动或微动控制。

有的按钮帽里装有指示灯泡，以利识别。为了满足电路的需要，一个按钮内可以有多个触点，有时还可以把多个按钮组装在一起，成为启动、停止或启动、正转、停止、反转的复合按钮。

2. 插座安装

工作内容：测位，划线，打眼，缠埋螺栓，清扫盒子，上木台，缠钢丝弹簧垫，装插座，接线，装盖。

定额编号　8-356～8-367　明、暗插座　（P109～110）

〔应用释义〕　插座：为了临时用电的方便，我们在电力线路上安排一电源插孔供线路临时用电的装置。插座按其相数可分为单相插座、单相三孔插座、三相四孔插座等。

为了控制灯具的关闭，还要求安装开关。开关有拉线开关、扳把开关、按钮开关等。开关的安装方式有明装和暗装两种。按开闭灯具的要求有单控和双控等形式。插座是供随时接通用电器具的装置，也有明装和暗装之分，常见开关和插座符号表示见表 2-10。

开关和插座的国家标准图形符号 表 2-10

符 号	名 称	符 号	名 称
	单 相 插 座		防爆单相插座
	暗装单相插座		带保护触点插座、带接地插孔单相插座
	密闭（防水）单相插座		带接地插孔的暗装单相插座
	带接地插孔的密闭（防水）单相插座		双 极 开 关
	带接地插孔的防爆单相插座		防爆单极开关
	带接地插孔的明装三相插座		暗装双极开关
	带接地插孔的暗装三相插座		密闭（防水）双极开关
	带接地插孔的密闭（防止）三相插座		防爆双极开关
	带接地插孔的防爆三相插座		三 极 开 关
	插座箱（板）		暗装三极开关
	多 孔 插 座		密闭（防水）三极开关
	具有单极开关的插座		防爆三极开关
	具有隔离变压器的插座		单极拉线开关
	开关的一般符号		单极限时开关
	单 极 开 关		具有指示灯开关
	暗装单极开关		双控开关（单极三线）
	密闭（防水）单极开关		调 光 器

插座明装首先是采用塑料膨胀螺钉或缠有钢丝的弹簧螺钉将木台固定在墙上，固定木台用螺钉的长度约为木台厚度的 2～2.5 倍，然后在木台上安装插座。木台厚度一般不小于 10mm。

当木台固定好后，即可用螺栓将插座固定在木台上，且应装在木台的中心。相邻的插座应尽可能采用同一种形式配置。插座的接线孔排列顺序：单相双孔插座为面对插座的右孔接相线，左孔接零线。单相三孔，三相四孔的接地或接零均应在上方。

插座暗装时，先将插座按图纸要求位置埋在墙内。埋设时，可用水泥砂浆填充，但应注意埋设平正、铁盒口里应与墙的粉刷层平面一致。待穿完导线后，即可将插座用螺栓固定在铁盒内，接好导线，盖上盖板即可。

插座安装高度设计图纸未提出要求时，一般可按 1.3m，在托儿所、幼儿园、住宅及小学校等不应低于 1.8m，同一场所安装的插座，高度应尽量一致。

十一、带形母线安装

工作内容：平直，下斜，煨弯，钻眼，安装固定，刷相色漆。

定额编号　8-368～8-371　带形钢母线安装　带形铝母线安装　　（P111～P112）

［应用释义］　车间带形母线安装定额是以母线材质及母线安装方式来划分项目的。车间带形母线安装与敷设形式无关，分为："沿屋架、梁、柱安装"和"跨屋架、梁、柱、墙安装"。工程内容综合了绝缘子灌注、支架安装、母线架设、伸缩装置和刷分相漆等。

十二、带形母线引下线安装

工作内容：平直，下斜，煨弯，钻眼，安装固定，刷相色漆。

定额编号　8-372～8-375　带形钢母线安装　带形铝母线安装　　（P113）

［应用释义］　母线引下线：按规范要求，作为引下线的一根或多根钢筋在最不利的情况下其截面总和不应小于一根直径为 10mm 钢筋的截面积，这一要求在高层建筑中是不难达到的。高层建筑中柱中主筋在 20mm 以上的很常见。为安全起见，应选用钢筋直径不小于 ϕ16 的主筋作为引下线，在指定的柱或剪力墙某处的引下点，一般宜采用两根钢筋同时作为引下线，形成带形母线引下线。施工时应标明记号，保证每层上下串焊正确。如果结构钢筋因钢种含碳量或含锰量高，经焊接易使钢筋变脆或强度降低时，可改用不少于 ϕ16 的附筋，或不受力的构造筋，或者单独另设钢筋。

对于作为引下线的钢筋的连接方法，在高层建筑中应坚持通长焊接，搭焊长度应不小于 100mm。

第五章　照明器具安装工程

第一节　说明应用释义

一、本章定额主要包括各种悬挑灯、广场灯、高杆灯、庭院灯以及照明元器件的安装。

[应用释义]　这一章定额内容综合了全套的灯具、灯泡、配件、吊线或吊链、灯座、金属软管及管内穿线、支架等。其他开关、插座等综合了接线、插座盒、接线盒的安装。其中混凝土柱灯安装还综合了铁接线箱及箱内熔断器的制作，但是不包括立电杆项目。

灯具安装定额项目有普通灯具安装、壁灯安装、吊花灯安装、吸顶灯安装、荧光灯安装、工矿灯具安装、标志灯安装、病房呼唤系统专用灯安装、节日彩灯安装等项目。

（1）灯具安装各定额项目所综合的内容，除考虑了灯具安装共同需要的配线、灯口、灯泡或灯管、吊线或吊链、配件组装等以外，吊花灯安装还包含了金属软管、管内穿线、支架和刷漆等；荧光灯还包含了电容器和熔断器的安装等。如果荧光灯实际没有安装电容器，也不允许调整安装人工费，定额无形中也起到鼓励安装电容器以提高线路的功率因数。

（2）"杆上路灯安装"这个项目不含金属型钢支架费用。如果有金属型钢支架，则应该另外列项。例如，列项"半弧灯灯臂"这项工程量有1%的定额损耗，定额单价中已包含灯具主材，即已包含1%定额损耗。

（3）碘钨灯和投光灯的安装高度，定额是按10m以下高度编制的，其他照明器具的安装高度是按5m以下高度编制的。当实际高度超过这个高度时，则按定额册说明超高系数增加人工费（系数是10m以下1.25；20m以下1.4；20m以上是1.6）。

（4）"挂式彩灯安装"包含了钢丝绳、硬塑料管、塑料铜线、防水吊线灯具及灯泡。座式彩灯安装包括配管、配线、防水彩灯灯具及灯泡。

挑臂梁及底把安装已经包含制作、安装、拉紧装置、底把、底盘及挖填土方。适用于屋顶女儿墙、挑檐上及建筑物表面和垂直悬挂。灯泡间距按照0.6m一个，即100m线路长度内有167套灯具。如果设计与此不符合，可以根据设计数据编制补充定额。

（5）在楼梯间常见的单极扳把开关和双控开关并联时，可套用双联双控开关单价。它们的安装费一样，材料费也可以换算。

（6）开关及按钮开关、插座安装等项目的单价按普通型编制的，如天坛、鸿雁、东升牌等。如果设计选用了其他型号的电器装置件时，可以自行换算主材费。工程中常用的二、三孔插座，可以套用定额双联三孔插座等项目。

（7）"安全变压器安装"项目已经包含了支架的制作安装，如果变压器装于箱内，可以另计箱体的制作安装或照明配箱定额。

（8）本章的灯具安装不包含全负荷运行（已含测绝缘电阻及试亮）。如果建设单位需要系统调试，则另作补充定额。

（9）灯具安装方式和灯具的重量有一定的关系，施工中重量不超过1kg，通常采用吊线式；超过1kg应采用链吊式或管吊式；超过3kg时应预埋螺栓或金属构件。

（10）室内灯具安装高度一般不得低于2.4m，否则灯具的金属外壳应作接地或接零保护。

（11）嵌入式筒灯执行在吊灯上，吸顶灯安装单罩子目。

（12）"挂式彩灯安装"包含了钢丝绳、硬塑料管、塑料铜线、防火吊线灯具及灯泡，"座式彩灯安装"包括配管、配线、防火彩灯灯具及灯泡。

（13）在楼梯间常见的单极扳把开关和双控开关并联时，可套用双联双控开关单价。它们的安装费用一样，材料费可以换算。

二、各种灯架元器件的配线，均已综合考虑在定额内，使用时不作调整。

［应用释义］　灯具安装工程项目有普通灯具安装，它已经综合考虑了灯具安装共同的配线、灯口、灯泡或灯管、吊线或吊链、配件装置，在使用时不作调整。

三、各种灯柱穿线均套相应的配管配线定额

［应用释义］　各种灯具的穿线工作是照明线路的一项重要工作，它的质量的好坏直接关系到照明线路的质量。在穿线前应将管中的积水及杂物清扫干净。导线穿管时，应先穿一根钢线作引线。

1. 照明设计

（1）照明方式的选择

① 一般照明

下列情况宜选用一般照明：

a. 受生产技术条件限制，不适合装设局部照明或不必采用混合照明的场所。

b. 工作位置密度很大，而对光照方向无特殊要求的场所。如用于车间、办公室、体育馆、教室、会议厅、营业大厅等场合。

② 分区一般照明

当某一区域需要高于一般照明的照度时，可采用分区一般照明。此种照明常以工作对象为重点，按工作区布置灯具。如车间的组装线、运输带、检验场地、纺织厂的纺机上方、轧钢设备及传送带等照明均属于此类。

③ 局部照明

下列情况宜采用局部照明：

a. 局部地点需要高照度或照射方向有要求时；

b. 由于遮挡而使一般照明照射不到的范围；

c. 需要克服工作区及其附近的光幕反射时；

d. 需要削减气体放电光源所产生的频闪效应的影响时；

e. 视觉功能降低的人需要有较高的照度时；

f. 为加强某一方向的光线以增强实体感时。

工厂的检验、划线、钳工台及机床照明及民用建筑中的卧室、各房的台灯、壁灯等均属局部照明。在整个工作场所或一个房间中，不应只装设局部照明而无一般照明，因为这样会形成亮度不均匀而影响视觉功能。

混合照明适用于照度要求高、对照射方向有特殊要求、工作位置密度不大而采用单独设置一般照明不合理的场所。工厂的绝大部分车间采用混合照明。

(2) 照明种类的选择

① 正常照明

一般情况下，照明设计者首先要做的是正常照明。

② 应急照明

a. 备用照明

正常照明因故障熄灭后，供事故情况下暂时继续工作而设置的照明称为备用照明。下列场所应设置备用照明：

(*a*) 正常照明因故障熄灭后，如不及时操作，可能会引起火灾、爆炸、中毒等严重事故，或导致生产流程混乱、破坏，或使已加工、处理的贵重产品报废的场所，如化工、石油生产、金属冶炼、航天航空及其他精密加工车间等。

(*b*) 正常照明因故障熄灭后，不能进行视看和操作，可能会造成较大的政治、经济损失的场所。如重要的通信枢纽，发电、变配电系统及控制中心，重要的动力供应站（供热、供气、供油等），重要的供水设施，指挥中心，铁路、航空等交通枢纽，国家和国际会议中心，宾馆、贵宾厅、体育场馆等。

(*c*) 由于建筑物火灾引起正常照明断电，不能进行现场视看和操作，将妨碍消防工作进行的场所。如消防控制中心、楼宇自控中心、消防泵房、应急发电机房等。

(*d*) 正常照明因故障熄灭后，黑暗中可能造成现金、贵重物品被窃时的场所。如银行、商场、储蓄所的收款处等。

备用电源的照度不低于一般照明的 10%，但有时可能需要比 10% 更高的照度，设计时应分析生产、工作的具体条件，考虑适当提高照度。如高层建筑的消防控制中心、消防泵房、排烟机房、配电室和应急发电机房、电话总机房以及发生火灾时仍需坚持工作的场所，备用照明的照度应保持正常照明的照度。

备用照明电源的切换时间，不应超过 15s，对商业不应超过 1.5s；备用照明电源的连续供电时间，一般场合不小于 20～30min，高层建筑的消防控制中心，一般需维持 1～2h，而通信枢纽、变配电所等要求连续工作到正常照明恢复。

b. 安全照明

正常照明因故障熄灭后，为确保处于危险中的人们的安全而设置的照明，称为安全照明。对于下列需要确保处于潜在危险之中人员安全的场所，需设置安全照明：

(*a*) 正常照明因故障熄灭后，在黑暗中可能造成挫伤、灼伤或摔伤等危险场所。如盘锯车间、冶金、浇铸、锻、热处理等车间。

(*b*) 正常照明因故障熄灭后，使医疗抢救工作无法进行而危及患者生命，或延误时间而增加抢救困难的场所。如急救中心、手术室、危重病人急诊室、外科处置室等医疗抢救场所的安全照明，通常要求保持正常照明的照度。

安全照明的切换时间不应超过 0.5s。电源连续供电时间应按工作特点和实际需要确定。如生产车间的安全照明持续时间，一般 10min 即可，手术室的安全照明则需要持续数小时。

c. 疏散照明

正常照明因故障熄灭后，在事故情况下为确保人员安全地从室内撤离而设置的照明，称为疏散照明。对需要确保人员安全疏散的下列场所需设置疏散照明：

(a) 一、二类建筑的疏散通道和公共出口应设疏散照明标志（二类建筑的住宅除外），如疏散楼梯、防烟楼梯间前室、疏散走道等应设置疏散照明。

(b) 人员密集的公共建筑，如礼堂、会场、影剧院、体育馆、饭店、旅馆、展览馆、博物馆、美术馆、大型图书馆、候车楼、候机楼等通向疏散走道和楼梯的出口，以及通向室外的出口均应装设出口标志灯。较长的疏散通道和公共出口应设置指示人员疏散的指向标志灯。疏散通道应设疏散照明。

(c) 地下室和天然采光的厂房，建筑的主要通道、出入口等应设疏散标志和疏散照明。疏散照明的地面水平照度不应低于 0.15lx。对于人员不熟悉而又复杂的建筑（如高层大型宾馆），因不平坦而容易发生跌倒、碰撞的场所，特别重要的民用建筑（如国际或国家大会堂、贵宾厅）等宜适当提高照度。另外，以荧光灯作为疏散照明时，照度也宜适当提高。

疏散照明电源的切换时间不应超过 15s。疏散照明电源的连续供电时间应能保证人员疏散到建筑物外和安排救援工作所需要的时间。用蓄电池供电的疏散照明持续时间，一般不应小于 20min，对于高度超过 100m 的高层建筑，疏散照明的持续供电时间一般不应小于 30min。

d. 应急照明的电源

应急照明必须采用能瞬时点燃的可靠电源，如白炽灯或低压卤钨灯、荧光灯。但安全照明和要求快速点燃的备用电源，不宜采用荧光灯。当应急照明作为正常照明的一部分，经常点燃且发生事故不需要切换电源时，可用其他类型的气体放电灯。

(3) 光源与灯具的选择

① 照明器的含义和作用

照明器是由光源与能控制光线分布的光控器件（如反射器、折射器等）、外壳、供安装和调节用的器件（如灯泡固定、电源连接组件）构成的照明灯具组装成的装置。

照明器的作用是发出光线，固定光源，向光源提供电力，合理利用光源发出的光线使其向需要的方向射出适量的光，防止眩光和保证光源免受外力、潮湿及有害气体的影响，以满足被照面上照明质量的要求。照明器还具有装饰的作用。

照明器按照结构特点可分为：

a. 开启型。光源裸露在外的照明器，灯具是敞口或无灯罩的。一般来说其照明器效率较高。

b. 闭合型。透光罩将光源包围起来的照明器，但透光罩内外的空气能自由流通，尘埃易进入透光罩内，照明器效率主要取决于透光罩的透射比。

c. 封闭型。透光罩固定处加以一般封闭，使尘埃不易进入罩内，但当内外空气不同时空气仍能流通。

d. 密闭型。透光罩固定处加以密封，与外界可靠地隔离，内外空气不能流通。根据用途又可分为防潮型和防水、防尘型，适用于浴室、厨房、潮湿或有水蒸气的车间、仓库及隧道、露天堆场等场所。

　　e. 防爆安全型。这种照明器适用于在不正常情况下有可能发生爆炸危险的场所。其功能主要是使周围环境中的爆炸性气体进不了照明器内，可避免照明器正常工作中产生的火花而引起爆炸。

　　f. 隔爆型。这种照明器适用于在正常情况下有可能发生爆炸的场所。其结构特别坚实，即使发生爆炸也不易破裂。

　　g. 防腐型。这种照明器适用于含有有害腐蚀性气体的场所。灯具外壳用耐腐蚀材料制成，且密封性好，腐蚀气体不能进入照明器的内部。

　　按照安装方式，照明器可分为：

　　a. 吸顶型。照明器吸附在顶棚上。适用于顶棚比较光洁而且房间不高的建筑内。这种安装形式常能有一个较亮的顶棚，使房间有个总体的明亮感，但易产生眩光，光利用率可能不高。

　　b. 嵌入顶棚型。照明器的大部分或全部陷在顶棚内，只露出发光面。适用于低矮的房间。一般来说顶棚较暗，照明效率不高。若顶棚反射比较高，则可改善照明效果。

　　c. 悬挂型。照明器挂吊在顶棚上。根据挂吊用材料的不同又可分为线吊型（用软导线挂吊）、链吊型（用瓜子链或其他链子挂吊）和管吊型（用钢管或塑料管挂吊）。悬挂的目的是使照明器离工作面近一些，提高照明经济性，主要用于建筑物内的一般照明。

　　d. 枝形组合型。照明器由多枝形灯具组合成一定图案构成，俗称花灯，一般为悬挂型，以装饰照明为主。花灯常用于大型建筑的厅内，小型花灯也可用于宾馆、会议厅等。大面积照明不宜过多地使用花灯。

　　e. 附墙型。照明器安装在墙壁上，俗称壁灯。壁灯不能作为一般照明的主要照明器，只能作为辅助照明，富有装饰效果。由于安装高度较低，易成为眩光源，故多用小功率电源。

　　f. 嵌墙型。照明器大部分或全部陷在墙内，只露出发光面。这种照明器常作为地灯，用于室内作起夜灯用，或作为走廊和楼梯的夜间照明灯，以避免影响他人的夜间休息。

　　一些主要照明器具安装方式、灯具型号及图例见表 2-11、表 2-12。

灯具安装方式文字符号标注　　　　　　　　　　　　表 2-11

序　号	名　　称	旧　代　号	新　代　号
1	线吊式	X	CP
2	自在器线吊式	X	CP
3	固定线吊式	X1	CP_1
4	防水线吊式	X2	CP_2
5	吊线器式	X3	CP_3
6	链吊式	L	Ch
7	管吊式	G	P

续表

序 号	名 称	旧 代 号	新 代 号
8	壁装式	B	W
9	吸顶式或直附式	D	S
10	嵌入式（嵌入不可进入顶棚）	R	R
11	顶棚内安装（嵌入可进入顶棚）	DR	CR
12	墙壁内安装	BR	WR
13	台上安装	T	T
14	支架上安装	J	SP
15	柱上安装	Z	CL
16	座装	ZH	HM

主要照明器具型号及图例　　　　　　　　　　　　表 2-12

序 号	名 称	型号及规格	图 例
1	组合吸顶灯	XD_{117}	⊕
2	环形荧光灯	HYG_{343}	▭
3	平圆吸顶灯	JXD_{5-1}	◑
4	伸缩吊灯	HDD_{260}	◎
5	吸顶荧光灯	HYG_{19}	⊢
6	链吊式荧光灯	YG_2	⊢
7	线吊式白炽灯	250V6A	⊗
8	半圆形壁灯	HBD_{355}	◐
9	探照型灯		⊘
10	广照型灯（配照型灯）		⊘
11	防水防尘灯		⊗
12	球形灯		●
13	局部照明灯		·)
14	工作台局部照明灯		▭
15	矿山灯		⊖

续表

序 号	名 称	型号及规格	图 例
16	安全灯		
17	防爆灯		
18	弯灯		
19	（矩形）罩顶灯		
20	四联方形（或矩形）罩顶灯		
21	混光灯		

② 光源的选择

从多种光源中根据不同的照明目的、用途和环境条件来选择最合适的光源，并加以利用是照明设计最根本的原则。此外在选择光源时，还应按以下几个原则来考虑：

a. 尽量减少初投资。选用高光效的光源，在达到同样照度时可减少所需光源的个数，从而同时减少电气线路费、材料费、安装费，即减少了初始投资。

b. 尽量选用运行费用低的光源。运行费用包括灯泡（管）耗用费、灯泡（管）清扫和更换费，以及折旧费等。通常，照明器的运行费大多超过初投资，因此光源应选择高效、长寿的。选用高光效的光源可以节省电费，灯泡数量的减少又使维护费降低。使用长寿命的光源则可以减少灯泡（管）的费用量和维护工作量，减少了运行费。对维护工作较困难的高顶棚（或屋梁、屋架）的场所和有复杂生产设备的厂房，更应考虑光源的寿命问题。通常，功率大的光源其效率也高，在满足照度均匀的前提下，应尽可能地选择高光效的大功率电源。

c. 应满足显色性和色温的要求。

d. 应满足控制特性的要求。

按不同功能场所、环境条件选择光源主要应从以下几个方面考虑：

a. 在无特殊要求的场所，一般以选用光效高的光源为宜。

b. 开关频繁、要求瞬时启动和连续调光的场所，宜选用白炽灯和卤钨灯，不能选用高压气体放电灯。

c. 高大空间的厕所，如高大厂房、体育馆、大型会场内的厕所等，宜选用高强度气体放电灯。

d. 要求显色性好的场所，如美术馆、医院临床诊断室、商品展示部、饭店、旅馆、印染、化学分析室、电视摄影及转播、摄影及建筑物泛光照明等，应选用显色性指数高的光源，如白炽灯、卤钨灯、镝灯等。通常，平均显色指数 Ra 应大于或等于 80。

e. 办公室、一般实验室、计算机房等视觉对象无周期性的运动体而照度要求较高的场所，宜选用荧光灯光源。

f. 要求光环境舒适、亲切的场所，光照度要求较低（一般小于 $100lx$），如住宅的餐

厅、客厅、卧室、娱乐室、医院病房、公共建筑的休息室、接待室、旅馆的客房、部分游乐室、豪华餐厅、咖啡厅、酒吧等，宜选用低色温的光源，如白炽灯、微型卤钨灯等。当照度要求较高（一般大于 200lx），如住宅的书房、现代化厨房、旅馆的自助餐厅，小吃部等，宜采用日光色的气体放电灯。如金属卤化物灯。

g. 对无窗户的场所，因无天然采光，人工照明是一切生产和生活活动必备的要素，对照明要求较高，应选择光谱分布接近天然光的光源。通常在建筑高度 5m 以下时，可选用日光色荧光灯，或微型卤钨灯；高度大于 5m，宜选用荧光色的气体放电灯。如金属卤化物灯。

h. 应急照明必须选用瞬时点亮的白炽灯、荧光灯等光源。

③ 灯具的选择

灯具的选择是照明设计的基本内容之一，其选择恰当与否，直接影响到照明质量、经济性能和能耗指标的好坏。

灯具选择要综合考虑照明方式、已选好的光源种类、使用场所的照度要求、环境条件及投资额等诸多因素，但主要从灯具结构和光特性两方面来进行选择。并考虑以下几个要素：

a. 灯具要与光源配合：结构要与光源的种类配套；规格大小要与光源的功率配套。

b. 灯具必须与使用环境条件相适应。

（*a*）对正常环境，应尽量选用开启型灯具，以提高整个照明器的效率。

（*b*）对潮湿或特别潮湿的环境，也可选用开启型灯具，但应选用绝缘性能好的灯座，最好用防潮型的灯具，且灯具进出线处应用绝缘套管严格密封。在特别潮湿的环境，应采用灯泡内有反射镀层的光源，以提高照明质量的稳定性。

（*c*）用在有压力水冲洗场合的灯具，必须选用防溅水保护型灯具或带扩散罩的保护型灯具。

（*d*）多尘但非易燃性或非爆炸性尘埃的场所，选用防水、防尘灯。

（*e*）灼热多尘的场所，如出钢（铁）、轧钢等处，宜选用投光灯远距离照明灯具。在特热的房间内，限制选用带密闭玻璃罩的灯具，若必须使用，则光源应选用耐高温的气体放电灯。对于白炽灯光源，应降低功率使用。

（*f*）有火灾和爆炸性危险的场所，则应按火灾和爆炸危险的介质分类等级选择等级。

（*g*）有腐蚀性气体的场所，应选用耐腐蚀材料制成的防水、防尘型灯具。

（*h*）安装高度<2.4m 及其他有可能使灯具受到偶然撞击的场所，应采用带有较坚固玻璃罩或金属罩的灯具。

（*i*）设备布置对照明有特殊要求时，应选用有响应特性的灯具，以达到视觉环境上的功能要求。

（*j*）对民用建筑，应选用与建筑装饰水平相协调的灯具；对高级宾馆、高档次建筑物的照明，宜选用豪华型灯具或满足环境气氛要求的特色照明灯具；对一般档次的建筑，以选用普及型灯具为主；对较低档次的建筑，则选用简易经济型灯具为主。

c. 合理选用配光分布。配光分布合理，能提高照明效率减少电能损耗。

灯具按 CIE 配光分类法，可分为直接配光型、半直接配光型、漫射配光型、半间接配光型、间接配光型五大类。带反射罩的直接配光型灯具，又可大致分为：特狭照型、狭照型、中照型、广照型。

(*a*) 直接配光型灯具效率最高，光通量直接向下，照明投资及运行费均较低，普遍应用于工业厂房，对高大厂房，宜采用集中配光的深照型灯具；对不太高的厂房，采用余弦型、扩散型配光灯可以减少阴影。

(*b*) 半直接型及漫射型配光灯具的光通量一部分投射于顶棚和墙壁上，使上部阴影得到改善，兼有直接和间接照明的特点。灯具结构简单，利用率中等，经济性较好，适用于顶棚、墙壁的表面，反射比较高，需要创造一定环境气氛和要求经济性较好的场合，如办公室、实验室、一般百货公司、商场等。对于希望消除或减弱阴影并有一定垂直照度的场所，如计算机房、大中型会议室、陈列室等，可采用带格栅或带漫反射罩的光带或发光面板。

(*c*) 半间接配光型和间接型配光灯具，其光通量的绝大部分或全部集中于灯具的上半部，光线向上射至顶棚和上部墙上，靠二次反射来照亮工作面。照明光线扩散度好，几乎无阴影，垂直照度较高，但光通量利用率很低，是最不经济的照明器，对高照度的场所不适用，只适用于要求以创造气氛为主，而不太注重经济性能的装饰性质的照明。

d. 眩光的限制与利用 在有些情况下，眩光应被限制；而在另一些情况下，眩光则被利用。

(*a*) 限制眩光。为了限制直接眩光，应选用带保护角或由适当透明材料遮光的灯具和带棱镜极的灯具。限制反射眩光，则应选用亮度低的带漫反射装置的灯具或沿视线方向反射光通量较少的特殊配光灯具，或采用漫反射发光顶棚、漫射发光带等。

(*b*) 利用眩光。在某种场合，需要通过灯具产生的眩光和亮闪来创造某种气氛，例如，选用成组裸露的各种颜色的白炽灯照明，产生五彩缤纷的效果，再加上分组循环切换控制，即形成灯光闪烁，创造富丽堂皇的气氛。也有用高亮度的灯照射在装饰物或某种物体上，使其耀眼夺目，以突出视觉效果。

e. 经济性。选择灯具时，其经济性主要考虑初投资和运行费。照明装置的初投资在很大程度上决定于灯具的价格。除了装饰性的建筑灯具外，由于制造材料不同，豪华程度不同，灯具的价格有很大差异。对于功能性灯具，即使同一功能，其价格的差异也较大。衡量灯具的经济性，要作全面比较。通常可以认为，在获得同一照度的情况下，消耗功率小的灯具就是经济性好的。经济性的好坏，可以通过利用系数和寿命进行比较来确定，利用系数高，寿命长，他的经济性也就较好。

2. 灯具配线

配线：配线是指对室内导线或各种照明器具的线路敷设和安装，一般根据用材和敷设方式不同，常用的有瓷夹配线、瓷瓶配线、槽板配线和管道配线。它与穿线不同。

穿线：穿线是管道配线的一个内容，它是将导线穿入所敷设的管道中，以防受损。在定额内将之称为"管内穿线"。

管内穿线套用定额时，应注意穿线电管两端所连接的是何种设备，如果与其连接的是接线盒、灯光盒、开关盒子等，其工程为：穿线工程量＝配管长度×管内导线根数，这样算出的是单线长度，再以 100m 为单位套用相应项目。

电器线路安装需要构成回路，为此每个用电器具的配线都是由相线和零线构成闭合回路。

配线根据线路用途和供电安全的要求，可以采用瓷夹板、瓷珠配线、槽板配线、铝卡片配线或线管配线等不同的配线方式。瓷夹板、瓷珠配线、槽板配线或铝卡片配线多为明配，穿管配线有明配和暗配两种。线管多用焊接钢管、镀锌钢管、塑料管等。照明用电线按线芯材分为铜芯和铝芯两种；按包装绝缘材料分橡皮和塑料绝缘线以及塑料护套线等。

在配线定额中，已综合考虑了灯具、明暗开关、插销、按钮等的预留线，故在套用定额时不再考虑预留线长度。对瓷夹、瓷瓶、塑料线夹、木槽板、塑料护套等定额中的分支接头和水弯，已综合考虑在定额内，计算工程量时按图尺寸计算。

3. 各种灯柱穿线

[应用释义] 配管配线按敷设方式分类：

配线工程常用的有瓷夹配线、塑料夹配线、瓷珠配线、针式绝缘子配线、碟式绝缘子配线、木槽板配线、塑料槽板配线、钢精轧头配线等。配管工程分为沿砖或混凝土结构明配、沿砖或混凝土结构暗配、钢支架配管、钢索配管、钢横板配管等。配管配线工程按材质不同可分为：绝缘导线有聚氯乙烯绝缘导线、聚丁烯绝缘导线、橡皮绝缘线、耐高温布电线等。其中绝缘导线又有铜芯和铝芯之分，各种配管管材有电线管、钢管、硬塑料管、半硬塑料管及金属软管。

管内穿线分为普通导线、耐高温导线、塑料绝缘线、塑料护套线、电话广播线五种。管内穿线工作一般是在管子全部敷设完毕及土建地坪和粉刷工程结束后进行。在穿线前应将管中的积水及杂物清扫干净。导线穿管时，应先穿一根钢线作为引线。各种灯具穿线的工程量计算与上一章所述的配管配线的工程量计算相同，可按相应项目套用配管配线定额。

四、本章定额已考虑了高度在 10m 以内的高空作业因素，如安装高度超过 10m 时，其定额人工乘以系数 1.4。

[应用释义] 本册定额是编制市政安装工程施工图预算的依据，它适用于新建、扩建工程，电压为 10kV 以下和 35～500kV 的配电设备，1.5MW～300MW 发电机组所属电气设备，车间动力电气设备，10kV 以下架空线路，电气照明、电梯电气装置等。

定额规定费用的计算：

脚手架搭拆费、高层建筑增加费、超高费的解释见第一章变配电设备安装第一节说明应用释义第一条释义。

市政工程电气施工图的解释见第一章变配电设备工程第一节说明应用释义第一条释义中电气施工图的释义。

电气工程电气设备的安装工程，配线方式以及其他一些特征，只用文字一般很难表示清楚，所以，需要用图来表达。

电气安装工程施工时，应根据电气施工图，考虑超高空作业因素。本章照明器具安装工程定额已经考虑了 10m 以内高空作业的超高费用。超过 10m 的，其定额人工乘以系数 1.4 计取人工费。

五、本章定额已包括利用仪表测量绝缘及一般灯具的试亮工作。

[应用释义] 灯具安装各定额所综合的内容，除考虑灯具安装时共同需要的配线、

灯口、灯泡或灯管、吊线或吊链、配件组装等以外，还包括了一般灯具的试亮工作及导线绝缘测试仪表测量工作。

六、本章定额未包括电缆接头的制作及导线的焊压接线端子。如实际使用时，可套用有关章节的定额。

［应用释义］　接线端子：普通接线端子是指用于连接电气装置不同部分的导线。

电力电缆：将一根或数根绝缘导线综合而成的线芯裹以相应绝缘层，外面包上密封的包布（铝、塑料和橡胶），这种导线称为电力电缆。

电力电缆的作用是配电装置中传递操作电流、连接电气仪表、继电保护和自动回路等装置用的。由于电缆具有耐压性能好、敷设及维修方便、位置小等优点，所以在厂内的动力、照明、控制、通信多采用电缆。

常见的电线电缆的解释见第三章电缆工程第一节说明应用释义第五条释义。

电缆敷设综合了电缆头的制作安装，本章定额不包括电缆接头的制作及导线的焊压接线端了，如果使用时，可套用电缆工程相应定额。

第二节　工程量计算规则应用释义

一、各种悬挑灯、广场灯、高杆灯灯架分别以"10套"、"套"为单位计算。

［应用释义］　照明按照系统分类可分为一般照明、局部照明、混合照明、事故照明。

一般照明是提供整个面积上需要的照明；局部照明只供某一局部工作地点的照明；一般照明和局部照明往往混合使用称为混合照明；在重要的车间或工作场所有的还设有事故照明，当一般照明发生故障熄灭后，事故照明能保证工作人员不致中断工作。

照明用灯具按安装位置的不同，可分为悬挑灯、广场灯、高杆灯。这些灯具灯架制作以"10套"、"套"为单位计入工程量计算。

二、各种灯具、照明器件安装分别以"10套"、"套"为单位计算。

［应用释义］　照明灯具按其结构形式可分为开敞式灯具、封闭式灯具、完全封闭式灯具、密封式灯具。按照安装形式又可分为吸顶灯、壁灯、弯脖灯和吊灯等。吊灯又可分为软线吊灯、链吊灯和管吊灯等。

照明灯具的安装，分室内和室外两种。室内灯具安装方式，通常有吸顶式、嵌入式、吸壁式和悬吊式。室外灯具一般装在电杆上、墙上或悬挂在钢索上。

各种灯具、照明器具安装分别以"10套"、"套"为单位计取工程量。

三、灯杆座安装以"10只"为单位计算。

［应用释义］　灯杆座是用来固定光源，把光源的光能分配到所需要的方向，使光线集中，以便提高照度，同时还可以防止眩光以及保护光源不受外力、潮湿及有害气体的影响。

灯座有灯泡用灯座和荧光灯管用灯座。灯泡用灯座有插口和螺口两大类。300W及以上的灯泡均用螺口灯座，因为螺口灯座比插口好，能通过较大的电流。按其安装方式又可分平灯座、悬吊式灯座和管子灯座等。按其外壳材料又分为胶木、瓷质及金属三种灯座。

灯杆座安装以"10 只"为单位计算工程量。

第三节 定额应用释义

一、单臂悬挑灯架安装

1. 抱箍式

工作内容：定位，抱箍灯架安装，配线，接线。

定额编号 8-376～8-385 单臂悬挑灯架抱杆式 （P118～P119）

［应用释义］ 配线：配线是指对室内导线的线路敷设和安装，一般根据用材和敷设方式的不同，常分为瓷夹配线、瓷瓶配线、槽板配线和管道配线等多种。

接线：接线指导线与导线、导线与设备之间的连接，在这里指照明器具及灯具和导线之间的一般连线。

六角带帽螺栓：螺栓是有螺纹的圆杆和螺母组合成的零件，用来连接并紧固，可以拆卸。螺母是组成螺栓的配件。中心有圆孔，孔内有螺纹，跟螺栓的螺纹相啮合，用来使两个零件固定在一起，也叫螺帽。六角带帽螺栓是指螺帽内外围线呈六边形的螺栓。

单臂悬挑灯架抱杆式灯架包括单抱箍式和双抱箍式，双拉杆式和双臂架式四种。

2. 顶套式

工作内容：配件检查，安装，找正，螺栓固定，配线，接线。

定额编号 8-386～8-391 单臂悬挑灯架顶套式 （P120）

［应用释义］ 单臂悬挑灯架顶套式：顶套式单臂悬挑灯架是指它在安装时与电杆的连接方式为顶套，它与抱箍式的不同就是固定方式的不同。

灯具安装包括基础施工、电杆架立、拉线安装、灯架灯具安装等几个不同的过程。

二、双臂悬挑灯架安装

1. 成套型

工作内容：配件检查，定位安装，螺栓固定，配线，接线，试灯。

定额编号 8-392～8-397 成套型臂长（m 以下） （P121）

［应用释义］ 成套型双臂悬挑灯及底把的安装已经包含了制作、安装、拉紧装置、底把、底盘及挖填土方，可分为双臂悬挑灯架对称式和双臂悬挑灯架非对称式两种。适用于屋顶女儿墙、挑檐上及建筑物表面和垂直悬挂。灯泡间距 0.6m 一个，即 100m 线路长度内有 167 套灯具。如果设计与此不符合，可以根据设计数据编制补充定额。

2. 组装型

工作内容：配件检查，定位安装，螺栓固定，配线，接线，试灯。

定额编号 8-398～8-403 成套型臂长（m 以下） （P122）

［应用释义］ 组合型双臂挑灯组装完成后即为成套型双臂挑灯灯架，它的安装已经包含了制作、安装、拉紧装置、底把、底盘及挖填土方，分为双臂悬挑灯架对称式和双臂悬挑灯架非对称式。适用于屋顶女儿墙、挑檐上及建筑物表面的垂直悬挂。灯泡间距为 0.6m 一个。

三、广场灯架安装

1. 成套型

工作内容：灯架检查，测试定位，配线安装，螺栓紧固，导线连接，包头，试灯。

定额编号　8-404~8-415　灯高 11m 以下　灯高 18m 以下　（P123~P124）

［应用释义］　成套型广场灯架安装定额所综合的内容，除了考虑了灯具安装，共同需要的配线、灯口、灯泡或灯管、吊架、配件组装等以外，吊花灯安装还包含了金属软管、管内穿线、支架和刷漆等。

2. 组装型

工作内容：灯架检查，测试定位，灯具组装，配线安装，螺栓紧固，导线连接，包头，试灯。

定额编号　8-416~8-427　灯高 11m 以下　灯高 18m 以下　（P125~P126）

「应用释义］　同定额 8-404~8-415 的解释。

四、高杆灯架安装

1. 成套型

工作内容：测位，划线，成套吊装，找正，螺栓紧固，配线，焊压包头。

定额编号　8-428~8-433　灯火数（火）　（P127）

工作内容：测位，划线，成套吊装，找正，螺栓紧固，配线，焊压包头，传动装置安装，清洗上油，试验。

定额编号　8-434~8-439　灯火数（火）　（P128）

［应用释义］　"高杆灯安装"这个项目不含金属型钢支架费用，分为灯盘固定式和灯盘升降式。如果有金属型钢支架，则应该另外列项。例如，列项"半弧灯灯架"这项材料的工程量有 1‰ 的定额损耗，定额单价中已包含灯具主材，即已包含 1‰ 定额损耗。

2. 组装型

工作内容：测位，划线，组合吊装，找正，螺栓紧固，配线，焊压包头。

定额编号　8-440~8-445　灯火数（火）　（P129）

工作内容：测位，划线，组合吊装，找正，螺栓紧固，配线，焊压包头，传动装置安装，清洗上油，试验。

定额编号　8-446~8-451　灯火数（火）　（P130）

［应用释义］　组装型的高杆灯架，即为自行组装的灯架，组装成成套型灯架后可套用定额 8-428~8-439 的释义。

五、其他灯具安装

工作内容：打眼，埋螺栓，支架安装，灯具组装，配线，接线，焊接包头，校试。

定额编号　8-452~8-455　桥栏杆灯　（P131）

［应用释义］　对于重要的城市桥梁，在设计栏杆和灯具时应注意艺术造型上使之与周围环境和桥梁本身相协调。

1. 桥梁的基本组成部分

桥梁一般由以下几个部分组成：

桥跨结构是在线路中断时跨越障碍的主要承载结构。当需要跨越的幅度比较大，并且除恒载外要求安全地承受很大车辆荷载的情况下，桥跨结构的构造就比较复杂，施工也相当困难。

桥墩和桥台是支承桥跨结构并将恒载和车辆等活载传至地基的建筑物。通常设置在桥两端的称为桥台，它除了上述作用外，还与路堤相衔接，以抵抗堤土压力，防止路堤填土的滑坡和坍落。单孔桥没有中间桥墩。对于两端悬出的桥跨结构，则往往不用桥台而设置靠近路堤边坡的岸墩。桥墩和桥台中使全部荷载传至地基的底部奠基部分，通常称为基础。

2. 桥梁的主要类型

目前人们所见到的桥梁，种类繁多。

(1) 梁式桥

梁式桥是一种在竖向荷载作用下无水平反力的结构。由于外力的作用方向与承重结构的轴线接近垂直，故与同样跨径和其他结构体系相比，梁内产生的弯矩最大。

(2) 拱式桥

拱式桥的主要承重结构是拱圈或拱肋。这种结构在竖向荷载作用下，桥墩或桥台将承受水平推力。同时，这种水平推力将显著抵消荷载所引起在拱圈（或拱肋）内的弯矩作用。

(3) 刚架桥

刚架桥的主要承重结构是梁或板和立柱或竖墙体结合在一起的刚架结构，梁和柱的连结处具有很大的刚性。

(4) 吊桥

传统的吊桥均用悬挂在两边塔架上的强大缆索作为主要承重结构。吊桥也是具有水平反力的结构。

(5) 组合体系桥

根据结构的受力特点，由几个不同体系的结构组合而成的桥梁称为组合体系桥。

斜拉桥是一种主梁与斜缆相结合的组合体系悬挂在塔柱上的被张紧的斜缆将主梁吊住，使主梁像多点弹性支承的连续梁一样工作，这样既发挥了高强材料的作用，又显著减小了主梁截面，使结构减轻而能跨越很大的跨径。

3. 桥梁的栏杆和灯具

公路桥梁的栏杆作为一种安全防护设备，应考虑简单实用、朴素大方。栏杆高度通常为 80～100cm，有时对于跨径较小且宽度又不大的桥可将栏杆做得矮些（40～60cm）。栏杆柱间距一般为 1.6～2.7m。

在公路上的钢筋混凝土梁式桥常采用钢筋混凝土的栏杆构造。插于人行道梁预留孔内的栏杆柱的截面为 18cm×14cm，内配 4 根 $\phi10$ 的竖向钢筋，扶手的截面有 12cm×8cm，内配 4 根 $\phi8$ 的纵向钢筋。栏杆扶手用水泥砂浆固定在柱的预留孔内，应该注意，在靠近桥面伸缩缝处的所有栏杆，均应使扶手与柱之间能自由变形。这种栏杆的制造安装比较方便，而且节约钢材，本身重量也不大。

在城市桥上，以及城郊行人和车辆较多的公路桥上，都要设置照明灯具。照明灯具可以设在栏杆扶手的位置上，在较宽的人行道上也可设在靠近缘石处。照明用灯一般高出车道 5m 左右。对于美观要求较高的桥梁，灯具和栏杆的设计不但要由从桥上的观赏来考虑，而且也要符合全桥在立面上具有统一协调的艺术造型要求。钢筋混凝土灯柱的柱脚可以就地浇筑并将钢筋锚固于桥面中。铸铁灯具的柱脚可固定在预埋的锚固螺栓上。为了照明以及其他用途所需的电信线路等通常都从人行道下的预留孔道内通过。

定额编号　8-456～8-459　地道涵洞灯　（P132）

〔应用释义〕　涵洞：用来渲泄路堤下水流的构造物。通常在建造涵洞处路堤不中断。为了区别于桥梁，《公路工程技术标准》中规定，凡是多孔跨径的全长不到 8m 和单孔跨径不到 5m 的泄水结构物，均称为涵洞。

地道涵洞是在地道里设置的涵洞。地道涵洞灯是为了增加地道内的照度效果而设置的，其安装类似于其他一般场合灯具的安装。

六、照明器件安装

工作内容： 开箱检查，固定，配线，测位，划线，打眼，埋螺栓，支架安装，灯具组装，接线焊包头，灯泡安装。

定额编号　8-460　碘钨灯　（P133）

〔应用释义〕　碘钨灯的安装，必须保持水平位置，一般倾斜角不得大于 4°，否则将会影响灯管寿命。因为倾斜时，灯管底部将积聚较多的卤素和碘化钨，使引线腐蚀损坏，而灯的上部由于缺少卤素，不能维持正常的碘化钨循环，使玻璃壳很快发黑，灯丝烧断。

碘钨灯正常工作时，管壁温度约为 600℃ 左右，所以安装时不宜与易燃物接近，且一定要加灯罩。在使用时，应用酒精擦去灯管外壁油污，否则会在高温下形成污点而降低亮度。另外，碘钨灯的耐振性能差，不能用在振动较大的场所，更不宜作为移动光源使用。碘钨灯功率在 1000W 以上时，应使用胶盖瓷底刀开关。

定额编号　8-416　管形氙灯　（P133）

〔应用释义〕　管形氙灯是照明应用很广泛的光源，被称为第二代光源。

管形氙灯由灯管和电极组成：

灯管由玻璃制成的，内充有氙气，两端装有钨丝电极，并引至管外。管形氙灯工作时，首先要使钨丝电极通电加热，温度约达到 800～1000℃，目的是使电极具备热电子发射的条件。电极上还涂有钡、锶、钙等金属的氧化物，它们具有较低的逸出功，以便在较低的温度下就能产生热电子发射，因此氧化物又称为电子发射物质。通过启动附件，使两极之间产生高的电压脉冲，并在此高压电场下，使电极发射电子。发射的电子在管中撞击汞蒸气中的汞原子，使之激发，在去激发时汞原子产生光辐射。

管形氙灯的寿命一般是指有效寿命，即管形氙灯使用到光通量只有其额定光通量（即点燃 100 小时时的光通量）的 70% 为止。国产管形氙灯的寿命约为 3000～5000h。

影响管形氙灯光通量输出和光效的一系列因素都间接地影响着管形氙灯的寿命，而直接影响管形氙灯寿命的主要因素是灯丝电子发射物质的飞溅程度。两个电极中只要有一个电极的电子发射物质消耗完毕，该灯管就报废了。

管形氙灯作为一般照明用，其产量和使用量均是最大量的。它种类繁多，例如按颜色来分类，国内用量较大的主要有四种：日光色、（冷）白色、暖白色和三基色。除此之外，还有彩色管形氙灯。

定额编号 8-462 投光灯 （P133）

［应用释义］ 投光灯：投光灯的主要特点就是它发出的光聚集在一个有限的立体角内，因此应主要根据其光束扩散角的大小分类。投光灯粗略可分为三类：探照型、聚光型和泛光型。

探照型投光灯称为探照灯，它利用发光面积小，而亮度高的光源（例如氙灯），与抛物面反射镜的组合，使光限制在 2°左右的范围内，从而使获得光线几乎平行且具有极其强烈的光束。这类探照灯主要用于渲染夜间效果，也可用作远距离搜索或发送信号。

聚光型投光灯简称为聚光灯，它的光束角一般在 20°以内。聚光灯光束角狭小，光集中，主要用于远距离照明。

泛光型投光灯简称为泛光灯，它是投光灯的主要类型，因此也常称为投光灯。

投光灯安置主要考虑三个方面：首先应保证被照面有足够的照度和照度均匀度；其次应尽量减少眩光；第三应满足水平面照度和垂直面照度的要求。

投光灯的布置应根据被照场地的特点及其用途而定，并应保证必要的照明质量，包括有足够的照度和照度均匀度，眩光被有效地抑制或消失，阴影被削弱等。

定额编号 8-463 高压汞灯泡 （P133）

［应用释义］ 荧光灯以外的气体放电灯都属于第三代光源。荧光灯中汞蒸汽的压力极小，不足 133Pa（1torr），因此是一种低压汞灯。高压汞灯汞蒸汽的压力将是荧光灯汞蒸汽压力的数千倍，甚至更高。

由于高压汞灯中汞蒸汽压力高，原子间有着较强的相互作用，因此像荧光灯中汞原子与电子直接撞击而被激发的机会大大减小，高压汞灯中汞原子主要通过热激发产生辐射的。

高压汞灯的核心部件是放电管。放电管由耐高温的石英玻璃制成，管内抽成真空后充入氩气和汞，两端装有钨丝主电极，电极上涂有钡、锶、钙的金属氧化物作为电子发射物质，在放电管的一端还装有辅助电极，与同端的主电极非常接近。

当高压汞灯接通电源时，首先在同端的主辅电极之间发生放电，产生电子与离子，从而引发两个主电极间的放电。但开始的放电只是在氩气中进行，产生白色的光。随着放电时间的增长，放电管的温度不断地提高，汞蒸气的压力也逐渐上升，于是放电也逐渐转移到在汞蒸气中进行，发出的光也渐渐地由白色变为更明亮的蓝绿色。

放电管在工作时中心温度可达到 5500～6000K，管壁温度也可达到 400～600℃。为了减少热量损失，使放电管稳定地工作，一般高压汞灯的放电管封装在硬质玻璃制成的外泡中，外泡还能起到防止金属零件的氧化和防止有害的紫外线外泄。外泡内也要抽成真空，并充入惰性气体。外泡内壁根据需要可以涂敷荧光粉，以提高高压汞灯的发光效率或改善光色。

高压汞灯的启燃过程，即首先在主辅电极之间形成氩气的辉光放电，再转移到两个主电极之间的氩气弧光放电，此时灯管被加热，汞蒸气的压力不断上升，一直到放电在汞蒸气中进行，启燃过程结束。高压汞灯的启燃过程大约需要 4～8min。

高压汞灯熄灭后不能立刻再启燃，而必须等到灯冷却后才能启燃，所以再启燃时间要比启燃时间长一些，约 5～10min。当灯熄灭后，放电管内离子迅速复合，但温度仍很高，汞蒸气的压力也很高。

定额编号 8-464 高（低）压钠灯泡 （P133）

[应用释义] 高压钠灯是利用高压钠蒸气放电发光的一种高强度气体放电光源，其光辐射的波长集中在人眼感觉较灵敏的范围内，具有光效高、体积小、寿命长等特点。广泛应用于对显色性能要求不高的场所的照明。

高压钠灯与高压汞灯结构相似。由于钠金属对石英玻璃有较强的腐蚀作用，因此放电管采用半透明的多晶氧化铝陶瓷制作。放电管两端各装有一个工作电极，管内排除空气后充入氙气和钠汞齐（钠汞合金）。与金属卤化物灯一样，放电管外还套装有一个透明的玻璃外管。为防止雨滴飞溅到工作中的钠灯管上而引起炸裂，外管用耐热冲击的透明的硼硅酸盐玻璃制作。

高压钠灯放电管中充入氙气的作用是帮助钠灯启燃。当高压钠灯接通电源后，放电首先在氙气中进行。由于钠灯与金属卤化物灯一样，一般不装启燃触发装置。触发装置可以装在高压钠灯的放电管和外管之间，这是一种能产生脉冲电压的快速开关装置，用这种方法启燃时间比较长，我国用得较多的方法是外接触发器，这虽然会因增加了附属设备而使价格提高，但性能比较好，略缩短了启燃时间。当放电管中的氙气放电后，管内温度上升，使钠汞齐蒸发，形成钠、汞蒸气。高压钠灯的启燃时间也较长，用电子触发器进行外触发启燃可以缩短启燃时间，启燃时间约为 4～8min。

低压钠灯由放电管、外管和灯头组成。放电管用抗钠腐蚀的玻璃制成，呈 U 形，充入钠和帮助启燃用的氖氩混合气体，两端装有电极。套在放电管外的是外管，管内抽成真空，内壁涂有氧化铟等透明物质，能将红外线反射回放电管，使放电管温度保持在 270℃左右。

低压钠灯的辐射原理是低压钠蒸气中钠原子辐射，产生的几乎是波长为 589nm 的单色光，因此，光色呈黄色，显色性能差。由于低压钠灯发出的光集中在光谱光效率高的范围，所以发光效率高，在实验室条件下可达到 400lm/W，但成品一般在 100lm/W 左右。

低压钠灯可以用开路电压较高的漏磁变压器直接启燃，冷态启燃时间约为 8～10min。正常工作中的低压钠灯电源中断 6～15ms 不致熄灭。热态下的再启燃时间不足 1min。低压钠灯的寿命约为 2000～5000h，燃点次数对灯寿命影响很大，并要求水平燃点，否则也会影响寿命。

定额编号 8-465 白炽灯泡 （P133）

[应用释义] 白炽灯：凡是根据热辐射原理工作的光源可称为白炽灯。目前常用的白炽灯有两类：普通白炽灯和卤钨灯。

1. 普通白炽灯

普通白炽灯是最早出现的电光源，称做第一代光源，由玻璃外壳、灯丝、支架、引线和灯头等部分组成。

普通白炽灯的灯丝用钨丝制成。根据黑体辐射原理，只有当黑体的温度达到 5000K 左右时才成白炽色，且可见光成分占其辐射总能量的比例也最大。钨的熔点约 3680K，无法达到白炽温度。但为了提高普通白炽灯的发光效率，应尽可能地提高钨丝的工作温度。

理论上钨丝加热后可以发出色温为 3500K 的光，但实际上使用的普通白炽灯能达到的色温不超过 3000K。为了提高钨丝的温度，从而提高普通白炽灯的发光效率，灯丝一般制作成螺旋形的。采用螺旋形灯丝可以减少热量散发，有利于灯丝温度的提高和减小电功率的消耗。大功率的普通白炽灯或低压普通白炽灯具有较粗的灯丝，有利于提高灯丝温度，从而提高了光效。

普通白炽灯玻璃泡内一般先抽成真空，然后再充以一定比例的氩、氮混合气体。普通白炽灯在工作时灯丝温度很高，钨很容易被蒸发，使灯丝变细，造成灯丝损坏。充气的第一个作用就是能有效地抑制钨的蒸发，提高其使用寿命。充气的第二个作用是使蒸发出来的钨粉末，由于气体的对流作用而向上运动，使之附着在灯泡的上方玻璃壳上，这样就会减小白炽灯光通量的衰减。

如果玻璃泡内改充氪和氙的混合气体，则因其热传导小，可进一步提高普通白炽灯光的光效，但价格也会随之大幅度提高。

40W 及以下的普通白炽灯，由于其工作温度不高，如再充以气体，因对流作用使灯丝温度进一步下降，从而影响其光效。因此这种小功率普通白炽灯一般采用真空形式。

普通白炽灯的玻璃外壳用一般玻璃制造，根据不同的用途做成各种不同的形状。大部分普通白炽灯的玻璃外壳是透明的，但为了降低光源表面的亮度，有些灯采用磨砂玻璃或涂有白色涂料的玻璃制成。有些灯泡做成反射型的，即外壳的上半部分（靠灯头部分）镀一层反光铝膜。

普通的白炽灯灯头起着固定灯泡和接通电源的作用。常用的灯头形式有两种：即插口灯头和螺口灯头。插口灯头接触面小，灯功率大时接触处温度过高，故只用于小功率普通白炽灯。螺口灯头接触面较大，可用于大功率的电灯泡。

2. 卤钨灯

卤钨灯的工作原理与普通白炽灯一样，但结构上有较大的差别。最突出的一点是卤钨灯管（泡）内在充入气体的同时加入了微量的卤素物质。

在普通白炽灯中由于灯丝加热使钨原子从灯丝表面蒸发出来，并最后附着在玻璃泡的内壁上，这不仅会使玻璃泡发黑而影响光通量的输出，还会影响灯的寿命。在卤钨灯中同样存在着钨原子从加热的灯丝上被蒸发出来的现象。由于卤钨灯管（泡）内充入了微量的卤素化合物，被蒸发的钨原子将与卤素化合物起化学反应，在管（泡）壁附近生成卤化钨。当管（泡）壁温度较高时，卤化钨不能附着在内壁上，防止了管（泡）壁的发黑。当卤化钨在管（泡）壁附近聚集得较多时，将向卤化物密度较小的灯丝方向扩散。因灯丝温度很高，使卤化钨在灯丝附近分解，分解出来的卤素又会与其他蒸发出来的钨反应，而分解出来的钨则被吸附到灯丝表面。这样的化合和分解的循环称为卤钨再生循环。

由于卤钨循环有效地抑制了钨的蒸发，所以可以延长卤钨灯的使用寿命，同时可以进一步提高灯丝温度，获得较高的光效，并减小了使用过程中的光通量衰减。

500W 以上的大功率卤钨灯一般制成管状。为了使生成的卤化钨不附着在管壁上，必须提高灯丝温度，因此卤钨灯的玻璃管要用耐高温的石英玻璃或高硅氧玻璃制成。管状卤钨灯因为管壁离灯丝较近，容易提高温度，保证了卤钨循环的正常进行。又因灯的温度很高，故两端的引出线只能用稳定性高的钼箔。以上一些因素导致了卤钨灯成本高，价格高。

定额编号　8-466～8-470　照明灯具　（P134）

［应用释义］　灯具的作用是固定光源，控制光线，把光源的光能分配到所需要的方

向，使光线集中，以便提高照度，同时还可以防止眩光以及保护光源不受外力、潮湿及有害气体的影响。

灯具安装一般在配线完毕之后进行，其安装高度一般不低于 2.5m，在危险性较大及特别危险的场所，如灯具高度低于 2.4m，应采取保护措施或采用 36V 及以下安全电压供电。

1. 灯具的结构

通常我们把灯座和灯罩的联合结构称为灯具。

(1) 灯座

灯座是用来固定电源的，有灯泡用灯座和荧光灯管用灯座。灯泡用灯座有插口和螺口两大类。300W 及以上的灯泡均用螺口灯座，因为螺口灯座接触比插口好，能通过较大的电流。按其安装方式又可分为平灯座、悬吊式灯座和管子灯座等。按其外壳材料又分为胶木、瓷质及金属三种灯座。

(2) 灯罩

灯罩的作用是控制光线，提高照明效率，使光线集中，同时也保护灯泡不受机械损伤与污染。灯罩的形式很多，按其材质分有玻璃罩、塑料罩和金属罩。按其反射、透射等作用有漫反射灯罩、定向反射灯罩、折射光灯罩和漫透射灯罩等。

2. 常用灯具

(1) 工厂灯具

工厂灯的类别比较多，有配照型工厂灯、广照型工厂灯、探照型工厂灯等。主要用于工厂车间、仓库、运动场及室内外工作场所的照明。

(2) 荧光灯具

荧光灯形式多种多样，按它们适用范围及安装方式分有简式荧光灯、密闭荧光灯，还有吊杆式、吊链式以及吸顶式。

3. 灯具安装

照明灯具的安装，分室内和室外两种。室内灯具安装方式，通常有吸顶式、嵌入式、吸壁式和悬吊式。悬吊式又可分为软线吊灯、链条吊灯和钢管吊灯，室外灯具一般装在电杆上、墙上或悬挂在钢索上等。

(1) 吊灯的安装

安装吊灯需要吊线盒和木台两种配件。木台规格应根据吊线盒或灯具法兰大小选择，既不能太大，又不能太小，否则影响美观。当木台直径大于 75mm 时，应用两只螺栓固定，在砖墙或混凝土结构上固定木台时，应预埋木砖、弹簧螺钉或采用膨胀螺栓。在木结构上固定时，可用木螺钉直接拧牢。为保持木台干燥，防止受潮变形开裂，装于室外或潮湿场所内的木台应涂防腐漆。装木台时，应先将木台的出线孔钻好、锯好进线槽，然后电线从木台出线孔穿出（导线端头绝缘部分应高出台面）。将木台固定好，再在木台上装吊线盒，从吊线盒的接线螺丝上引出软线。

软线的另一端接到灯座上。由于拉线螺钉不能承受灯的重量，所以，软线在吊线盒及灯座内应打线结，使线结卡在出线孔处。

软线吊灯重量限于 1kg 以下，超过者应加吊链或钢管。采用吊链时，灯线宜与吊链编叉在一起；采用钢管时，其钢管内径一般不小于 10mm，当吊灯灯具重量超过 3kg 时，应预埋吊钩或螺栓。固定花灯的吊钩，其圆钢直径不应小于灯具吊挂销钉的直径，且不得小于 6mm。

（2）吸顶灯的安装

吸顶灯的安装一般可直接将木台固定在顶棚的预埋木砖上或用预埋的螺栓固定，然后再把灯具固定在木台上。若灯泡与木台距离太近（如半扁灯罩），应在灯泡与木台间放置隔热层（石棉板或石棉布）。

（3）壁灯的安装

壁灯可以安装在墙上或柱子上，当安装在墙上时，一般在砌墙时应预埋木砖，禁止用木楔代替木砖；当安装在柱子上时，一般应在柱子上预埋金属构件或用抱箍将金属构件固定在柱子上。还可以用塑料胀管法把壁灯固定在墙上。

（4）荧光灯的安装

荧光灯的安装方式有吸顶、吊链和吊管几种。安装时应注意灯管和镇流器、启辉器、电容器要互相匹配，不能随便代用。特别是带有附加线圈的镇流器，接线不能接错，否则要损坏灯管。

（5）高压水银荧光灯的安装

高压水银荧光灯的安装要注意分清带镇流器的和不带镇流器。带镇流器的一定要使镇流器与灯泡相匹配，否则，会立即烧坏灯泡。安装方式一般为垂直安装。因为水平点燃时，光通量减少约 70%，而且容易自熄灭。镇流器宜安装在灯具附近、人体触及不到的地方，并应在镇流器上覆盖保护物。

高压水银荧光灯线路常见故障如下：

① 不能启辉。一般由于电源电压过低或灯泡内部损坏等原因引起。

② 只能亮灯芯。一般由于灯泡玻璃破碎或漏气等原因引起。

③ 开而不亮。一般由于停电、熔丝烧断、连接导线或镇流器、灯泡烧毁所致。

④ 亮后突然熄灭。一般由于电源电压下降，或线路断线、灯泡损坏等原因所致。

⑤ 忽亮忽灭。一般由于电源电压波动在启辉电压的临界值上，灯座接触不良，接线松动等原因所致。

（6）碘钨灯的安装

碘钨灯的安装，必须保持水平位置，一般倾斜角不得大于 4°，否则将会影响灯管寿命。因为倾斜时，灯管底部将积聚较多的卤素和碘化钨，使引线腐蚀损坏，而灯的上部由于缺少卤素，不能维持正常的碘化钨循环，使玻璃壳很快发黑，灯丝烧断。

碘钨灯正常工作时，管壁温度约为 600℃左右，所以安装时不能与易燃物接近，且一定要加灯罩。在使用时，应用酒精擦去灯管外壁油污，否则会在高温下形成污点而降低亮度。另外，碘钨灯的耐振性能差，不能用在振动较大的场所，更不宜作为移动光源使用。碘钨灯功率在 1000W 以上时，应使用胶盖瓷底刀开关。

定额编号　8-471　镇流器　（P135）

［应用释义］　在荧光灯启动时，它需要一个高压，首先要使钨丝电极通电加热，目的是使电极具备热电子发射的条件，以便在较低的温度下就能产生热电子发射，通过启动附件，使两极之间产生高的电压脉冲，并在此高压电场作用下，使电极发出电子。在启动正常后，日光灯的正常运行所需的电流电压很低，这些电流电压的升降就是通过镇流器来

实现的。

定额编号 8-472 触发器 （P135）

[应用释义] 当高压灯具接通电源时，首先在同端的主辅电极之间发生放电，产生电子与离子，从而引发两个主电极间的放电。但开始的放电只是在氩气中进行，产生的是白色的光。随着放电时间的增长，放电管的温度不断地提高，汞蒸气的压力也逐渐上升，于是放电也逐渐转移到汞蒸气中进行，发出的光也渐渐地由白色变为更明亮的蓝绿色。

高压灯的启燃过程，即首先在主辅电极之间形成氩气的辉光放电，再转移到两个主电极之间的氩气弧光放电，此时灯管加热，高压蒸气的压力不断上升，一直到放电在蒸气中进行，启燃过程结束。

定额编号 8-473 电容器 （P135）

[应用释义] 电容器：电容器是一种聚集电荷的元件，与电容器本身的几何尺寸及其极板间的电介质的特性有关。

电容器通常安装在电容器室内，也可安装在生产车间，放置在钢支架上或混凝土台上。比较多的采用静电电容器屏，可单独安装，亦可和配电柜并列安装。

1. 电容器安装前的检查

电容器安装之前应首先核对其规格、型号，应符合设计要求。外表无锈蚀，且外壳应无凹凸缺陷，所有接缝均不应有裂缝或渗油现象。出线套管芯棒应无弯曲或滑扣现象；引出线端连接用的螺母、垫圈应齐全。

若检查发现有缺陷或损伤的应更换或修理，但在检查过程中不得打开电容器油箱。

2. 电容器的安装

电容器安装时，首先应根据每个电容器铭牌上所示的电容量按相分组，应尽量将三相电容量的差值调配到最小，其最大与最小的差别不应超过三相平均电容值的 5%，然后将电容器放在构架上。电容器构架应按水平及垂直安装，固定应牢靠，油漆应完整。电容器水平放置行数一般为一行，同一行电容器之间的距离一般不应小于 100mm；上下层数不得多于 3 层，上中下三层电容器的安装位置要一致，以保证散热良好，且忌层与层之间放置水平隔板，避免阻碍通风。

电容器的放置应使其铭牌面向通道一侧，并应有顺序编号。

电容器端子的连接线宜采用软导线，注意接线应对称一致，整齐美观。电容器组与电网连接采用铝母线，但应注意连接时不要使电容器出线套管受到机械应力。最好将母线上的螺栓孔加工成椭圆长孔，以便于调节。

凡不与地绝缘的每个电容器的外壳及电容器的构架均应接地；凡与地绝缘的电容器外壳应接到固定电位上。

定额编号 8-474 风雨灯头 （P135）

[应用释义] 风雨灯头是在野外为防止灯具或灯泡等部位被雨淋湿引起触电及线路短路等不利情况而设置的。它是用来固定光源的。

七、杆座安装

工作内容：座箱部件检查，安装，找正，箱体接地，接点防水，绝缘处理。

定额编号 8-475~8-476 成套型 （P136）

　　［应用释义］　灯杆座是用来固定电源，把光源的光能分配到所需要的方向，使光线集中，以便提高照度，同时还可以防止眩光以及保护光源不受外力、潮湿及有害气体的影响。

　　灯座有灯泡用灯座和荧光灯管用灯座。灯泡用灯座有插口和螺口两大类。300W及以上的灯泡均用螺口灯座，因为螺口灯座比插口好，能通过较大的电流。按其安装方式又可分平灯座、悬吊式灯座和管子灯座等。

　　定额编号　8-477～8-479　组装型　　（P136）

　　［应用释义］　组装型的灯杆座是组装成型的成套灯杆座。

第六章 防雷接地装置工程

第一节 说明应用释义

一、本章定额适用于高杆灯杆防雷接地，变配电系统接地及避雷针接地装置。

[应用释义] 变配电系统：为了接受和改变从电力系统传来的电能，以满足照明、动力以及工业用电的要求，我们通过变配电系统达到这一目的。引入电源不经过电力变压器变换，直接以同级电压重新分配给附近的变电所或供给各用电设备的电能供配场所称为配电所；而将引入电源经过电力变压器变换成另一级电压后，再由配电线路送至各变电所或供给各用户负荷的电能供配场所称为变配电所，简称变电所。

高杆灯杆的防雷接地：为保证高杆灯在正常或事故情况下可靠地运行，人为地将电力系统的中性点（如线路接线的中性点）直接或经消弧线圈、电阻、击穿熔断器等与地作金属连接。

可以用两种方式来实现。一种是中性点直接接地称为大电流接地系统，一种是中性点不接地或经消弧线圈接地，称为小电流接地系统。高杆灯杆的接地通常采用小电流接地系统。

变配电系统的输电线路很广，线路上常发生雷电、过电压，入侵波常常侵入变电所，因而变电所中常采用阀型避雷器来防止侵入雷电给设备及线路带来危害。

1. 阀型避雷器

阀型避雷器由火花间隙和非线性电阻片两种元件组成，装在密封的磁套管内，上端接线路，下端接地。

阀型避雷器的火花间隙根据额定电压高低，由相应数量的单个间隙叠合而成。每个间隙由两个一定形状的黄铜片电极组成，电级中间用一个 0.5～1mm 云母垫圈隔开。由于电极距离小，电场比较均匀，可得到较平坦的放电伏秒特性。

阀片由电工用金刚砂和粘合剂在一定温度下烧结而成。

雷电流通过阀电阻时形成电压降，这就是残余的过电压，称为残压。因为残压要加在被保护设备上。所以残压不能超过设备绝缘允许的耐压值，否则，设备绝缘仍要被击穿。避雷器的残压与雷电流大小及波形有关。

2. 避雷器与主变压器的电气距离

见定额编号 8-35 避雷器释义。

3. 避雷器与变电所防雷进线段的保护接线

见定额编号 8-35 避雷器释义。

4. 直配电机防雷保护接线

见定额编号 8-35 避雷器释义。

5. 配电变压器的防雷保护接线

3～10kV 配电变压器，应用三相阀型避雷器保护，也可用两相阀型避雷器一相保护间隙，但要注意同一配电网保护间隙应装设在同一相导线上，以防雷击时间隙放电造成的相间短路。

保护装置应尽量靠近变压器安装，以提高保护效果。其接地线应与变压器低压侧中性点及金属外壳连接在一起接地，以保证当变压器高压侧遭雷击，使避雷器放电时，变压器绝缘上仅承受避雷器的残压。

避雷针一般用镀锌圆钢（针长 1～2m 时，直径不小于 16mm）或镀锌焊接钢管（针长 1～2m 时内径不小于 25mm）制成。它通常安装在电杆（支柱）或构架、建筑物上。它的下端要经过引下线与接地装置焊接、避雷针的功能是引雷作用，单根避雷针防范范围为：

$$r = 1.5h$$

式中 r——地面防雷半径；

h——接闪器距地面高度。

如果建筑物较长或面积较大时，可采用两根或多根避雷针联合保护。

避雷针下端要经引下线与接地装置焊接。如采用圆钢，直径不得小于 8mm（暗设时可利用建筑结构内主筋）；如采用扁钢，截面不得小于 48mm²，厚度不得小于 4mm。装设在烟囱上的引下线，圆钢直径不得小于 12mm；扁钢截面不得小于 100mm²，厚度不得小于 4mm。这些扁钢或圆钢均须镀锌或涂漆。

二、接地母线敷设定额按自然地坪和一般土质考虑的，包括地沟的挖填土和夯实工作，执行本定额不应再计算土方量。如遇有石方、矿渣、积水、障碍物等情况可另行计算。

[应用释义] 为了安装方便，可把 2～3 段接地线汇成一根母线接地，称为接地母线，它通过支架架设。

当固定钩或支持托板埋设牢固后，即可将调直的扁钢或圆钢放在固定钩或支持托板内进行焊接固定。在直线段上不应有高低起伏及弯曲等现象。当接地母线跨越建筑物伸缩缝、沉降缝时，应加设补偿器或将接地母线本身弯成弧状。

接电气设备的接地母线多埋入混凝土中，一端接电气设备，一端接距离最近的接地母线。接地母线应配合土建在浇注混凝土时埋设。应注意的是所有电气设备应单独埋设接地母线，不可将电气设备串联接地。

室外接地母线引入室内时要注意转换时预留伸缩长度。为了便于测量接地电阻，当接地母线从室外引入室内时，必须用螺栓与室内接地母线连接。

接地电阻是接地体的流散电阻与接地线电阻的总和。一般接地线的电阻很小，可以略去不计，因此可以认为接地体的流散电阻就是接地电阻。

接地母线敷设定额按自然地坪和一般土质考虑的，包括地沟的挖填土和夯实工作，执行本定额不应再计算土方量。如遇有石方、矿渣、积水、障碍物等情况可另行计算。

三、本章定额不适用于采用爆破法施工敷设接地线、安装接地极，也不包括高土壤电阻率地区采用换土或化学处理的接地装置及接地电阻的测试工作。

[应用释义]　"接地装置安装"项目已经综合挖填土方、接地极、接地母线、接地电阻测试、断接卡子、局部保护管等。

注意接地装置综合的母线只到断接卡子为止，从断接卡子到配电箱柜之间如果还有接地母线是重复接地，而且不做断接卡子，则测量接地电阻时在配电箱处把接地母线断开测量。

本章定额不适用于采用爆破法施工敷设接地线、安装接地极，也不包括高土层电阻率地区采用换土或化学处理的接地装置及接地电阻的测试工作。

四、本章定额避雷针安装、避雷引下线的安装均已考虑了高空作业的因素。

[应用释义]　避雷针：一般用镀锌圆钢。

钢索架设。云层与地面上建筑物也产生放电，造成建筑物受到雷击。由于云层集的电荷蕴藏大量的能量，所以在云层放电产生雷击时释放出为数可观的电能，使受到雷击的建筑物和电气设备受到严重损毁。

一般建筑物突出的地方很容易受到雷击，像高层建筑，高大烟囱，电视发射塔，及高大的古代建筑物，都容易引雷。因此，这些地方都要采取防雷措施。

雷电对人和物的危害主要有以下几个方面：

(1) 雷电对地面产生直接雷击。当雷电产生直接雷击时，释放很大的电流，而且放电时间短促，会产生大量热能，使被雷击的金属熔化，木质设备燃烧。易燃、易爆物品起火爆炸时，人畜伤亡，造成巨大的经济损失。直接雷击造成的危害最大。

(2) 感应雷击。在云层中发生雷电时，会产生巨大的雷电电流。这些雷电电流产生磁效应和电磁感应，使落雷区的导体产生数十万伏的感应电压。这些感应电压将电气设备绝缘材料击穿，也产生放电现象，造成设备间火花放电，引起电气设备损坏和火灾，同时也会使人体触电伤亡。

(3) 雷击产生机械力，使被击中的物体发热剧烈膨胀或急速蒸发，导致这些物品炸裂。

(4) 雷击时在雷击点附近产生跨步电压，使附近人畜进入后承受较高跨步电压而发生触电。

跨步电压：雷击时，在雷击点附近不同地点产生的不同的较高电压。

接闪器：接闪器是专门用来接受直接雷击（雷闪）的金属物体。

避雷针：接闪的金属杆，称为避雷针。

五、本章定额避雷针按成品件考虑的。

[应用释义]　本章定额避雷针是按成品件考虑的，不是按零配件考虑的。

第二节　工程量计算规则应用释义

一、接地极制作安装以"根"为计量单位，其长度按设计长度计算，设计无规定时，按每根 2.5m 计算，若设计有管帽时，管帽另按加工件计算。

[应用释义]　当利用建筑物的钢筋或钢结构作为接地极时，同时建筑物的大部分钢筋、钢结构等金属物与被利用的部分连成整体时，金属物或线路与接地极之间的距离可不受限制；当金属物或线路与接地之间有自然接地极或人工接地的钢筋混凝土构件、金属板、金属网等静电屏蔽物隔开时，金属物或线路与接地极的距离不受限制。当金属物或线路与接地极之间有混凝土墙、砖墙隔开时，混凝土墙的击穿强度应与空气击穿强度相同；砖墙的击穿强度应为空气击穿强度的 1/2。

接地极制作安装以"根"为计量单位，其长度按设计长度计算，设计无规定时，按每根 2.5m 计算，若设计有管帽时，管帽可按加工件计算。

二、接地母线敷设，按设计长度以"10m"为计量单位计算。接地母线、避雷线敷设，均按延长米计算，其长度按施工图设计水平和垂直规定长度另加 3.9% 的附加长度（包括转弯、上下波动、避绕障碍物、搭接头所占长度）。计算主材费时另加规定的损耗率。

[应用释义]　接地母线：接地母线就是将引下线送来的雷电流分送到接地极的导体。
接地母线挖地沟土质系按一般土质综合考虑的，如遇土质不同（指遇有石方、矿渣、积水、流砂、障碍物等）可套用相应定额进行换算。户外接地沟、沟深 7.50m，每米沟长的土方量为 0.34m³，如果设计要求深度不同时，按实际土方量计算。
避雷线：避雷线一般用截面不小于 25mm² 的镀锌钢绞线，架设在架空线路的上边，以保护架空线路免遭直接雷击。其功能与避雷针的功能基本相同。
避雷线敷设套用避雷网安装定额，若是平面上敷设避雷线套用"沿混凝土块敷设"项目，若是混凝土折板屋顶或其类似屋面上敷设，就套用"沿折板支架敷设"项目，以 10m 为单位计算，定额不包括避雷线材料费。

三、接地跨线以"10 处"为计量单位计算。按规程规定凡需作接地跨接线的工作内容，每跨接一次按一处计算。

[应用释义]　接地跨接线：接地线采用焊接方法固定的过伸缩缝的做法，接地线跨过伸缩缝时，使其向上弯曲跨过，弯曲半径 $R=70mm$，弓形跨接件采用弓形胀板与接地母线焊接。以"10 处"为计量单位计算。

第三节　定额应用释义

一、接地极（板）制作安装

工作内容：下料，尖端加工，油漆，焊接并打入地下。

定额编号　8-480～8-481　钢管接地极　（P140）

[应用释义]　　钢管：管材为钢结构的管道。

其特点参见定额编号 8-198 钢管释义。

钢管接地极：钢管接地极是指用钢管作为接地装置的防雷接地的一种方法。

对地电压、接触电压、跨步电压：

1. 对地电压

电气设备从接地外壳及接地体到 20m 以外的零电位之间的电位差称为接地时的对地电压。

2. 接触电压

在接地回路里，人体同时触及具有不同电压的两点，加在人体两点之间的电压差称为接触电压。当人站在地上手触碰远离接地体 20m 以上的带电设备外壳时，如略去接地线的电阻，则手足间承受的接触电压最大，其值为漏电设备对地电压与人所站立的地面电压之差，近似于接地体的对地电压。

3. 跨步电压

跨步电压是指人的双脚站在具有不同电位的地面上时，在人的两脚间所承受的电位差。显然跨步电压与跨步大小有关。

计算跨步电压时，人的跨距一般取 0.8m，一般距接地体越近，跨步电压越大，离开接地体 20m 以外时，跨步电压为零。

接地电阻及其要求：

1. 接地电阻

接地电阻是接地体的散流电阻与接地线和接地体电阻的总和。工频接地电流流经接地装置所呈现的接地电阻称为工频接地电阻；雷电流流经接地装置所呈现的接地电阻称为冲击接地电阻。接地电阻的大小主要取决于接地装置的结构和土层导电能力，故其主要与土层电阻，接地线、接地体等因素有关。

（1）土层电阻。土层电阻的大小用土层电阻率来衡量。影响土层电阻率的因素很多，如土层的含水率、温度、化学成分等。而土层的含水量和温度均受季节的影响，故土层电阻率很不稳定。

（2）接地线。为了节约金属，减少投资，可利用能满足要求的自然导体作接地线，而不必再装设人工接地线，在市政施工中可用作自然接地线的有建筑物的金属外壳、金属管道、配电装置外壳、电缆外皮及没有可燃和爆炸危险的工业管道等。

采用自然接地线时一定要保证可靠的电气连接，在建筑物的金属外壳处，除已焊牢部分外，对于用螺栓等连接的必须采用跨接焊接。作接地干线用的其跨接线采用扁钢，截面不得小于 $100mm^2$。作接地支线用的其跨接线所用扁钢截面积不得小于 $48mm^2$，对于暗敷管道和用来接零线的明敷管道，其接合处的跨接线可用直径不小于 6mm 的圆钢。利用电缆金属外皮作接地线时，一般应有两根，否则应与电缆平行敷设一根直径为 8mm 圆钢或 $4×12mm$ 扁钢，其两端与电缆金属外皮相连作为辅助接地线。

装设人工接地线通常采用型钢，较少考虑用有色金属，并要保证接地线的金属强度。按机械强度选择的最小接地导线截面应符合规范的规定。对中性点接地系统的接地线应校验短路情况下的热稳定。对中性点，不接地的小电流接地系统，按地上部分 150℃，地下部分 100℃来考虑接地线，选择接地时进行换算以检验是否超过容许值。

此外，设计时也可根据运行经验简单估算，如对系统接地干线其载流量不小于相线允许值的 50%，由分支线供电的单独用电设备，接地支线应不低于相线容许载流量的 1/3，但接地线截面一般不超过：钢为 100mm²，铜为 25mm²，铝为 35mm²，因达到了这种强度，所以均能满足机械强度和热稳定性的要求。

（3）接地体电阻。接地体本身的电阻很小，与散流电阻相比，可以忽略不计。接地电阻的数值主要取决于接地体结构选择的好坏。

2. 对接地电阻的要求

对于 TT 系统和 IT 系统中电气设备外露可导电部分的保护接地电阻 R_E，应满足在接地电流 I_E 通过 R_E 时产生的对地电压 $U_E \leqslant 50V$（安全电压值）。如果漏电继电器的动作电流 $I_{op(E)}$ 取为 30mA，即可知 $R_E \leqslant 50V/0.03A = 1667\Omega$。这一接地电阻值很大，是容易满足要求的。但为确保安全，在不同情况下电力系统对接地电阻的要求不一样。

接地体装设：

1. 一般要求

在接地体设计时，应首先充分利用自然接地体，以节约投资，节省钢材。如果实地测量所利用的自然接地体电阻已能满足要求，而且这些接地体又能满足热稳定性条件时，就不必再装设人工接地体。

电气设备的人工接地装置的布置，应使接地装地附近的电位分布尽可能均匀，以降低接触电压和跨步电压，确保人身安全。如接触电压和跨步电压超过规定值时，应采取措施。

2. 自然接地体的利用

自然接地体主要有：地下水管道、非可燃或非爆炸性液、气金属管道、行车的钢轨、敷设于地下而数量不少于两根的电缆金属外皮、建筑物的钢结构的接合处，除已焊接者外，凡用螺栓连接或其他连接的，都要采用跨接焊接，而且跨接线尺寸不得小于规定值。

3. 人工接地体的装设

（1）单根人工接地体的装设。人工接地体有垂直埋设和水平埋设两种基本结构形式。

最常用的垂直接地体为直径 50mm，长 2.5m 的钢管。如果采用直径小于 50mm 的钢管，则由于钢管的机械强度较小，易弯曲，不适于采用机械方法打入土中。直径如大于 50mm，散流电阻降低作用不大，例如增加到 φ125mm，比 φ50mm 时散粒电阻仅减少 15%，而钢材却贵了很多，不经济。长度小于 2.5m，散流电阻减小不明显。实践证明采用垂直装设长 2.5m，直径 50mm 的管形接地体最为经济合理。此外，还可垂直埋设角钢、水平埋设扁钢和圆钢等。为了减少外界温度、湿度的变化对散流电阻的影响，管的顶部距地面一般要求不小于 500~700mm。

（2）多根接地体的装设。在供配电系统中，单根接地体接地电阻有时不能满足要求，常将多根垂直接地体排列成行并以钢带并联起来，构成组合式接地装置。当多根接地体相互靠拢时，由于相互间磁场的影响，入地电流的流散受到排挤，其电流分布应符合电流允许值的需要。这种影响入地电流流散的作用，称为屏蔽效应。由于这种屏蔽效应，使得接地装置的利用率下降，所以垂直接地体的间距一般不宜小于接地体长度的 2 倍，水平接地体的间距一般不宜小于 5m。

（3）环路接地体及接地网的装设。由上所述，采用单根接地体，电位分布很不均匀，人体仍不免受到触电威胁，当单根接地体干线断线，则接地装置不起作用。采用多根并列接地体由于屏蔽作用也存在着一定的缺陷，因而在市政供电系统中广泛采用环路接地体。

环路接地体沿墙壁外侧每隔一定距离埋设接地的钢管（如果距离特别宽大，中间还加装互相平行的均压带，一般距离为 4～5m），并用扁钢把钢管连接成一个整体。环路接地体的电位分布比较均匀，在环路网路内设备发生碰壳接地时，尽管设备对地电压仍很高，但由于接地网络内环路接地体电位分布比较均匀，可使接触电压和跨步电压大大减少，从而使触电危险得以减轻。为使环路接地体电位分布更均匀，可将许多自然接地体，如自来水管、建筑物的金属外壳等同接地网络连成一体。但流有可燃性气体、可燃或可爆液体的管道严禁作为接地装置。

4. 防雷装置的接地要求

避雷针宜装设独立的接地装置，而且避雷针及其接地装置，与被保护的建筑物和配电装置及其接地装置之间应按设计规范规定保持足够的安全距离，以免雷击时发生安全事故。

为了降低跨步电压，防护直击雷的接地装置距离建筑物出入口及人行道不应小于3m。当小于 3m 时，应采取下列措施：

（1）水平接地体局部深埋不小于1m；

（2）水平接地体局部包以绝缘体；

（3）采用沥青碎石路面，或在接地装置上面敷设 50～80mm 的沥青层，其宽度超过接地装置 2m。

当接地极的位置距离建筑物外墙小于 3m 时，或是设在楼门附近、人行道附近时，需要在接地装置上铺设沥青层，而本定额未包括，可以另外编制补充定额。

定额编号 8-482～8-483 角钢接地极 （P140）

[应用释义] 角钢：将钢锭加热至 1150～1300℃，通过轧钢机上的旋转轧辊热轧成钢坯，再通过一系列轧辊，使钢坯的截面逐渐缩小，长度逐渐增加，最后轧成"L"形的型钢。角钢分等边角钢和不等边角钢两种。

人工接地体的垂直接地体的安装一般选用镀锌角钢作接地极。角钢一般选用⌴40×40×5或⌴50×50×5 两种规格，其长度一般为 2.5m。

接地体的安装：

（1）接地体的加工。垂直接地体多使用角钢或钢管，一般应按设计所提数量和规格进行加工。通常情况下，在一般土层中采用角钢接地体，在坚实土层中采用钢管接地体。

为便于接地体垂直打入土中，应将打入地下的一端加工成尖形，其形状如刀锋形。为防止将角钢打劈，可用圆钢加工成一种护管帽套入尖端，或用一块短角钢焊在接地角钢的一端。

（2）挖沟。装设接地体前，须沿接地体的线路先挖沟，以便打入接地体和敷设连接这些接地体的扁钢。由于地表层容易冰冻，冰冻层会使接地电阻增大，且地表层容易被挖掘，会损坏接地装置。因此，接地装置须埋于地表层以下，一般埋设深度不应小于0.6m。

挖沟时如附近有建筑物或构筑物时，沟的中心线与建筑物或构筑物的距离不宜小于 1.5m。

（3）敷设接地体。沟挖好后应尽快敷设接地体，以防止塌方。接地体打入地中时一般采用手锤冲击，一人扶着接地体，一人用大锤打接地体顶部。使用手锤打接地体时，要求要平稳。当接地体打入土中能够自然直立时，则可以不用人扶持，而继续打入土中。

接地体敷设步骤一般为：

① 按设计位置将接地体打在沟的中心线上，当打到接地体露出沟底的长度约为150～200mm（沟深0.8～1m）时，便可停止打入，使接地体最高处距施工完毕后的地面有600mm以上的距离。接地体的距离按设计要求，一般为减少相邻接地体的屏蔽作用，垂直接地体的间距不宜小于其长度的两倍，水平接地体的间距不宜小于5m。

② 敷设的接地体及连接接地体用扁钢，应尽量避开其他地下管道、电缆等设施。一般要求与电缆及管道交叉时，相距应不小于100mm，平行时不应小于300～350mm。

③ 敷设接地体时，应保证接地体与地面保持垂直。当土层坚硬打入困难时，可适当浇上一些水使其松软。

接地线敷设：接地线在一般情况下均应采用扁钢或圆钢，并应敷设于易于检查的地方，且应有防止机械损伤及防止化学腐蚀的保护措施。从接地干线敷设到用电设备的接地支线的距离越短越好。当接地线与电缆或其他电线交叉时，其间距至少要维持25mm。在接地线与管道、公路、铁路等交叉处及其他可能使接地线遭受机械损伤的地方，均应套钢管或角钢保护，当接地线跨越有震动的地方，如铁路轨道时，接地线应略加弯曲，以便震动时有伸缩的余地，避免断裂。

（1）接地体间连接扁钢的敷设。垂直接地体间多用扁钢连接。当打入接地体后，即可沿沟敷设扁钢，扁钢敷设位置、数量和规格应按设计规定。扁钢敷设前应检查和调查，然后将扁钢放置于沟内，依次将扁钢与接地体用焊接的方法连接。扁钢应立放，这样既有利于焊接，也可减少其散流电阻。

接地体与连接线焊好之后，经过检查确认接地体埋设深度、焊接质量、接地电阻等均符合要求后，方可将沟填平。填沟时应注意回填土中不应夹有石块、建筑碎料及垃圾等，因这些杂物会增加接地电阻。回填土应分层夯实，为了使土层与接地体互相紧密地接触，可在每层土上浇一些水。但同时应注意不要在扁钢上踩踏，以免将焊接部分损坏而影响焊接质量。

（2）接地干线与支线的敷设。室外接地干线与接地支线一般敷设在沟内，敷设前应按设计要求挖沟，沟深不得小于0.5m，然后埋入扁钢。由于接地干线与接地支线不起接地散流作用，所以埋设时不一定要立放。接地干线与接地体及接地支线均采用焊接连接。接地干线与接地支线末端应露出地面0.5m，以便接引地线。敷设完毕后即回填土夯实。

定额编号　8-484　圆钢接地极　（P140）

[应用释义]　圆钢：经浇铸成型成的一种圆柱形钢材，它外表光滑。圆钢一般不用于土建工程中，但防雷安装工程中接地体明敷时一般采用圆钢。

接地体的安装和接地线的敷设：

（1）敷设接地体。先沿线路挖好沟，沟挖好后开始敷设接地体，接地体一般打入地中时用手锤冲击，要求要平稳。

（2）埋设保护套管和预留孔。接地圆钢沿墙敷设时，有时要穿过楼板或墙壁，为了保护线并便于检查，可在穿墙的一段加保护套管或预留孔。预留孔的大小应与接地线规格相适应，一般应比接地线的厚度、宽度各大 6mm 左右为宜。其位置一般距墙壁表面应有 15～20mm 的距离，以使敷设的接地线整齐美观，保护套管可用厚 1mm 以上的铁皮做成方形或圆形。

（3）预埋固定钩或支持托板。明敷在墙上的接地线应分段固定，固定方法是在墙上埋设固定钩或支持托板，然后将接地线（扁钢或圆钢）固定在固定钩或支持托板上。也可以埋设膨胀螺栓，在接地扁钢上钻孔，用螺帽将圆钢固定在螺栓上。

固定钩或固定支持托板的间距，水平直线部分一般为 1～1.5m，垂直部分为 1.5～2m，转弯部分为 0.5m。沿建筑物墙壁应有 10～15mm 间隙。

为使固定钩或支持托板埋设整齐，可在墙壁上浇注混凝土时，埋入一方木作预留孔（砖墙也可砌砖时直接将固定钩埋入）。

（4）敷设接地线。当固定钩或支持托板埋设牢固后，即可将调直的扁钢或圆钢放在固定钩或支持托板内进行焊接固定。在直线段上不应有高低起伏及弯曲等现象。当接地线跨越建筑物伸缩缝、沉降缝时，应加设补偿器或将接地线本身弯成弧状。

接地体的连接：接地体的连接一般采用搭接焊，焊接处必须牢固无虚焊。有色金属接地线不能采用焊接时，可采用螺栓连接。

接地体连接时的搭接长度为：扁钢与圆钢连接为其宽度的两倍，当宽度不同时，以窄的为准，且至少 3 个棱边焊接；圆钢与圆钢连接为直径的 6 倍；扁钢与钢管焊接时，为了连接可靠，除应在其接触部位两侧进行焊接外，还应焊以由扁钢弯成的弧形（或直角形）卡子，或直接将接地扁钢本身弯成弧形（或直角形）与钢管（或角钢）焊接。

二、接地母线敷设

工作内容：挖地沟，接地线平直，下料，测位，打眼，埋卡子，煨弯，敷设，焊接，回填，夯实，刷漆。

定额编号 8-485 接地母线敷设 （P141）

[应用释义] 母线：硬母线按材质分，有铜、铝、钢 3 种。钢虽然价格便宜、机械强度好，但电阻率较大；又由于钢是磁性材料，当交流电电流通过，会产生较大的涡流损失、功率损耗和电压降，所以不宜用来输送大电流，通常只用来作零母线和接地母线。

母线安装时，除必要的弯曲外，应尽量减少弯曲。母线弯制时，应符合下列规定：

（1）母线开始弯曲处距最近绝缘子的母线支持夹板边缘不应大于 $0.25L$，但不得小于 50mm。

（2）母线开始弯曲处距母线连接位置不应小于 50mm。

（3）母线弯曲处不得有裂纹及明显的折皱。

（4）多片母线的弯曲度应一致。

母线弯制形式有平弯、立弯、扭弯等。

母线平弯：可用平弯机弯曲，操作简便，工效高。弯曲时，提起手柄，将母线穿在平弯机两个滚轮之间。操作时，不可用力过猛，以免母线产生裂缝。

母线立弯，可用立弯机，将母线需要弯曲部分放在立弯机的夹板上，再装上弯头，拧紧夹板螺钉，校正无误后，操作千斤顶，将母线顶弯。

　　母线扭弯，可用扭弯器，先将母线扭弯部分的一端夹在台虎钳上，钳口和母线接触处要适当保护，以免钳口夹伤母线。母线另一端用扭弯器夹住，然后双手抓住扭弯器手柄用力扭动，使母线弯曲 100×8 以下的铝母线，超过此限时应将母线弯曲部分加热后进行弯曲，母线加热温度不应超过规定值。扭弯部分长度应为母线宽度的 2.5～5 倍。

　　1. 母线连接

　　（1）搭接

　　首先将母线在平台上调直，选择较平的一面作基础面，进行钻孔。螺栓在母线上的分布尺寸和孔径大小应符合规范规定。钻孔前根据孔距尺寸，先在母线上画出孔位，并用尖凿（俗称冲子）在孔中心冲出印记，用电钻钻孔。孔径一般不应大于螺栓直径 1mm，钻孔应垂直，孔与孔中心距离的误差应不大于 0.5mm。钻好孔后，应将孔口的毛刺除去，使其保持光洁。母线搭接长度为母线宽度，搭接面下面的母线应弯或鸭脖弯。

　　（2）焊接

　　母线焊接的方法很多，常用的有气焊、碳弧焊和氩弧焊等方法。在母线加工和安装前，根据施工条件和具体要求选择适当的焊接方法，应尽量采用氩弧焊。

　　母线焊接前，应将母线坡口两侧各 50mm 范围内用钢丝刷清刷干净，不得有油垢、斑疵及氧化膜等；坡口加工面应无毛刺和飞边。

　　焊接时对口应平直，其弯折偏移不应大于 1/500；中心线偏移不得大于 0.5mm，且宜有 35°～40° 的坡口、1.5～2mm 的钝边。每个焊缝应一次焊完，除瞬间断弧外不准停焊。母线焊完未冷却前，不得移动或受力。焊接所用填充材料的物理性能和化学成分应与原材料一致。对接焊缝上部应有 1～2mm 的加强高度；引下线母线采用焊接时，焊缝的长度不应小于母线宽度的两倍。接头表面应无肉眼可见的裂纹、凹陷、缺肉、气孔及渣钢等；咬边深度不得超过母线厚度的 10%，且总长度不得超过焊缝总长度的 20%。

　　为了确保焊缝质量，在正式焊接之前，焊工应经考试合格。考试用试样的焊接材料、接头形式、焊接位置、工艺等均应与实际施工相同。所焊试件可任取一件进行检查。其合格要求：①焊缝表面不应有凹陷、裂纹、未熔合、未焊等缺陷；②焊缝应采用 X 光无损探伤，其质量检验应按有关标准的规定；③铝母线焊接接头的平均最小抗拉强度不得低于原材料的 75%；④焊缝直流电阻不应大于同截面、同长度的原金属电阻值。凡其中有一项不合格时，则应加倍取样重复试验，如仍不合格时，则认为不合格。

　　2. 母线安装

　　（1）支架的装设

　　母线安装前，应根据母线敷设部位确定支架的装设位置，然后将加工好的支架埋设在墙上或固定在建筑构件上。

　　在墙上装设支架。可配合土建砌墙时将支架埋入，也可以在墙体砌好后，重新打孔埋设；在梁上或柱子上装设支架多用螺栓抱箍固定，也可以将支架焊接在预先埋设的铁件上。

　　母线支架间的距离应视其敷设方式及结构情况而定。当跨柱、跨梁敷设时一般不超过 6m，且终端应设有拉紧装置。一般终端或中间拉紧固定支架宜装设带有调节螺栓的拉线，拉线的固定点应能承受拉线张力。当沿墙、沿梁敷设时，一般不超过 3m；沿墙或沿柱垂直敷设时则不宜超过 2m，母线应夹紧在绝缘子上。

（2）绝缘子的安装

固定母线的绝缘子（瓷瓶）有高压和低压两种。在安装前首先应用填料将螺栓及螺帽埋入瓷瓶内。其填料可采用 32.5 级水泥和洗净的细砂掺和，其配合比按重量为 1：1。具体做法是：先把水泥和砂子均匀混合后，加入 0.5％的石膏，加水调匀，湿度控制在用手紧抓能结成团为宜。瓷瓶孔应清洗干净，把螺栓和螺帽放入孔内，加放填料压实。

加工时，不要使螺栓歪斜，并要避免瓷瓶产生裂纹、破损等缺陷。瓷瓶的一面胶合好后，一般要养护 3d。养护期间，不可在阳光下曝晒或产生结冰等现象，等填料干固后再用同样的方法胶合另一面孔中的螺栓。

另一种方法是采用水泥石棉作填料，其配料比为 3：1（即 3 份水泥，1 份石棉）。胶合时先把石棉绒撕碎，放入水泥内拌合均匀，再用喷壶喷少量水，边喷边拌，直至完全搅匀为止，但水不易太多。胶合方法与使用水泥填料相同。

胶合好的瓷瓶用布擦净，经检查无缺陷后，即可固定到支架上。固定瓷瓶时，应垫红钢纸垫，以防拧紧螺母时损坏瓷瓶。如果在直线段上有许多支架后，为使瓷瓶安装整齐，可先在两端支架的螺栓孔上拉一根细钢丝，再将瓷瓶顺钢丝依次固定在每个支架上。

（3）母线在绝缘子上的固定

母线在绝缘子上的固定方法，通常有两种。第一种方法是用夹板，这种方法只要把母线放入卡板内，将卡板扭转一定角度卡住母线即可。第二种方法是用卡板固定，母线固定在瓷瓶上，可以平放，也可以立放，视需要而定。

当母线水平放置且两端有拉紧装置时，母线在中间夹具内应能有自由伸缩。如果在瓷瓶上有同一回路的几条母线，无论平放时或立放，均应采用特殊夹板固定。当母线平放时应使母线与上部压板保持 1～1.5mm 的间隙，母线立放时，母线与上部压板应保持 1.5～2mm 间隙。这样，当母线通过负荷电流或短路电流受热膨胀时就可以自由伸缩，不损坏瓷瓶。应注意交流母线的固定金具或其他支持金具不构成一个统一的闭合磁路。

（4）母线补偿装置的安装

为使母线在温度变化时有伸缩的自由，当母线长度超过一定限度时，应按设计安装补偿装置（又称伸缩节）。一般在建筑物的伸缩缝处和两端不采用拉紧装置的水平安装的母线中间宜设置补偿装置。在设计无规定时，宜每隔以下长度设置一个：铝母线 20～30m；铜母线 30～50m；钢母线 35～60m。补偿装置可用 0.2～0.5mm 厚的铜片或铝片（用于铝母线）叠成后焊接或铆接而成，补偿装置不得有裂纹，断股和折皱等现象，其总截面积不应小于原母线截面积的 1.2 倍。

（5）母线拉紧装置的装设

当线路较长，支架间距也较大时，应在母线终端及中间，分别装设终端及中间拉紧装置。

拉紧装置可先在地面上组装好后，再进行安装。安装时，拉紧装置一端与母线相连接，另一端用双头螺栓固定在支架上。支架宜装有调节螺栓的拉线，拉线装置一端与母线相连接，另一端用双头螺栓固定在支架上。支架宜装有调节螺栓的拉线，拉线的固定点应能承受拉线张力。用一档距内，各相母线弧度最大偏差应小于 10％。母线与拉紧装置螺栓连接的地方，应用止退垫片，螺栓拧紧后卷角，以防止松脱。

三、接地跨接线安装

工作内容：下料，钻孔，煨弯，挖填土，固定，刷漆。

定额编号 8-486 接地跨接线（10 处） （P142）

[应用释义] 接地线：是将电力设备、杆塔的接地螺栓与接地体或零线相连接使用的，在正常情况下不载流的金属导体，称为接地线。

接地装置：所谓接地装置是接地体和接地线的总称。

接地体：埋入地中并直接与大地接触作散流的金属导体，称为接地体。接地体有自然接地体和人工接地体之分，兼作接地用的直接与大地接触的各种金属构件、金属井管、钢筋混凝土建筑物的基础、金属管道和设备等，都称为自然接地体；直接打入地下专作接地用的、经加工的各种型钢和钢管等，称为人工接地体。

接地装置的安装很重要，往往因为质量不符合要求而造成事故。因此，为保证质量，在接地装置安装前应熟悉设计图纸、施工及验收规范；同时，为使施工程序有条不紊，还应制订出行之有效的施工组织措施，并做好充分的准备工作。特别是与线路、变电所的工程同时进行时更应该很好地组织与准备，绝不能把接地装置的安装看作一项附属工作。否则，最后往往会因为接地电阻不合格而返工，拖延工期，带来更大的损失。

接地装置的选用：

1. 接地体的选用

（1）自然接地体。接地装置的接地体在可能条件下应尽量选用自然接地体，以便节约钢材、降低工程成本。但在选用自然接地体时，必须保证导体全长有可靠的电气连接，以形成为连续的导体，同时应采用两根以上导体在不同地点与接地干线相连。

（2）人工接地体。人工接地体按其敷设方式分为垂直接地体和水平接地体。垂直接地体一般常用镀锌角钢或镀锌钢管。

2. 接地线的选用

（1）自然接地线。接地装置的接地线应首先考虑选用下列自然物：

建筑物的金属构件及设计规定的混凝土内部的钢筋。但应保证全长有可靠的连接，以形成连续的导体。因此，除在结合处采用焊接外，凡用螺栓连接或铆钉连接的地方，都应焊接跨接线。跨接线一般采用扁钢，其截面一般不小于 $100mm^2$，但作为接地支线时，可减小至 $48mm^2$。

（2）人工接地线。为保证接地线有一定的机械强度，一般选用圆钢或扁钢。接地线的截面应满足热稳定的要求，由设计确定。

定额编号 8-487 构架接地 （P142）

[应用释义] 为了防止触电事故的发生，首先要积极预防。预防静电，一是进行安全用电的教育，克服麻痹大意思想，认识到触电的危害；二是加强用电设备的管理，严格遵守技术操作规程和安全用电规程，经常检查电气设备的使用情况，加强漏电保安措施。

电气设备的任何部分与土层间应做良好的连接，称为接地。直接与土层接触的金属导体称为接地体或接地极。连接于电气设备接地部分与接地体间的金属导线称为接地线。接地体可分为人工接地体和自然接地体，人工接地体是指专门为接地而装设的接地体，自然接地体是指兼作接地体，利用直接与大地接触的各种金属构件、金属管道及建筑物的混凝土基础。

当电气设备发生接地故障时，电流就通过接地体向大地作半球形散开，这一电流称为接地电流。电气设备的接地装置的对地电压与接地电流之比为接地电阻。

构架接地与一般接地体安装基本类似，安装过程中可套用相应定额。

四、避雷针安装

工作内容：底座制作，组装，焊接，吊装，找正，固定，补漆。

定额编号　8-488～8-491　独立安装针高（m以下）　　（P143）

[应用释义]　雷电产生原因的学说较多，现象比较复杂，为此，我们应根据被保护物的不同要求，装设各种防雷装置。

1. 避雷针的作用和结构

避雷针的作用是它对雷电场产生一个附加电场（这是由于雷云对避雷针产生静电感应引起的）。使雷电场畸变，因而将雷云的放电通路吸引到避雷针本身，由它及与它相连的引下线和接地体将雷电流安全导入地中，从而保护了附近的建筑物和设备免受雷击。

避雷针由三部分组成：接闪器、引下线和接地体。接闪器俗称避雷针针尖，是用来接受雷电的。通常用铜棒、圆钢或钢管加工而成，一般长约 1～2m，圆钢直径不小于12mm。钢管直径不小于 20mm，壁厚不小于 3mm。顶端均应加工成尖形，并用镀锌或搪锡的方法防止其锈蚀。接闪器可安装在钢筋混凝土电杆或用角钢、钢管焊接而成的杆搭上。引下线是引导雷电流入地的通道，并应保证在雷电流通过时不致熔化。通常可采用直径不小于 8mm 的圆钢，或截面不小于 48mm^2，其厚度不小于 4mm 的扁钢。

2. 避雷针的保护范围

避雷针的保护范围，以它对直击雷所保护的空间来表示。当需要保护的范围较大时，用一支高避雷针保护往往不如用两支比较低的避雷针保护有效。这是由于两针之间受到了良好的屏蔽作用，受雷击的可能性极少，而且便于施工和具有良好的经济效果。两支等高避雷针的保护范围，在避雷针高度 h 小于或等于 h_r 的情况下，当两根避雷针的距离 D 大于或等于 $2\sqrt{2\ (2h_r-h)}$ 时，应各按单支避雷针的方法确定。

近年来国外有的文献提出一种大气高脉冲电压避雷针，其特点是在传统的避雷针上部设置了一个能在针尖产生刷形放电的电压脉冲发生装置，它利用雷暴时存在于周围电场中的大气能量，按选定的频率和振幅，把这种能量转变成高压脉冲，使避雷针尖端出现刷形放电或高度离子化的等离子区。

3. 避雷针安装

避雷针的安装可参照全国通用电气装置标准图集执行。

（1）在选择独立避雷针的装设地点时，应使避雷针及其接地装置与配电装置之间保持以下规定的距离：在地面上，由独立避雷针到配电装置的导电部分以及到变电所电气设备和构架接地部分间的空间距离不应小于 5m；在地下，由独立避雷针器本身的接地装置与变电所接地网间最近的地中距离一般不小于 3m；独立避雷针及其接地装置与道路或建筑物的出入口等的距离应大于 3m。

（2）独立避雷针的接地电阻一般不宜超过 10Ω。

（3）由避雷针与接地网连接处起，到变压器或 35kV 及以下电气设备与接地网的连接处止，沿接地网地线的距离不得小于 15m，以防避雷针放电时，高压反击击穿变压器的低压侧线圈及其他设备。

（4）为了防止雷击避雷针时，雷电波沿电线传入室内，危及人身安全，所以不得在避雷针构架架设低压线路或通信线路。装有避雷针的构架上的照明灯电源线，必须采用直埋于地下的带金属护层的电缆或穿入金属管的导线。电缆护层或金属管必须接地，埋地长度应在 10m 以上，方可与配电装置的接地网络连接或与电源线、低压配电装置相连接。

（5）装有避雷针的金属筒体（如烟囱），当其厚度大于 4mm 时，可作为避雷针的引下线；筒体底部应有对称两处与接地体相连。

定额编号　8-492　木杆上安装　（P144）

〔应用释义〕　木杆上避雷针的安装，有单杆避雷针和双杆避雷针。根据避雷针在线路中的位置，又可分为终端式（位于高压线路的终端）和通过式（位于高压线路中、高压线通过避雷针）两种。从图上看，两种基本相同，只是终端式应在反方向设置位线，高压线采用悬式绝缘子；通过式则不须拉线，高压线用针式绝缘子固定。

定额编号　8-493　水泥杆上安装　（P144）

〔应用释义〕　杆上避雷针一般适用于负荷较小的场所，且可深入负荷中心，因此，可减少电压损失和线路功率损耗。但避雷针应避免在转角杆、分支杆等杆顶结构比较复杂的电杆上装设，同时也应尽量避开车辆和行人较多的场所。一般应考虑装设在便于安装、检修及容易装设地线的地方。

定额编号　8-494　金属杆上安装　（P144）

〔应用释义〕　金属杆上安装避雷针应平整牢固，水平倾斜不应大于台架根开间的 1/100。避雷针安装在金属杆上，其中心线应与金属杆中心线相重合，并与金属杆有牢靠的固定；其引下线应排列整齐，绑扎牢固。

五、避雷引下线敷设

工作内容：平直，下料，测位，打眼，埋卡子，焊接，固定，刷漆。

定额编号　8-495～8-496　高度（m 以下）　（P145）

〔应用释义〕　避雷引下线：他是将避雷针接受的雷电流引向地下装置的导线体，一般用 $\phi 6$ 以上的圆钢制作，其位置根据建筑物的大小和形状由设计决定，一般不少于两根。

由于电气设备的绝缘破坏时，其金属外壳就会带电，当人体接触这些漏电设备金属外壳时，就会发生触电事故。

1. 防雷设备

（1）接闪器

接闪器就是专门用来接受直接雷击（雷闪）的金属物体。接闪的金属杆，称为避雷针。接闪的金属线，称为避雷线或架空地线；接闪的金属带、金属网，称为避雷带、避雷网。所有接闪器都必须经过接地引下线与接地装置相连。

① 避雷针

一般用镀锌圆钢（针长 1～2m 时，直径不小于 16mm）或镀锌钢管（针长 1～2m 时，内径不小于 25mm）制成。它通常安装在电杆（支柱）或构架、建筑物上。它的下端要经过引下线与接地装置焊接，避雷针的功能是引雷作用。

如果建筑物较长或面积较大时，可采用两根或多根避雷针联合保护。避雷针下端要经引下线与接地装置焊接。如采用圆钢，直径不得小于 8mm（暗设时可利用结构内主筋）；如采用扁钢，截面不得小于 48mm²，厚度不得小于 4mm。装设在烟囱上的引下线，圆钢直径不得小于 12mm。扁钢截面不得小于 100mm²，厚度不得小于 4mm。这些扁钢或圆钢均须镀锌或涂漆。

② 避雷线

避雷线一般用截面不小于 25mm² 的镀锌钢绞线，架设在架空线路的上边，以保护架空线路免遭直接雷击。其功能与避雷针基本相同。

③ 避雷带和避雷网

避雷带和避雷网用来保护高层建筑物免遭直击雷和感应雷。避雷带采用直径不小于 8mm 的圆钢或截面不小于 48mm²、厚度不小于 4mm 的扁钢，沿屋顶周围装设，屋顶上面还要用圆钢或扁钢纵横连接成网。在房屋的沉降缝处应多留 100～200mm 避雷带、网，必须经 1～2 根引下线与接地装置可靠地连接。

（2）避雷器

避雷器是用来防护雷电产生的过电压波侵入变配电所或其他设施内，以免危及被保护设备的绝缘。避雷器应与被保护设备并联，在被保护设备的电源侧。

避雷器的形式见定额编号 8-35 避雷器释义。

2. 防雷措施

（1）架空线路的防雷措施

① 架设避雷线 63kV 及以上架空线路上沿全线装设，35kV 的架空线路上一般只在进出变电所的一段线路上装设，而 10kV 及以下线路上一般不装设避雷线。

② 提高线路本身的绝缘水平，可采用木横担、瓷横担，或采用高一级的绝缘子，这是 10kV 及以下架空线路防雷的基本措施。

③ 利用三角形排列的顶线兼作保护线。

④ 装设自动重合闸装置。

⑤ 个别绝缘薄弱点装设避雷器。

（2）变配电所的防雷措施

① 装设避雷针。

② 高压侧装设阀式避雷器。主要用来保护变压器，以免雷电冲击波沿高压线路侵入变电所，避雷器应尽量靠近变压器安装，其接地线应与变压器低压侧接地中性点及金属外壳连在一起接地。

③ 低压侧装设阀式避雷器或保护间隙。这主要是在多雷区用来防止雷电波沿低压线路侵入而击穿变压器的绝缘。当变压器低压侧中性点不接地时，其中性点可装设阀式避雷器或保护间隙。

（3）高压电动机的防雷措施

高压电动机对雷电波侵入的防护，采用专用于保护旋转电动机用的 FCD 型磁吹阀式避雷器或具有串联间隙的金属氧化物避雷器。

（4）建筑物的防雷措施

建筑物容易遭受雷击的部位与屋顶的坡度有关，应根据要求装设避雷针或避雷带（网）进行重点保护。

（5）消雷器

根据国内外很多雷击事故资料可知，有时安装了避雷针后，被保护的设备遭受雷击的次数反而比未安装避雷针时显著增加。因此，近年来出现了以消雷器取代避雷针的动向。

消雷器是利用金属针状电极的尖端放电原理，使雷云电荷被中和，从而不致发生雷击现象。

3. 接地装置的装设

接地电阻是接地体的散流电阻与接地线电阻的总和。一般接地线的电阻很小，可以略去不计，因此可以认为接地体的散流电阻就是接地电阻。

（1）一般要求见定额编号 8-480~8-481 钢管接地极释义。

（2）自然接地体的利用。可作为自然接地体的有：建筑或市政中的钢结构和钢筋、行车的钢轨、埋地的金属管道（但可燃液体和可燃、可爆气体除外）以及敷设于地下而数量不少于两根的电缆金属外皮等。对于变配电所来说，它的钢筋混凝土基础作为自然接地体。

（3）人工接地体的装设。人工接地体有垂直埋设和水平埋设两种基本结构形式。接地体通常采用长度为 2.5m，管壁厚 3.5mm 的钢管或直径为 10mm 的圆钢，离地面 0.8m 垂直埋设于地下，顶端用截面不小于 $100mm^2$ 的扁钢把各接地体连接起来。垂直接地体间距一般为 5m，距建筑物出入口及人行道不应小于 3m。当小于 3m 时，应采取下列措施之一：

① 水平接地体局部埋深不小于 1m；

② 水平接地体局部包以绝缘体；

③ 采用沥青碎石路面，或在接地装置上敷设厚 50~80mm 的沥青层，其宽度超过接地装置 2m。

定额编号 8-497 高空引接地下线安装 （P145）

［应用释义］ 避雷针施工要求：避雷针的材料用 $\phi25$ 镀锌圆钢或 SC40 钢管，针上端砸扁并搪锡。避雷网采用 $\phi8$ 镀锌圆钢。

引下线：引下线用圆钢时，明装直径不小于 8mm，距地 2m 应用钢管保护。暗装时圆钢直径不小于 12mm。现在定额推荐使用柱筋焊接兼作引下线，这样既节约钢材，而且引下线有混凝土保护，效果良好。

引下线施工不得拐急弯，与雨水管相距较近时可以焊接在一起。高层建筑引下线应该与金属门窗焊接连在一起。引下线由两根主钢筋线双面搭接，长度不小于钢筋直径的 6 倍。再由该两根主筋向上引线，最好利用柱筋做接地体。

接地极施工要求：按定额规定的质量标准，接地极材料应当用 $\phi19$ 或 $\phi25$ 圆钢，角钢用 ∟40×4 或 ∟50×5，钢管用 SC50；接地极埋深应不小于 0.6m；垂直接地体长度不小于 2.5m；其间距不小于 5m；接地体的连接必需用焊接，不可用铆接或螺栓连接。

直接雷：空气中带电荷的雷云直接与地面上的物体之间发生放电，产生雷击破坏现象称为直接雷。

感应雷：在直接防电时，由于雷电流变化的梯度大而产生强大的交变磁场，使得周围的金属构件感应电动势，形成火花放电。这种现象称为感应雷。

1. 避雷带

所谓避雷带，就是利用小截面圆钢或扁钢做成的条形长带，作为接闪器，装于建筑物易遭雷直击的部位，如屋脊、屋檐、屋角、女儿墙和山墙等，都要采取防雷措施。

避雷带的安装可采用预埋扁钢支架或预制混凝土支座等方法，将避雷带与扁钢支架焊为一体。当避雷带水平敷设时，支架间距为 1～1.5m，转弯处 0.5m。为了使避雷带对建筑物不易遭受雷击部位也有一定的保护作用，避雷带一般应高出重点保护部位 0.1m以上。

2. 避雷器

雷电击中送电线路后，雷电波沿导线传播，若无适当保护措施，必然进入变电所或其他用电设备，造成变压器、电压互感器或大型电动机的绝缘损坏，避雷器就是为防止雷电波侵入而设置的保护装置。

目前我国大量生产和使用的避雷器，有以电工碳化硅阀片为基本元件的各种阀式避雷器，还有以氧化锌阀片为基本元件组装而成的氧化锌避雷器。管式避雷器也仍有使用。

(1) 管式避雷器

管式避雷器是避雷器中最简单的一种。当线路上遭到雷击或发生感应雷时，大气过电压使管式避雷器的外部间隙和内部间隙击穿，强大的雷电流通过接地装置入地。随之而来的是供电系统的工频续流，其值也很大，雷电源和工频续流在管内间隙 S_1 发生的强烈电弧，使管内的产气材料产生大量的灭弧气体，这些气体压力很大，从环形电极的开口处喷出，形成纵吹作用，使电弧电流过零时熄灭，这时外部间隙 S_2 的空气恢复了绝缘，使管式避雷器与系统隔离，恢复系统的正常运行。

管式避雷器一般只用来保护架空线路的个别绝缘弱点和发电厂的出线段以及变电所的进线段。管式避雷器安装前应进行外观检查，绝缘管壁应无破损、裂痕、漆膜无脱落、管口无堵塞，配件齐全；并应进行必要的试验，且试验合格。安装时不得任意拆开调整其灭弧间隙。安装要求是：

① 安装避雷器应在管体的闭口端固定，开口端指向下方。当倾斜安装时，其轴线与水平方向的夹角，对于普通管式避雷器应不小于 15°，无续流避雷器应不小于 45°，装于污秽地区时，尚应增大倾斜角度。

② 避雷器安装方位，应使其排出的气体不致引起相间，也不得喷及其他电气设备，动作指示盖应向下打开。

③ 避雷器及其支架必须安装牢固，防止因受反冲力而导致变形和移位，同时应便于观察和检修。

④ 无续流避雷器的高压引线与被保护设备的连接线长度应符合产品的技术规定。

(2) 阀式避雷器

阀式避雷器是性能较好的一种避雷器，使用比较广泛，它的基本元件是装在密封瓷套中的火花间隙和非线性电阻（阀片）。

阀片是由金钢砂（SiC）和结合剂在一定温度下烧结而成。阀片的电阻值随通过的电流值而变，当很大的雷电流通过阀片时，它将呈现很大的电导率，这样，将使避雷器上出现的残压不高；当在阀片上加以电网电压时，它的电导率会突然下降，而将工频续流限制到很小的数值，为火花间隙切断续流创造了良好条件。

阀式避雷器应垂直安装，每一个元件的中心线与避雷器安装点中心线的垂直偏差不应大于该元件高度的 1.5%。如有歪斜可在法兰间加金属片校正，但应保证其导电良好，并将其缝隙用腻子抹平后涂以油漆。避雷器各连接处的金属接触平面，应除去氧化膜及油漆，并涂一层凡士林或复合脂。室外避雷器可用镀锌螺栓将上部端子接到高压母线上，下部端子接至接线后接地。但引线的连接，不应使避雷器结构内部产生超过允许的外加应力。接地线应尽可能短而粗，以减小电阻。

避雷器的安装前应进行下列检查：避雷器型号符合设计要求；瓷件应无裂纹，破损瓷套与铁法兰间的结合应良好；磁吹阀式避雷器的防爆片应无损坏和裂纹；组合元件应经试验合格；底座和拉紧绝缘子的绝缘应良好；但避雷器不得任意拆开，以免破坏密封和损坏元件，可用手轻轻摇动，里面不应有响声。

3. 接地装置安装

（1）接地体安装

① 接地体的加工。垂直接地体多使用角钢或钢管，一般应按设计所提数量和规格进行加工。通常情况下，在一般土层中采用角钢接地体，在坚实土层中采用钢管接地体。

为便于接地体垂直打入土中，应将打入地下的一端加工成尖形。为了防止将钢管或角钢打劈，可用圆钢加工一种护管帽套入钢管帽，或用一块短角钢（约长 10cm）焊在接地角钢的一端。

② 挖沟。装设接地体前，须沿接地体的线路先挖沟，以便打入接地体和敷设连接这些接地体的扁钢。由于地表层容易冰冻，冰冻层会使接地电阻增大，且地表层容易被挖掘，会损坏接地装置。因此，接地装置需埋于地表层以下，一般埋设深度不应小于 0.6m。

按设计规定的接地网的路线进行测量划线，然后依线开挖，一般沟深 0.8~1m，沟宽为 0.5m，沟的上部稍宽，底部渐窄，且要求沟底平整。如有石子应清除。

③ 敷设接地体。沟挖好后应尽快敷设接地体，以防止塌方。接地体打入地中时一般采用手锤冲击，一人扶着接地体，一人用大锤打接地体顶部。使用手锤打接地体时，要求要平稳。当接地体打入土中能够自然直立时，则可以不用人扶持而直接继续打入：

a. 按设计位置将接地体打在沟的中心线上，当打到接地体露出沟底的长度约为 150~200mm（沟深 0.8~1m）时，便可停止打入，使接地体最高点距施工完毕后的地面有 600mm 以上的距离。接地体间的距离按设计要求，一般为减少相邻接地体的屏蔽作用，垂直接地体的间距不宜小于其长度的两倍，水平接地体的间距不宜小于 5m。

b. 敷设的接地体及连接接地用的扁钢，应尽量避开其他地下管道、电缆等设施。一般要求与电缆及管道等交叉时，相距应不小于 100mm，平行时应不小于 300~350mm。

c. 敷设接地体时，应保证接地体与地面保持垂直。当土层坚硬打入困难时，可适当浇上一些水使其松软。

（2）接地线敷设

接地线在一般情况下均应采用扁钢或圆钢，并应敷设在易于检查的地方，且应有防止机械损伤及化学腐蚀的保护措施。从接地干线敷设到用电设备的接地支线的距离越短越好。当接地线与电缆或其他电线交叉时，其间距至少要维持 25mm。在接地线与管道、公路、铁路等交叉处及其他可能使接地线遭受机械损伤的地方，均应套钢管或角钢保护，当接地线跨越有震动的地方，如铁路轨道时，接地线应略加弯曲，以便震动时有伸缩的余地，避免断裂。

① 接地体间连接扁钢的敷设。垂直接地体间多用扁钢连接。当接地体打入地中后，即可沿沟敷设扁钢，扁钢敷设位置、数量和规格应按设计规定。扁钢敷设前应检查和调直，然后将扁钢放置于沟内，依次将扁钢与接地体用焊接的方法连接。扁钢应立放，这样既便于焊接，也可减小其散流电阻。

接地线与连接线焊好之后，经过检查确认接地体埋设深度、焊接质量、接地电阻等均符合要求后，方可将沟填平。填沟时应注意回填土中不应夹有石块，建筑碎料及垃圾等，因这些杂物会增加接地电阻。回填土应分层夯实，为了使土层与接地体互相紧密地接触，可在每层土上浇一些水。但同时应注意不要在扁钢上踩踏，以免将焊接部分损坏而影响质量。

② 接地干线与接地支线的敷设。室外接地干线与接地支线一般敷设在沟内，敷设前应按设计要求挖沟，沟深不得小于 0.5m，然后埋入扁钢。由于接地干线与接地支线不起接地散流作用，所以埋设时不一定立放。接地干线与接地体及接地支线均采用焊接连接。接地干线与接地支线末端应露出地面 0.5m，以便接引地线。敷设完后即回填土夯实。

室内的接地线一般多为明敷，但有时因设备的接地需要也可埋地敷设或埋设在混凝土层中。明敷的接地线一般敷设在墙上，母线架上或电缆的构架上。敷设方法如下：

a. 埋设保护套管和预留孔。接地扁钢沿墙敷设时，有时要穿过楼板或墙壁，为了保护接地线并便于检查，可在穿墙的一段加设保护套管或预留孔。预留孔的大小应与接地线规格相适应，一般比接地线的厚度、宽度各大 6mm 左右为宜。其位置一般距墙壁表面应有 15～20mm 的距离，以使敷设的接地线整齐美观，保护套管可用厚 1mm 以上的铁皮做成方形或圆形。

b. 预埋固定钩或支持托板。明敷在墙上的接地线应分段固定，固定方法是在墙上埋设固定钩或支持托板，然后将接地线（扁钢或圆钢）固定在固定钩或支持托板上。埋设膨胀螺栓，在接地扁钢上钻孔，用螺帽将扁钢固定在螺栓上。

固定钩或支持托板的间距，水平直线部分一般为 1～1.5m，垂直部分 1.5～2m，转弯部分为 0.5m。沿建筑物墙壁水平敷设时，与地面宜保持 250～300mm 的距离，与建筑物墙壁间应有 10～15mm 的间隙。

为使固定钩或支持托板埋设整齐，可在墙壁浇注混凝土时，埋入一方木做预留孔（砖墙也可在砌砖时直接固定沟埋入）。孔深为 50mm，口径为 50mm×50mm，混凝土干固后，将方木取出，待墙壁抹灰后即可在孔内埋设固定钩。为保证固定钩全线整定，可事先拉一根水平线；为保证固定钩与墙壁间保持相同距离，埋设时可使用一方木做样板。

c. 敷设接地线。当固定钩或支持托板埋设牢固后，即可将调直的扁钢或圆钢放在支持托板或固定钩内进行焊接固定。在直线段上不应有高低起伏及弯曲等现象。当接地跨接线跨越建筑物伸缩缝时，应加设补偿器或将接地体本身弯成弧形。

接电气设备的接地支线多埋入混凝土中，一端接电气设备，一端接距离最近的接地干线。接地支线应配合土建在浇注混凝土时埋设。应注意的是所有电气设备都是单独埋设接地线，不可将电气设备串联接地。

（3）接地体的连接

接地体的连接一般采用搭接焊，焊接处必须牢固无虚焊。有色金属接地线不能采用焊接时，可用螺栓连接。接地线与电气设备的连接亦采用螺栓连接。

接地体连接时的搭接长度为：扁钢与扁钢连接为其宽度的两倍，当宽度不同时，以窄的为准，且至少三个棱边焊接；圆钢与圆钢连接为其直径的 6 倍；扁钢与钢管（或角钢）焊接时，为了连接可靠，除应在其接触部位两侧进行焊接外，还应焊以由扁钢弯成的弧形（或直角形）卡子，或直接将接地扁钢本身弯成弧形（或直角形）与钢管（或角钢）焊接。

当利用各种金属构件、金属管道等作为接地线时，应保证其全长为完好的电气通路。利用串联的金属构件、金属管道做接地线时，应在其串接部位焊接金属跨接线。

引下线有自己的特殊要求，如果是采用结构柱钢筋作引下线，那么钢筋直径不应小于12mm。在烟囱上装设的引下线的尺寸，明装用 $\phi12$ 的镀锌钢筋，并且金属烟囱本身也可以兼作引下线。

实践证明，引下线可专门敷设，也可利用建筑物的金属构件。目前高层建筑中有采用专门的扁钢作为引下线的，但是这不是一个好的作法。一则敷设困难，二则专用引下线的数量较小，流过的雷电流较大，容易因高电位引起反击事故。比较好的作法是利用建筑物固有的金属构件，对于采用钢筋混凝土构件的建筑物，可以利用柱内的主筋作引下线。

当利用结构内的钢筋或钢结构作为引下线，同时大部分钢筋、钢结构等金属物与被利用的部分连成整体时，金属物或线路与引下线之间的距离可不受限制。当金属物或线路与引下线之间有自然接地体或人工接地体的钢筋混凝土构件、金属板、金属网等静电屏蔽物隔开时，金属物或线路与引下线之间的距离可不受限制。当金属物或线路与引下线之间有混凝土墙、砖墙隔开时，混凝土墙的击穿强度与空气击穿强度相同；砖墙的击穿强度为空气击穿强度的 1/3。否则建筑物或线路与引下线直接相连或通过过电压保护器相连。

防雷引下线设置的数量关系到反击电压的大小；所以引下线的根数和布置应按防雷规范确定，引下线数量以适当多为好。高层建筑物在屋顶装设避雷网和防侧击的接闪环应和引下线连成一体，以减少整体防雷引下线的电感，利于雷电电流的分流。引下线与各楼层的等电位联结母线相连，可以使室内反击电压显著降低。暗装引下线应引出明显的测量接点，以备检测。

第七章　路灯灯架制作安装工程

第一节　说明应用释义

本章定额主要适用于灯架施工的型钢煨制，钢板卷材开卷与平直、型钢胎具制作，金属无损探伤检验工作。

[应用释义]　卷材：是指地下室、基础、屋面防水、防潮、防腐所使用的可以卷起来的材料，如油毡、油毡纸、耐酸沥青卷材、钢板卷材等。

路灯灯架的制作通常通过钢管的加工制作而成。

钢管：钢管分为焊接钢管和无缝钢管。焊接钢管又可分为直缝钢管和螺旋焊缝钢管。钢管具有耐高压、韧性好、耐振动、管壁薄、重量轻、管节长、接口少、加工接头方便等优点。但是钢管比铸铁管价格高、耐腐蚀性差、使用寿命较短。钢管主要用于压力较高的输水线路，穿越铁路、河谷，对抗震有特殊要求的地区及泵房内部的管线。钢管可采用焊接、法兰连接、螺纹连接。

在实际工程中，另外用的较多的就是钢材，因为利用钢材建成的一些钢结构构件具有很多优点，常用于一些高度或跨度较大的结构、荷载或吊车起重量很大的结构、有较大振动的结构、高温车间的结构、密封要求很高的结构、要求能活动或经常装拆的结构等，如采用其他材料目前尚有困难或不很经济，则可考虑用钢结构。

属于这类性质的结构见定额编号 8-252～8-254 钢结构支架配管释义。

钢结构在工程中得到广泛应用和发展；是由于钢材具有很多优点，其详见定额编号 8-198 钢管中钢管的特点。

煨制：煨制是指将钢管加工成一定的形状。根据煨制方法的不同，有几种加工方法：

1. 冷弯煨制

冷弯煨制钢管，通常用手动弯管器或电动弯管机等机具进行，可以弯制 $DN \leqslant 150\text{mm}$ 的弯管。由于这种方法弯管时不用加热，常用于钢管、不锈钢管、铜管、铝管的弯管。

冷弯弯管的弯曲半径 R 不应小于管子公称通径的 4 倍。

由于管子具有一定的弹性，当弯曲时施加的外力撤除后，因管子弹性变形的结果，弯管会弹回一个角度。弹回角的大小与管材、壁厚以及弯管的弯曲半径有关。一般钢管弯曲半径为 4 倍管子公称通径的弯头，弹回的角度约为 $3° \sim 5°$。因此，在弯管时，应增加这一回弹角度。

采用机械进行冷弯弯管具有工效高、质量好的优点。一般公称直径 25mm 以上的管子都可以采用电动弯管机进行弯管。

冷弯适宜于中小管径和较大弯曲半径（$R \geqslant 2DN$）的管子，对于大直径及弯曲半径较小的管子需很大的动力，这会使冷弯机机身复杂庞大，使用不便，因此常采用热弯弯管。

2. 热弯煨制

热弯煨制钢管，是将管子加热后进行弯曲的方法。加热的方式有焦炭燃烧加热、电加热、氧化乙炔焰加热。焦炭燃烧加热弯管由于劳动强度大，弯管质量不易保证，目前施工现场已极少采用。

中频弯管机采用中频电能感应对管子进行局部环状加热，同时用机械拖动管子旋转，喷水冷却，使弯管工作连续进行。

3. 模压弯管

模压煨制弯管，是根据一定的弯曲半径制成模具，然后将下好料的钢板或管段放入加热炉中加热至900℃左右，取出放在模具中用锻压机压制成型。用钢材压制的为有缝弯管，用管段压制的为无缝弯管。目前，模压煨制弯管已实现了工厂化生产，不同规格、不同材质、不同弯曲半径的模压弯管都有产品，它具有成本低、质量好等优点，已逐渐取代了现场各种煨制方法，广泛应用于电气安装工程中。

为了确保结构或构件的受力性能和焊接连接的质量可靠，从施焊开始到工程验收，都应符合施工验收规范的各项具体要求。对首次采用的钢种和焊接材料，必须进行焊接工艺性能和力学性能试验，符合要求后方能施焊。焊条、焊剂和焊丝使用前应按质量证明书的规定进行烘焙。低氢型焊条经过烘焙后，应放在保温箱内随取随用。多层焊接应连续施焊，其中每一层焊道焊完后应及时清理，如发现有影响焊接质量的缺陷，必须清除后再焊。焊缝出现裂纹时，焊工不得擅自处理，应申报焊接技术负责人查清原因，订出修补措施后，方可处理。

各级焊缝应全部进行外观检查，焊缝金属表面焊波应均匀，不得有裂纹、夹渣、焊瘤、烧穿、弧坑和针状气孔等缺陷，焊接区不得有飞溅物。对接焊缝、角焊缝和 T 形接头的 K 形焊缝等的外形尺寸的偏差，不得超过规范规定的允许值。

焊缝内部缺陷是外观检验不能发现的，常用超声波探伤检验以补充外观检查的不足之处。超声波是由一个石英晶体构成的探头，可用变高频电场法，让石英晶体按其固定频率发生振动。探头放在被检验的构件的表面，传送一系列超声波脉冲，这些脉冲在障碍物表面和焊缝缺陷的表面反射。沿着焊缝移动探头，若焊缝内部没有缺陷，则在阴极射线示波器的荧光屏上呈现出干净清晰明亮的垂直线，否则在屏幕上出现过渡的亮线，从而可以确定内部缺陷的位置和其尺寸。

另一种金属无损探伤检验是利用 X 射线检验，用专用设备进行 X 射线透视，并可摄成底片以详细查看评定。

对于一级焊缝应采用外观检验、超声波检验和 X 射线检验这三种金属无损探伤检验方法同时检查，确保内部无缺陷。

第二节　工程量计算规则应用释义

一、路灯灯架制作安装按每组重量及灯架直径，以"t"为单位计算。

［应用释义］　路灯灯架主要起固定灯具的作用，它的制作安装以其不同形式按每组

重量及灯架直径，以"t"为单位计算，通常有以下几种形式：

1. 活动支架

活动支架要承受灯具、拉线及一些附属装置构件的荷载，活动支架除了承担荷载之外，还可允许灯具在支架上自由滑动。活动支架的种类很多，有滑动支架、滚动支架、弹簧支吊架、吊架等等，用来固定灯具常用的有滑动支架及吊架。

（1）滑动支架

根据滑动形式的不同，又有下列两种情况：

① 灯具直接在型钢支架上滑动，U形抱铁控制灯具横向位移，抱铁一侧不安装螺栓固定。

② 灯具下部焊有滑托（支托、支座），滑托可在型钢支架上滑动。滑托根据形式不同可分为T形滑托、弧形板形、曲面槽形等滑托形式。

灯具支架安装在电杆上或墙壁上，可根据位置的不同采取抱铁固定、预埋钢构件、预留孔洞、打膨胀螺栓、射钉枪等方式安装。

墙体留洞时孔洞尺寸应按规定施工，孔洞中心或洞底标高应标准，安装前需将洞内清理干净，用水浇透，放入型钢支架并找平找正，调好标高，然后填塞细石混凝土捣实抹平，不突出结构面即可。

预埋件适用在墙或柱上安装的支架，结构施工时应注意做好预埋件的位置、标高的核对工作。预埋件平整并与附近钢筋固定，防止浇注混凝土时移位，预埋件板面与结构面平。

采用射钉枪及膨胀螺栓固定时，须考虑受力是否符合要求，禁止随意确定螺栓直径，以防止支架脱落事故。

滑动支架根据直径、型钢种类等条件按标准图册选定制作。

（2）吊架

吊架安装，吊架大多固定在顶棚上、梁底部、横撑下，固定多采用螺栓、楼板钻孔穿吊杆或设预埋件等几种不同方式。

U形抱铁采用扁钢制作，吊杆采用圆钢，可加花篮螺丝调整吊杆长度。

吊架安装时，应弹好中心线以保证吊架的平直。如为双支架时，可将型钢支架固定在楼板上，吊架安装在型钢上。穿楼板时可采用冲击钻钻孔，不宜人工凿洞。

2. 固定支架

主要是承受灯具所受到的水平推力，固定支架比滑动支架能承受更大的水平推力。当支架全部采用滑动支架时，灯具可沿直线方向无限量移动，使灯具容易受风作用而滑动过快而损坏，一般不推荐使用，采用固定支架时，可避免这种情况的发生，它可以把灯具完全固定不动。

在安装路灯灯架时，应注意下列事项：

（1）支架安装应符合图册或规范要求，型钢必需按图册规定选择，不允许以小代大，焊接要平整牢固。

（2）一切焊缝不允许在应力集中的支架上（支架本身的焊缝除外），应错开50～200mm以上的距离。

（3）安装支架时，应使每个支架受力均匀，不允许有支架悬空而靠线路托起。

（4）当采用吊架和滑动支架时，应根据功能要求使支架上的灯具，不受意外损伤，保证灯具的正常运行。

（5）支架不允许在安装时，作为搭设脚手架的支撑或操作人员的蹬踩，特别是在电杆上作业时，应另外搭设脚手架。

（6）型钢支架应在土建抹灰前安装好，然后再刷好防锈漆，对室外特别是路灯灯架应做好必要的防腐处理。

二、型钢煨制胎具，按不同钢材，煨制直径以"个"为单位计算。

[应用释义]　型钢：钢材经热压力加工后，钢锭内部的小气泡、裂纹、疏松等缺陷在压力作用下，得到一定程度的压合，使钢材组织更加密实。将钢锭加热至1150～1300℃时，通过轧钢机上的旋转轧辊热轧成钢坯，再通过一系列轧辊，使钢坯的截面逐渐缩小，长度逐渐增加，最后轧成所需要的形状，即成型钢。

型钢煨制胎具，其制作方式详见第七章路灯灯架制作安装第一节说明应用释义中煨制的加工方法。

型钢煨制胎具，按不同钢材，煨制直径以"个"为单位计算。

三、焊缝无损探伤按被探件厚度不同，分别以"10张"、"10m"为单位计算。

[应用释义]　焊缝：焊缝是进行焊接时留下的缝隙部分。焊缝连接是现代结构的最主要连接方式。它的优点是任何形状的结构都可以焊接，一般不需要拼接材料，构造简单、省钢省工，而且能实现自动化操作，生产效率较高。但是，焊缝质量受材料、操作的影响，高强度钢的焊接要有严格的焊接程序和操作技术，焊缝质量通过多种途径如焊缝无损探伤检验来保证。

焊接是指通过加热或加压，或两者并用，以填充材料或不用填充材料，使零件达到相互结合的一种加工方法。常用的焊接方法有电弧焊、电阻焊、气焊等。

1. 电弧焊

电弧焊是利用通电后焊条与焊件之间产生强大的电弧，电弧提供热源，熔化焊条，滴落在焊件上被电弧吹成小凹槽的熔池中，并与焊件熔化部分结成焊缝，将两焊件连接成为一个整体。电弧焊的焊缝质量比较可靠，是最常用的一种方法。

电弧焊分为手工电弧焊和自动或半自动电弧焊两种方式。

手工电弧焊采用涂有焊药的焊条，通电后焊条与焊件间产生电弧，熔化焊条而形成焊缝。焊药随焊条熔化成熔渣覆盖在焊缝上面，同时产生一种气体，隔离空气与熔化的液体金属（即将形成焊缝），保护了焊缝成形时不受空气中有害气体的影响。手工电弧焊焊条应与焊件金属（亦称母材）强度相适应。对3号钢的焊件，应用E43型焊条，对16锰钢的焊件，应用E50型焊条，对15号锰钒钢焊件，则应采用E55型焊条。当不同强度钢材焊接时，宜采用与低强度钢材相适应的焊条。

自动（或半自动）埋弧焊采用没有涂药的焊丝。焊丝插入从漏斗中流出来盖在焊件上的熔剂（亦称焊剂）层中，通电后产生电弧熔化焊丝和熔剂，熔化后的熔剂浮在熔化金属表面保护熔化金属（即将形成焊缝），使之不与外界空气接触，有时熔剂还可供给焊缝（熔化金属）必要的合金元素，以改善焊缝质量。

当焊接自动进行时，颗粒状的熔剂则由漏斗不断流下，电弧完全被埋在熔剂之内。同时，绕在转盘上的焊丝也自动地熔化和下降进行焊接。对 3 号钢焊接，采用 H08、H08A 和 H08Mn 焊丝配合高锰、高硅型熔剂；对 16 锰钢焊件，采用 H10Mn2 焊丝配合高锰型或低锰型熔剂，或用惰性气体代替熔剂。自动焊的焊缝质量均匀，塑性好，冲击韧性高，抗腐蚀性能强。至于半自动焊，除人工操作前进外，其余与自动焊相同。

2. 电阻焊

电阻焊是在焊件组合后，通过电极施加压力和馈电，利用电流流经焊件的接触面及邻近区域产生的电阻热来熔化金属完成焊接的方法。模压及冷弯薄壁型钢的焊接常采用这种接触点焊（即电阻焊）焊接方法，电阻焊适用于厚度为 6~12mm 的板叠合。

3. 气焊

气焊是利用乙炔在氧气中燃烧而形成的火焰和高温来熔化焊条和焊件，逐渐形成焊缝。气焊常用于薄钢板和中小型结构中。

焊接过程中基本上有两种冶金现象，即在不同焊接层次（焊道）的熔化金属的固化现象和焊缝周围的母材金属的热处理现象。焊接的特点是少量金属的快速熔化和由于周围金属（母材）的散热造成快速冷却，这就容易在焊缝和周围的热影响区内出现热裂纹和冷裂纹。

热裂纹是在焊接过程中，焊缝或其周围金属仍处于靠近熔点的温度时，由于杂质成分的偏析（由于杂质成分的熔点低于金属的熔点）而出现的裂纹。热裂纹是一种晶粒间的断裂。

冷裂纹是在低于 200℃ 下产生的裂纹，冷裂纹通常是穿晶的，可能在焊缝金属或周围的热影响区内产生，在钢焊件中引起冷裂纹的主要原因是氢的存在。在确定某种钢对冷裂纹是否敏感时，化学成分（特别是碳或碳当量）也是一个非常重要的因素。

使用低氢工艺和把焊件预热，是防冷裂的有效方法。我国《钢结构工程施工及验收规范》规定，普通碳素结构钢厚度大于 34mm 和低合金结构钢厚度大于或等于 30mm，工作地点温度不低于 0℃ 时，应进行预热，其焊接预热温度及层间温度宜控制在 100~150℃，预热区应在焊接坡口两侧各 80~100mm 范围内（低于 0℃ 时，按试验确定）。

预热减慢焊接时在热影响区所产生的最大冷却速度。冷却速度的降低能导致在热影响区产生较软的组织。另外，预热能使热影响区的温度有足够长的时间保持在一定温度以上，以便氢在冷却时能从该区扩散出来，避免发生焊道下的开裂。

焊接缺陷除裂纹外，还有气孔、未熔透（未焊透）、夹渣、咬边、烧穿、凹坑、塌陷、未焊满等缺陷，这些缺陷都是在焊接过程中产生的。

焊接缺陷的存在将会降低焊接连接的强度。尖锐的裂纹会引起显著的应力集中，其危害程度比其他缺陷更为严重。气孔、夹渣、咬边、未熔透等缺陷亦将减少焊接连接的截面面积和降低焊缝的强度，对结构和构件的受力性能不利。特别是当结构在动力载荷作用时，焊接缺陷常是导致严重后果的根源。

为了确保结构或构件的受力性能和焊接连接的可靠质量，从施焊开始到工程验收，都应符合施工验收规范的各项具体要求。对首次采用的钢种和焊接材料，必须进行焊接工艺性能和力学性能试验，符合要求后方能施焊。焊工应经过考试合格并取得合格证后方可施焊。焊条、焊剂和焊丝使用前应按质量证明书的规定进行烘焙。低氢型焊条经过烘焙后，应放在保温箱内随取随用。多层焊接应连续施焊，其中每一层焊道焊完后应及时清理，如发现有影响焊接质量的缺陷，必须消除后再焊。焊缝出现裂纹时，焊工不得擅自处理，应申请申报焊接技术负责人查清原因，订出修补措施后，方可处理。

钢结构焊缝质量检验分三级，各级检验项目、检查数量、检验方法和质量标准应符合现行《钢结构工程施工及验收规范》的规定。

各级焊缝应全部进行外观检查，焊缝金属表面焊波应均匀，不得有裂纹、夹渣、焊瘤、烧穿、弧坑和针状气孔等缺陷，焊接区不得有飞溅物。对接焊缝、角焊缝和 T 形接头的 K 形焊缝等的外形尺寸的偏差，不得超过规范规定的允许值。

焊缝内部缺陷是外观检验不能发现的，常用的超声波无损探伤检验以补充外观检验的不足之处。超声波是由一个石英晶体构成的探头产生的，用可变高频电场法，让石英晶体按其固有频率发生振动。探头放在被检验的构件（焊缝处）表面，传送一系列超声波脉冲，这些脉冲在障碍物表面和焊缝缺陷的表面反射，沿着焊缝移动探头，若焊缝内部没有缺陷，则在阴极射线示波器的荧光屏上呈现出干净清晰明亮的垂直线，否则在屏幕上出现过渡的亮线。从而可以确定内部缺陷的位置及其尺寸。

另一种检验内部缺陷的方法是 X 射线检验，用专用设备进行 X 射线透视，并可摄成底片以详细查看评定。

对于一级焊缝应采用外观检验、超声波检验和 X 射线检验三种方法同时检查，对于二级焊缝则采用外观检验和超声波检验两种方法同时检查，而对于三级焊缝仅作外观检验就够了。

焊缝无损探伤按被探件厚度不同，分别以 "10 张"、"10m" 为单位计算工程量。

第三节　定额应用释义

一、设备支架制作安装

工作内容：放样，号料，切割，剪切，调直，型钢煨制，坡口，修口，组对，焊接，吊装就位，找正，焊接，紧固螺栓。

定额编号　8-498～8-500　每组重量（t 以内）　　（P150）

[应用释义]　设备放在地面以上的支架上，或设在建筑物的外墙及围墙的支架上。

设备支架可根据其高度分为高支架、中支架、低支架等。

1. 高支架

当设备线路穿越主要道路或跨越厂区铁路时，可设置设备高支架，一般净空在 4m 以上，如道路较宽时，支架跨度大应考虑作桁架结构。

高位支架一般由预制的钢筋混凝土柱及梁组成，基础采用杯形基础，当支架跨度较大时，为了考虑支架的稳定性及风荷载等情况可采用悬索结构。

混凝土预制柱安装前应检查编号是否与图纸符合，预埋件位置是否准确，设备安装必须待所施工段支架施工完毕后（包括焊接、浇注杯口、校正等工序），方可进行。

2. 中支架

一般支架净高在 3m 左右，厂区较为普遍采用的支架，不影响车辆及人员的通过，其构造与高支架基本类似。

3. 低支架

支架净高在 0.8～1.5m 左右，车辆及人员无法通过，对空间占地影响较大，一般低支架多设置在不通行区内，低支架施工方便，造价低。

为了便于检修，应在支架附近布置一定数量的检修平台，以免设备的障碍影响线路的正常运行。

二、高杆灯架制作

1. 角钢架制作

工作内容：号料，拼对点焊，滚圆切割，打磨堆放，编号。

定额编号　8-501～8-503　角钢架制作　　（P151）

[应用释义]　角钢：角钢分为等边角钢和不等边角钢两种。等边角钢（或等肢角钢）以肢宽和肢厚表示。如∟100×10，即为肢宽100mm，肢厚10mm的等边角钢。不等边角钢则是以两肢的宽度和厚度表示。如∟100×80×10，表示长肢宽100mm，短肢宽80mm，肢厚10mm的不等边角钢。

角钢架灯架制作包括铸角钢、点焊、切割等过程。

1. 铸造角钢

钢材经热压力加工后，钢锭内部的小气泡、裂纹、疏松等缺陷在压力作用下，得到一定程度的压合，使钢材的组织更加密实。

将钢锭加热至 1150～1300℃，通过轧钢机上的旋转轧辊热轧成钢坯，再通过一系列轧辊，使钢坯的截面逐渐缩小，长度逐渐增加，最后轧成"L"形的型钢即角钢。

将钢锭加热至塑性状态，依靠外力改变其形状，成为各种不同截面的型钢，这个过程称为钢材的热压力加工（或热加工）。

2. 点焊

将铸好的符合要求的角钢按图纸要求连接成所需要的灯架，采用点焊技术。

点焊是指通过加热或加压，或二者并用，以填充材料或不用填充材料，使零件达到相互结合的一种加工方法。

点焊是利用通电后焊条与焊件之间产生强大电弧，电弧提供热源，熔化焊条，滴落在焊件上被电弧吹成小凹槽的熔池中，并与焊件部分结成焊缝，将两焊件连接成为一个整体。点焊焊缝的质量比较可靠，是最常用的一种方法。

3. 切割

切割也称为切断，是角钢构件加工的一道工序。对端口的质量要求为：端口要平齐，即断面与角钢平面要垂直，切口不正会影响焊接、粘结等接连问题；端口切断处应无毛刺和铁渣，以免影响焊接质量。

角钢的切断方法可分为手工切断和机械切断两类。手工切断主要有钢锯切断、錾断、割刀切断、气割；机械切断主要有砂轮切割机切断、专用切割机切断等。

（1）人工切断

① 钢锯切断

钢锯切断是一种常用方法。钢材都可采用这种方法，尤其适用于 $DN50mm$ 以下的钢管、铜管的切断。钢锯条最常用的规格是 300mm（12in）×24 牙及 18 牙两种［其中牙数为 2.54cm（1in）长度内有 24 个牙或 18 个牙]。

手工钢锯切断的优点是设备简单，灵活方便，节省电能，切口不收缩和不氧化。缺点是速度慢、劳动强度大，切口平正较难做到。

② 切割刀切割

割刀切割是用带有刃口的圆盘形刀片，在压力作用下边进刀边沿角钢旋转，将角钢切断。采用割刀切割时，必须使割刀垂直于角钢表面，否则易损坏刀刃。割刀适用于比较多的切割场合，此方法具有切钢速度快，切口平正的优点，但产生缩口，必须用绞刀刮平缩口部分。

③ 錾断

錾断适用范围较小，所用工具为手锤和扁錾。为了防止将端口錾偏，可在角钢上预先划出垂直于角钢水平面的錾断线，方法是用整齐的厚纸板或油毡纸垫在角钢上面，用磨薄的石笔在扁钢上沿样板边划下来即可。操作时，在角钢的切断线处垫上厚木板，用錾子沿切断线錾 1～3 个回合至有明显凿痕，然后用手锤沿凿痕连续敲打，直至角钢切断。

錾切效率较低，切口不够整齐，极易损坏钢材（錾破或角钢表面出现裂纹）。通常用于缺乏机具条件下使用。

④ 气割

气割是利用氧气和乙炔气的混合气体燃烧时所产生的高温（约 1100～1150℃），使被切割的钢材熔化而生成四氧化三铁熔渣，熔渣松脆易被高压氧气吹开，使型材切断。手工气割采用射吸式割炬也称为气割枪或气割刀。气割的速度较快，但切口不整齐，有铁渣，需用钢锉或砂轮打磨和除去铁渣，否则影响焊接质量。

（2）机械切断

① 砂轮切割机。砂轮切割机的原理是高速旋转的砂轮片与角钢接触磨削，将角钢磨透切断。砂轮切割机适用于各种型钢，是目前施工现场使用最广泛的小型切割机具。

② 专用切割机。国内外有很多不同形式的切割机，国内已开发生产了一些产品，这种切割机较为轻便，对长度比较大的角钢切断尤为方便。

2. 扁钢

工作内容：号料，切割，卷圈，找圆，焊接，堆放，编号。

定额编号 8-504～8-506 直径（mm 以内）   （P152）

[应用释义]   扁钢：指厚度 3～60mm，呈条形的钢材，宽度＞101mm 的为大型；60～100mm 的为中型；＜59mm 的为小型扁钢。

扁钢灯具支架的结构形式，按不同设计要求分成很多种类，常用的有滑动支架，固定支架和吊架等。在生产装置外部，有些灯具支架属于大型支架。

1. 滑动扁钢支架

用在滑动扁钢支架，也称为活动扁钢灯架，一般都用在为了满足功能或讲求艺术性而故意允许灯具有一定位移的场合，它一方面承受灯具的重量，另一方面承受其他水平推力如风荷载等，沿轴前后滑动，但在轴端都有塑性软垫，是为了防止灯具由于经常位移或突然快速位移而损坏灯具。

2. 固定扁钢支架

固定扁钢支架，它不允许灯具有任何位移，安装牢固结实，一般广泛用于路灯灯架等。

3. 导向扁钢支架

导向扁钢支架，是允许灯具向一定方向活动的支架，在水平方向安装的导向扁钢支架，既起导向作用又起支承作用，在垂直方向上安装的导向扁钢支架，只能起导向作用。

导向扁钢支架在其一端有导向弹簧，一般水平安装时支架略有向导向弹簧一端下倾，使灯具能来回运动。垂直安装时导向弹簧安装在下端。不管是哪种方式，两端均有弹性软垫。

4. 扁钢吊架

扁钢吊灯架，有普通吊架和弹簧吊架两种，弹簧吊架适用于有垂直位移的灯具，灯具受力后，吊架本身起调节作用。

三、型钢煨制胎具

1. 角钢、扁钢

工作内容：样板制作，号料，切割，打磨，组对，整形，成品检查等。

定额编号 8-507～8-516 煨制直径（mm 以内） (P153～P154)

［应用释义］ 角钢：钢材经热压力加工后，钢锭内部的小气泡、裂纹、疏松等缺陷在压力作用下，得到一定程度的压合，使钢材的组织更加密实。

将钢锭加热至 1150～1300℃时，使钢材在轧钢机上的旋转轧辊热轧作用下成钢坯，再通过一系列轧辊，使钢坯的截面逐渐缩小，长度逐渐增加，最后轧成"L"形即为角钢。

扁钢：见定额编号 8-504～8-506 扁钢灯架制作释义。

型钢：钢材经加热压力加工后，钢锭内部的小气泡、裂纹、疏松等缺陷在压力作用下，得到一定程度的压合，使钢材组织更加密实。将钢锭加热至 1150～1300℃时，通过轧钢机上的旋转轧辊热轧成钢坯，再通过一系列轧辊，使钢坯的截面逐渐缩小，长度逐渐增加，最后轧成所需要的形状，即为型钢。

型钢煨制胎具，按制作工艺的不同，加工方法也不同，具体见第七章路灯架制作安装第一节说明应用释义。

2. 槽钢、工字钢

工作内容：样板制作，号料，切割，打磨，组对，焊接，整形，成品检查等。

定额编号 8-517～8-519 煨制直径（mm 以内） (P155)

［应用释义］ 型钢：见定额编号 8-507～8-516 煨制释义。

槽钢：型钢中，呈"U"形的钢材叫槽钢，可用作斜弯曲（双向弯曲）构件。由于槽钢的腹板较厚，所以，由槽钢组成的构件用钢量较大。槽钢分普通槽钢和轻型槽钢两种，也是以其截面高度的厘米数编号，例如［32a 即指截面高度为 320mm，而腹板较薄，槽钢的腹板厚度在［12.6 以上也有 a、b 两类或 a、b、c 三类。目前我国生产的槽钢为 5～40 号，长度为 5～19m。轻型槽钢的翼缘比普通槽钢的翼缘宽而薄，回转半径略大，重量也较轻。

工字钢：在型钢中，呈工字形的钢材叫工字钢。工字钢有普通工字钢、轻型工字钢和宽翼工字钢等三种。普通工字钢和轻型工字钢的两个主轴方向的惯性矩相差较大，不宜单独做轴心受压构件或承受双弯弯曲构件，而宜用作为在其腹板平面内受弯的构件，或由几个工字钢组合成组合构件。宽翼缘工字钢（或称 H 形钢）平面内外的回转半径较接近，宜用作轴心受压柱之类的构件，目前国外 H 形钢材发展很快。

普通工字钢用号数表示，例如 I20 表示工字钢高度为 200mm，18 号以上的工字钢，同一号数有两种或三种不同的腹板厚度，分别用 a、b 或 a、b、c 表示，并在号数中注明，例如 I32a，即腹板为 a 的一种。轻型工字钢的翼缘比普通工字钢的翼缘宽而薄，回转半径也略大些。我国生产的普通工字钢为 10～63 号，轻型工字钢的最大号数为 70 号，长度均为 5～9m。宽翼缘工字钢开始试生产。

煨制：通过加热或冷弯的方法将钢材加工而弯成一定形状的钢材加工方法。

四、钢管煨制灯架

工作内容：样板制作，号料，切割，打磨，组对，焊接，整形，成品检查等。

定额编号　8-520～8-521　钢管规格及长度　　（P156）

［应用释义］钢管：钢管有镀锌钢管和无缝钢管。焊接钢管经过镀锌处理后，称为镀锌钢管，俗称白铁管。无缝钢管具有承受高压及高温的能力，随着壁厚的增加，承受压力及温度的能力也增加，可分为热轧及冷拔两种管。

1. 钢管切割

切割又称切断，是管道加工的一道工序，切断过程常称为下料。对管子切口的质量要求为：管道切口要平齐，即断面与管子轴心线要垂直，切口不正会影响套丝、焊接、粘结等接口质量；管口内外无毛刺和铁渣，以免影响焊接质量；切口不应产生断面收缩，以免减小管子的有限断面积从而减少流量。

管道的切断方法可分为手工切断和机械切断两类。

（1）人工切断。管道的人工切断方法与角钢人工切断方法基本相同，详见定额编号 8-501～8-503 角钢架制作释义。

（2）机械切断

① 砂轮切割机。砂轮切割机的原理是高速旋转的砂轮片与管壁接触磨削，将管壁磨透切断。砂轮切割机适合于切割 DN150 以下的金属管材，它既可切直，也可切斜口。砂轮机也可用于切割塑料管和各种型钢。是目前施工现场使用最广泛的小型切割机具。

② 套丝机切管。适合施工现场的套丝机均配有切管器，因此它同时具有切管，坡口（倒角）、套丝的功能。套丝机用于 $DN \leqslant 100mm$ 焊接钢管的切断和套丝，是施工现场常用的机具。

③ 专用管子切割机。国内外用于不同管材、不同口径和壁厚的切割机很多。国内已开发生产了一些产品，如用于大直径钢管切割机，可以切断 DN75～DN600，壁厚 12～20mm 的钢管，这种切断机较为轻便，对埋于地下管道或其他管网的长管中间切断尤为方便。

还有一种电动自爬割管机，可以切割 $\phi133 \sim \phi1200$，壁厚 $\leqslant 39mm$ 的钢管、铸铁管。

2. 钢管煨制灯架

（1）冷弯弯管

见第七章路灯灯架制作安装工程第一节说明应用释义中冷弯煨制的释义。

（2）热弯弯管

热弯弯管是将管子加热后进行弯曲的方法。加热的方式有焦炭加热、电加热、氧-乙炔加热等。焦炭燃烧加热弯管由于劳动强度大，弯管质量不易保证，目前施工现场已极少采用。

中频弯管机可弯制 $\phi325\times\phi10$ 的弯头，弯曲半径为管外径的 1.5 倍。火焰弯管机能弯制的范围：$\phi76\sim\phi426$，壁厚 4.5～20mm，弯曲半径 R 为 2.5～5 倍 DN 的钢管。

五、钢板卷材开卷与平直

工作内容：样板制作，号料，切割，打磨，组对，焊接，整形，成品检查。

定额编号 8-522～8-523 钢板厚度（mm 以内） （P157）

[应用释义] 卷材：见第七章路灯灯架制作安装第一节说明应用释义。

钢板卷材，是由钢板卷制而成，分为直缝卷焊钢板和螺旋卷焊两种。直缝卷焊多数在施工现场制造或委托加工厂制造，专业卷材厂不生产。钢板材料有 Q235、10 号、20 号、16Mn 等，其规格范围为公称直径 200～300mm，最大的有 4000mm；螺旋卷焊的由卷材厂生产，材质有 Q235、16Mn，其规格范围为公称直径 200～700mm。

六、无损探伤检验

1．X 光透视

工作内容：准备工作，机具搬运安装，焊缝除锈，固定底片，拍片，暗室处理，鉴定，技术报告。

定额编号 8-524～8-527 板厚（mm 以内） （P158）

[应用释义] 为了确保结构或物件的受力性能和焊接连接的可靠质量，从施焊开始到工程验收，都应符合施工验收规范的各项具体要求。对首次采用的钢种和焊接材料，必须进行焊接工艺性能和力学性能试验，符合要求后方能施焊。焊工应经过严格考试并取得合格证后方可施焊。焊条、焊剂和焊丝使用前应按质量证明书的规定进行烘焙。低氢型焊条经过烘焙后，应放在保温箱内随取随用。多层焊接连续施焊，其中每一层焊道焊完后应及时清理，如发现有影响焊接质量的缺陷，必须清除后再焊。焊缝出现裂纹时，焊工不得擅自处理，应申报焊接技术负责人查清原因，订出修补措施后，方可处理。

钢结构焊缝质量检验分三级，各级检验项目、检查数量、检验方法和质量标准应符合现行《钢结构工程施工及验收规范》的规定。

各级焊缝应全部进行外观检查，焊缝金属表面焊波应均匀，不得有裂纹、夹渣、焊瘤、烧穿、弧坑和针状气孔等缺陷，焊接区不得有飞溅物。对接焊缝、角焊缝和 T 形接头的 K 形焊缝等的外形尺寸的偏差，不得超过规范规定的允许值。

焊缝内部的缺陷是无法通过外观检验发现的，常用的检验焊缝内部缺陷的方法是 X 射线检验，用专用设备进行 X 射线透视，并可摄成底片以详细查看评定。

2．超声波探伤

工作内容：准备工作，机具搬运，焊道表面清理除锈，涂拌偶合剂，探伤，检查，记录，清理。

定额编号 8-528～8-532 板厚（mm 以内） （P159）

[应用释义] 焊缝：在焊接时利用通电后焊条与焊件之间产生强大电弧，电弧提供热源，熔化焊条，滴落在焊件上被电弧吹成小凹槽的熔池中，并与焊接熔化部分结成焊缝。

焊接过程基本上有两种冶金现象，即在不同焊接层次（焊道）的熔化金属的固化现象和焊缝周围的母材金属的热处理现象。焊接的特点是少量金属的快速熔化和由于周围金属（母材）的散热造成快速冷却，这就容易在焊缝和周围的热影响区内出现热裂纹和冷裂纹。

热裂纹是在焊接过程中，焊缝或其周围金属仍处于靠近熔点的温度时，由于杂质成分的偏析（杂质成分的熔点低于金属的熔点）而出现的裂纹。热裂纹是一种晶粒间的断裂。

冷裂纹是在低于 200℃下产生的裂纹，冷裂纹通常是穿晶的，可能在焊缝金属或周围的热影响区内产生，在钢焊件中引起冷裂纹的主要原因是氢的存在。在确定某种钢对冷裂纹是否敏感时，化学成分（特别是碳或碳当量）也是一个非常重要的因素。

使用低氢工艺和把焊件预热，是防止冷裂的有效方法。我国《钢结构工程施工及验收规范》规定，普通碳素结构钢厚度大于 34mm 和低合金结构钢厚度大于或等于 30mm，工作地点温度不低于 0℃时，应进行预热，其焊接预热温度及层间温度宜控制在 100～150℃，预热区应在焊接坡口两侧各 80～100mm 范围内（低于 0℃时，按试验确定）。

预热减慢焊接时在热影响区所产生的最大冷却温度。冷却速度的降低能导致在热影响区内产生较软的组织。另外，预热能使热影响区的温度有足够长的时间保持在一定温度以上，以便氢在冷却时能从该区扩散出来，避免发生焊道下的开裂。

焊接缺陷除裂纹（或裂缝）外，还有气孔、未熔透、夹渣、咬边、烧穿、凹坑、塌陷、未焊满等缺陷，这些缺陷都是在焊接过程中产生的。

焊接透陷的存在将会降低焊接连接的强度。尖锐的裂纹会引起显著的应力集中，其危害程度常比其他缺陷更为严重。气孔、夹渣、咬边、未透焊等缺陷亦将减少焊接连接的截面面积和降低焊缝的强度，对结构和构件的受力性能不利。特别是当结构在动力荷载作用时，焊接缺陷常是导致严重后果的祸根。

为了确保结构或构件的受力性能和焊接连接的可靠质量，从施焊开始到工程验收，都应符合施工验收规范的各项具体要求。对首次采用的钢种和焊接材料，必须进行焊接工艺性能和力学性能试验，符合要求后方能施焊。焊工应经过考试并取得合格证后方可施焊。焊条、焊剂和焊丝使用前应按质量证明书的规定进行烘焙。低氢型焊条经过烘焙后，应放在保温箱内随取随用。多层焊缝应连续施焊，其中每一层焊道焊完后应及时清理，及时除锈。

管道表面的锈层可用下列方法消除：

1. 人工除锈

人工除锈一般使用刮刀、锉刀、钢丝刷、砂布或砂轮片等摩擦外表面，将金属表面的锈层，氧化皮、铸砂等除掉。对于钢管的内表面除锈，可用圆形钢丝刷来回拉擦。内外表面除锈必须彻底，以露出金属光泽为合格，再用干净的废棉纱或废布擦干净，最后用压缩空气吹扫。

2. 机械除锈

采用金钢砂轮打磨或用压缩空气喷石英砂（喷砂法）吹打金属表面，将金属表面的锈层、氧化皮、铸砂等污物除净。

　　喷砂除锈是采用 0.4～0.6MPa 的压缩空气，把粒度为 0.5～2.0mm 的砂子喷射到有锈污的金属表面上，靠砂子的打击使金属表面的污物去掉，露出金属的质地光泽来。喷砂除锈的金属表面变得既粗糙又均匀，使油漆能与金属表面很好地结合，并且能将金属表面凹陷处的锈除尽，是加工厂或预制厂常用的一种除污方法。

　　喷砂除锈虽然效率高，质量好，但由于喷砂过程中产生大量的灰土，污染环境，影响人们的身体健康。为避免喷湿砂除锈后的金属表面再度生锈，须在水中加入一定剂量（10％～15％）的缓蚀剂（如磷酸三钠、亚硝酸钠），使除污后的金属表面形成一层牢固而密实的膜（即钝化）。实践证明，加有缓蚀剂的湿砂除锈后，金属表面可保持在短时间内不生锈。

　　3. 化学除锈

　　用酸洗的方法清除金属表面的锈层、氧化皮。采用浓度 10％～20％，温度 18～60℃的稀硫酸溶液浸泡金属物件 15～60min；也可用 10％～15％ 的盐酸在室温下进行酸洗。为使酸洗时不损伤金属，在酸溶液中加入缓蚀剂。酸洗后要用清水洗涤，并用 50％ 浓度的碳酸钠溶液中和，最后用热水冲洗 2～3 次，用热空气干燥。

　　钢结构焊缝质量检验分三级，各种检验项目、检查数量、检验方法和质量标准应符合现行《钢结构工程施工及验收规范》的规定。

　　各级焊缝应全部进行外观检查，焊缝金属表面焊波应均匀，不得有裂纹、夹渣、焊瘤、烧穿、孤坑和针状气孔等缺陷，焊接区不得有飞溅物。对接焊缝、角焊缝和 T 形接头和 K 形焊缝等的外形尺寸的偏差，不得超过规范规定的允许值。

　　焊缝内部缺陷是外观检验不能发现的，常用超声波探伤检验以补充外观检查的不足之处。超声波是由一个石英晶体构成的探头产生，用可变高频电场法，让石英晶体按其固定频率发生振动。探头放在被检验的物件（焊缝处）表面，传送一系列超声波脉冲，这些脉冲在障碍物表面和焊缝缺陷的表面反射。沿着焊缝移动探头，若焊缝内部没有缺陷，则在阴极射线示波器的荧光屏上呈现出干净、清晰、明亮的垂直线，否则在屏幕上出现过渡的亮线，从而可以确定焊缝的位置和尺寸。

第八章　刷油防腐工程

第一节　说明及工程量计算规则应用释义

一、本定额适用于金属灯杆面的人工、半机械除锈、刷油防腐工程。

[应用释义]　市政构筑物围护结构的耐酸防腐工程，如用于冷库，恒温车间等，由于本工程是有特殊要求的工程，所以对于耐酸防腐项目所需的材料，都应选用防腐材料。胶泥、砂浆是具有防腐性质，块料也是耐酸材料，所用的材料必须是经检验的合格品。

腐蚀主要是材料在外部介质影响下所产生的化学作用或电化学作用，使材料破坏或质变。由于化学反应引起的腐蚀称为化学腐蚀；由于电化学反应引起的腐蚀称为电化学腐蚀。对于金属材料（或合金材料），上述两种反应均会发生。

一般情况下，金属与氧气、氯气、二氧化硫、硫化氢气体或汽油、乙醇、苯等非电解质接触所引起的腐蚀都是电化学腐蚀。腐蚀的危害性很大，它使大量的钢铁和其他宝贵的金属变为废品，使生产和生活使用的设施很快报废。据国外有关资料统计，每年由于腐蚀所造成的经济损失约占国民生产总值的 4%。

二、人工、半机械除锈分轻、中锈二种，区分标准分：

1. 轻锈：部分氧化皮开始破裂脱落，轻锈开始发生。

2. 中锈：氧化皮部分破裂脱落呈堆粉末状，除锈后用肉眼能见到腐蚀小凹点。

[应用释义]　为了使防腐材料能起较好的防腐作用，除所选涂料本身能耐腐蚀外，还要求涂料和管道，设备表面能很好地结合。一般钢管（或薄钢板）和设备表面总有各种污物，如灰尘、污垢、油渍、氧化物、焊渣、毛刺等，这些都会影响防腐涂料对金属表面的附着力。如果铁锈（氧化物）未除尽，油漆涂刷到金属表面后，漆膜下被封闭的空气继续氧化金属，使之继续生锈，以致使漆膜被破坏，锈蚀加剧。为了增加油漆的附着力和防腐效果，在涂刷底漆前，必须将管道或设备表面的污物清除干净，并保持干燥。

轻锈：部分氧化开始破裂脱落，轻锈开始发生。

中锈：氧化皮部分破裂脱落呈堆粉末状，除锈后用肉眼能看到腐蚀小凹点。

对于轻锈和中锈，我们应视锈蚀情况严重程度的不同，采用不同的除锈方法。

管道及设备表面的锈层方法可参见定额编号 8-528～8-532 板厚释义。

另外还可采用旧涂料处理，即在旧涂料上重新刷漆时，可根据旧漆膜的附着情况，确定是否全部清除或部分清除。如旧漆膜附着良好，铲刮不掉可不必清除；如旧漆膜附着不好，则必须清除重新涂刷。

三、本定额不包括除微锈（标准氧化皮完全紧附，仅有少量锈点），发生时按轻锈定额的人工、材料、机械乘以系数 0.2。

[应用释义] 微锈：标准氧化皮完全紧附，仅有少量锈点的锈蚀。这种锈蚀通常影响不是太大，在一般市政工程中可不处理，但在要求较高的场合必须处理。

微锈的处理通常是用刮刀、锉刀、钢丝刷、砂布或砂轮片等工具，采取人工除锈的方法摩擦外表面，将金属表面的锈层、氧化皮、铸砂等除掉。发生时，按轻锈定额的人工、材料、机械乘以系数 0.2。

四、因施工需要发生的二次除锈，其工程量可另行计算。

[应用释义] 二次除锈是指由于施工过程中对除锈要求较高时，但已经过一次除锈的处理后再次除锈的过程。二次除锈要求对一次除锈后的不合格的地方进行细节处理。

二次除锈要求除锈仔细、认真，除锈方法可采用人工、机械、化学方法，一般不采用人工除锈，因为人工除锈往往达不到二次除锈的要求。二次除锈的工程量可另行计算。

五、金属面刷油不包括除锈费用。

[应用释义] 金属面刷油是刷油防腐的一个重要方法，它通常是在金属表面涂一些涂料等防腐材料达到防腐的目的。

常用的油漆涂料，按其是否加入固体材料（颜料或填料）分为：不加固体材料的清油、清漆和加固体材料的各种颜色涂料。

1. 管道涂料防腐

（1）室内和地沟内的管道及设备防腐，所采用的色漆应选用各色油性调和漆、各色酚醛磁漆、各色醇酸磁漆以及各色耐酸漆、防腐漆等。对半通或不通行地沟内的管道的绝热层，其外表应涂刷具有一定防潮耐水性能的沥青冷底子油或各色酚醛磁漆、各色醇酸磁漆等。

（2）室外管道绝热保护层防腐，应选用耐候性好的并具有一定防水性能的涂料。绝热保护层采用非金属材料时，应涂刷两道各色酚醛磁漆或各色醇酸磁漆，也可先涂刷一道沥青冷底子油，再刷两道沥青漆。当采用薄钢板做绝热保护层时，在薄钢板内外表面均先刷两道红丹防锈漆，其外表面再涂两道色漆。

2. 明装管道及设备涂料防腐层

明装管道及设备的涂料品种选择，一般不考虑耐热问题，主要根据其所处的周围环境来确定涂层类别。

（1）室内及通行地沟内明装管道及设备，一般先涂刷两道红丹油性防锈漆或红丹酚醛防锈漆，外面再涂刷两道各色漆或各色磁漆。

（2）室外明装管道及设备，半通行和不通行地沟内的明装管道，以及室内的冷水管道，应选用具有一定防潮耐水性能的涂料。其底漆可用红丹酚醛防锈漆，面漆可用各色酚醛磁漆，各色醇酸磁漆或沥青漆。

3. 埋地金属管道的防腐

为了减少管道系统与地下土层接触部分的金属腐蚀，管材的外表面必须按要求进行防腐，敷设在腐蚀性土层中的室外直接埋地的管道应根据腐蚀性程度选择不同等级的防腐层。如设在地下水位以下时，须考虑特殊防水措施。

（1）沥青

沥青是一种有机胶结构，主要成分是复杂的高分子烃类混合物及含硫、含氮的衍生物。它具有良好的粘结性、不透水性和不导电性。能抵抗稀酸、稀碱、盐、水和土层的侵蚀，但不耐氧化剂和有机溶剂的腐蚀，耐气候性也不强。它价格低廉，是地下管道最主要的防腐材料。

沥青有两大类：石油沥青和煤沥青。

石油沥青有天然石油沥青和炼油沥青。天然石油沥青是在石油产地天然存在的或从含有沥青的岩石中提炼而得；炼油沥青则是在提炼石油时得到的残渣，经过继续蒸馏或氧化后而得。在防腐过程中，一般采用建筑石油沥青和普通石油沥青。

煤沥青又称煤焦油沥青、柏油，是由烟煤炼制焦碳或制取煤气时干馏所挥发的物质中冷凝出来的黑色黏性液体，经进一步蒸馏加工提炼所剩的残渣而得。煤沥青对温度变化敏感、软化点低、低温时性脆，其最大的缺点是有毒，因此一般不直接用于工程防腐。

沥青的性质是用针入度、伸长度、软化点等指标来表示的。在管道及设备的防腐工程中，常用的沥青型号有 30 号甲，30 号乙，10 号建筑石油沥青和 75 号、65 号、55 号普通石油沥青。

（2）防腐层结构及施工方法

埋地管道腐蚀的强弱主要取决于土层的性质。

采用机械法或酸洗法除去管子表面上的污垢、灰尘和铁锈后，在 24h 内应在干燥洁净的管壁上涂刷冷底子油。涂时应保持涂层均匀，油层厚度为 0.1～0.15mm。

4. 钢管和铸铁管道的防腐

埋设地下的钢管和铸铁管，很容易腐蚀。为了延长管子的使用寿命，在管内设置衬里材料。根据介质的种类，设置各种不同的衬里材料，如橡胶、塑料、玻璃钢、涂料等。其中以橡胶衬里和水泥砂浆最为常用。

（1）橡胶衬里

① 衬胶管道的性能

橡胶具有较强的耐化学腐蚀能力，除可被强氧化剂（硝酸、铬酸、浓硫酸及过氧化氢等）及有机溶剂破坏外，对大多数的无机酸、有机酸及各种盐类、醇类等都是耐腐蚀的，可作为金属设备、管道的衬里。根据管内输送介质的不同以及具体的使用条件，衬以不同种类的橡胶。衬胶管道一般用于输送 0.6MPa 以下和 50℃ 以下的介质。

根据橡胶含硫量的不同，橡胶可分为软橡胶、半硬橡胶和硬橡胶。软橡胶含硫量为 2%～4%，半硬橡胶含硫量为 12%～20%，硬橡胶含硫量为 20%～30%。

橡胶的理论耐热度为 80℃，如果在温度作用时间不长时，也能耐较高的温度（常达到 100℃），但在灼热空气长期作用下，会使橡胶老化。橡胶还具有较高的耐磨性，适宜做泵和管道的衬里材料，可输送含有大量悬浮物的液体。

在化学耐腐蚀性方面，硬橡胶比软橡胶性能强，而且硬橡胶比软橡胶更不易氧化，膨胀变形也小。硬橡胶比软橡胶的抵抗气体透过性强，工作介质为气体时，宜以硬橡胶衬里；当衬胶层工作温度不变，机械作用不大时，宜采用硬橡胶。采用橡胶衬里管材通常为碳素钢管。

② 衬胶管道的安装

防腐蚀衬胶管道全部用法兰连接,弯头、三通、四通等管件均制成法兰式。预制好的法兰管及法兰管件,法兰阀件均编号,打上钢印,按图安装。法兰间须预留衬里厚度和垫片厚度,用厚垫片或多层垫片垫好,将管子管件连接起来,安装到支架上。

衬胶管道安装好后,须作水压试验。试验压力为 0.3~0.6MPa,历时 15min 水压表指示值不下降,则为合格,然后拆下来送橡胶制品厂进行衬里。防腐衬胶管道的第一次安装装配不允许强制对口硬装,否则衬胶后可能安装不上。

(2) 水泥砂浆衬里

水泥砂浆衬里适用于生活饮用水和常温工业用水的输水钢管,铸铁管道和储水罐的内壁防腐蚀。

水泥砂浆衬里常采用喷涂法施工。衬里用的水泥砂浆应混合得十分均匀,且搅拌时间不宜超过 10min,其重量配比为水泥∶砂∶水＝1.0∶1.5∶0.32。水泥砂浆衬里厚度与管径有关,厚度以 5~9mm 不等。

水泥砂浆衬里的质量,应达到表面无脱落、孔洞和突起的最低标准。

六、本定额按安装地面刷油考虑,没考虑高空作业因素。

[应用释义] 本册电气安装工程定额是编制市政安装工程施工图预算的依据,也是编制预算定额,预算指标的基础,它适用于低压低空作业,不考虑高空作业因素。

例如本章防腐工程定额按安装地面刷油考虑,没考虑高空作业。若实际使用到时,可套用相关规则计取"超高费"。其规则可参见第一章变配电设备安装第一节说明应用释义第一条释义中脚手架搭拆费、高层建筑增加费及超高费用的释义。

七、油漆与实际不同时,可根据实际要求进行换算,但人工不变。

[应用释义] 防锈漆:防锈漆可分为油性防锈漆和树脂防锈漆两种。在实际操作中,我们最常用的油性防锈漆有红丹油性防锈漆和铁红油性防锈漆;树脂防锈漆有红丹酚醛防锈漆、锌黄醇酸防锈漆。这两种防锈漆均有良好的防锈性能,主要用于涂刷钢材表面,用来防锈。

1. 油性防锈漆

(1) 清漆

清漆是用树脂、亚麻油或松节油等制成的一种不含颜料的油漆。分油质清漆和挥发性清漆两大类。油质清漆也叫凡立水,如脂胶清漆等。漆膜干燥快,光泽较好,可用于物体表面的罩光。挥发性清漆如虫胶油漆(俗称泡立水)是将漆片(油胶漆)溶于酒精(纯度95%以上)内制得的,使用方便、干燥快、漆膜坚硬光亮,但耐水、耐热、耐气候性较差,易失光,多用于室内木材内面层打底和罩面。

(2) 调和漆

调和漆质地均匀,稀稠适度,漆膜耐蚀、耐晒、经久不裂、遮盖力强、施工方便,适用于室内外钢铁、木材等材料表面,常用的有油性调和漆和磁性调和漆。

(3) 氯碘化聚乙烯液

氯碘化聚乙烯液以氯碘化聚乙烯橡胶为生成膜主体,辅以氯化橡胶环氧树脂等。填加多种防锈、耐腐颜料、稳定剂、防老剂、固化硫剂、混合溶剂等混合而成。

2. 树脂防锈漆

（1）沥青漆

沥青漆耐潮、耐水、价廉，耐化学腐蚀性较好，有一定绝缘强度等优点，但色黑，对日光不稳定，有锈色性。

L50-1 沥青耐酸漆：

代号为 HG2-587-74 黑色，漆膜平整光滑，黏度为 50～80s，干燥时间不大于 24h。常温干燥，具有良好的耐酸性能，特别能耐硫酸腐蚀，并有良好的附着力。

L01-6 沥青清漆：

代号为 HG2-584-74 黑色，漆膜平整光滑，黏度为 20～30s，干燥时间不大于 2h，附着力不大于 2 级。具有良好的耐水、耐腐蚀，防潮性能，但机械性能较差，耐候性不好，不能用于户外或阳光直射的表面。

F53-31（F53-1）红丹酚醛防锈漆：

代号为 HG2-782-74 桔红，漆膜平整，允许略有刷痕，黏度为 40～80s，干燥时间不大于 24h，防锈性能好，用于钢铁结构，钢铁器材表面除锈打底。因红丹与铝等起电化反应，故不能在铝、锌及镀锌钢板上直接涂刷，否则易起皮脱落。

T07-2 灰酯胶腻子：

代号为 HG2-571-74 灰色，色调不稳定，涂刮后腻子层应平整，无明显细粒，无擦痕，无气泡，干后无裂纹。干燥时间不大于 24h，成膜性能比血料腻子、石膏腻子好，但次于醇酸腻子和环氧腻子，涂刮性能好，可自然干燥，易于打磨，用于填平钢铁木材表面。

C06-1 铁红醇酸底漆：

代号为 HG2-113-74 漆膜平整无光，色调不规定。黏度为 60～120s，干燥时间不大于 24h。防锈性能好，用于钢铁结构、钢铁器材、表面防锈打底，因底漆与铝等起电化学作用，故不能在铝、锌及镀锌及镀锌钢板上直接涂刷，否则易起皮脱落。

沥青漆施工：在水泥砂浆混凝土及本质基层上，先用稀释的沥青清漆打底；金属基层一般用铁红醇酸底漆或红丹酚醛防锈漆打底。底漆干实后，再涂刷沥青耐酸漆或沥青漆。每层漆应在前层漆实干后涂刷，施工间隔一般为 24h，沥青耐酸漆也可直接涂刷在金属基层上。

（2）漆酚树脂漆

在水泥砂浆，混凝土及土质基层上，先用稀释的漆酚树脂清漆打底，然后再涂刷漆酚树脂底料；金属基层可直接用漆酚树脂漆打底。底漆实干后，再进行过渡漆、面漆的施工。每层漆应在前一层漆实干后涂刷，施工间隔一般为 24h。

（3）聚氨酯漆

聚氨酯漆耐磨性较强，附着力好，耐潮、耐水、耐热、耐溶剂性较好，耐化学腐蚀。具有良好的绝缘性，表面光洁度较高，质感好，并且有随动性等特点。

① 对于聚氨酯漆，要特别注意其材料配套使用，聚氨酯底漆、磁漆、清漆均为三组分包装，腻子则在清漆中加填料（石英粉）配制。

② 涂料防腐工程。

a. 材料进场应有出厂证明书。

b. 涂料为易燃物质，各种溶剂多为有毒易燃液体，挥发出的气体与空气混合成为爆炸气体，为此现场应设置专用库房，并备有灭火方面的器材。

　　c. 材料应密封保存，库房应阴凉干燥，温度以 10℃ 为宜，但不允许低于 0℃，夏季应能通风自然或机械通风。

　　③ 基层处理。

　　a. 木质基层表面应平整、光滑，节瘤、脂囊应予清除，含水率应不大于 15%。

　　b. 水泥砂浆或混凝土基层应坚固密实。不应有裂缝、起砂、麻面等。基层上的油垢应清除并用有机溶剂擦净。表面的碱性物质可用 5% 硫酸锌溶剂涂刷再用清水洗至中性。基层应干燥，在 20mm 深度内含水率不应大于 6%。

　　c. 金属基层表面应平整，施工前应把焊渣、毛刺、油垢、尘土、铁锈等清扫干净。铲渣、除锈使用手工外，可采用电动、风动工具进行，以提高工效。

　　d. 各种基层，对细小裂缝，凸凹不平等缺陷应用腻子刮平。应先用稀释的清漆打底，然后再刮腻子，腻子实干后，需打磨平整、拭净，再进行底漆施工。

　　另外，防腐材料还有：

　　(1) 水玻璃类耐酸材料：凡以水玻璃为胶结材料，加入固化剂（氟硅酸钠）和耐酸填料拌制而成的材料。

　　(2) 硫磺类耐腐蚀材料：凡以硫磺为胶结材料，加入填料（石英粉、石英砂）、增韧剂（聚硫橡胶），经加热熬制而成的材料。

　　(3) 沥青类耐腐蚀材料：凡以沥青为胶结材料，加入耐腐蚀粉料和骨料（石棉泥、石英粉、石英砂）经拌制而成的材料。

　　(4) 树脂类防腐蚀材料：它主要是由聚酯化合物和双酚 A 型不饱和聚酯砂浆，邻苯型聚酯稀胶泥，树脂底料等和素水泥组成。

　　(5) 聚氯乙烯塑料防腐材料：它是在聚氯乙烯树脂中加入增塑剂、稳定剂、润滑剂、填料、颜料等加工而成的一种热塑性塑料。在市政工程防腐中，常使用聚氯乙烯板材料制品作设备衬里和地面、墙面的防腐蚀面层。

　　(6) 涂料类防腐材料：涂料是由成膜物质（油脂、树脂）与填料、颜料、增韧剂、有机溶剂等按一定比例配制而成，主要适用于遭受化工大气腐蚀、酸雾腐蚀、腐蚀性液体滴溅等部位。常用耐蚀涂料过氯乙烯漆、沥青漆、生漆、漆酚树脂漆、酚醛漆、聚氨酯漆配套品种。

　　(7) 防腐蚀玻璃钢：又称玻璃纤维增强塑料，是以玻璃或其织物制品为增强材料，以树脂为粘结剂，经过一定的成型工艺制成的复合材料。常用于不饱和聚酯树脂中加苯乙烯及固化剂（亦称"变定剂"）等，涂于玻璃纤维上，再经加工成形即为玻璃钢。

　　油漆与实际不同时，可根据实际要求进行换算，但人工不变。

第二节　定额应用释义

一、手工除锈

工作内容：除锈、除尘。

定额编号　8-533～8-536　灯杆　灯架　(P164)

〔应用释义〕 手工除锈：手工除锈一般使用刮刀、锉刀、钢丝刷、砂布或砂轮片等摩擦外表面，将金属表面的锈层、氧化皮、铸砂等除掉。

轻锈、中锈：见第八章刷油防腐工程第一节说明及工程量计算规则应用释义第二条释义。

二、喷射除锈

工作内容：运砂、烧砂、喷砂、砂子回收、现场清理及修理工机具。

定额编号 8-537～8-838 喷石英砂 （P165）

〔应用释义〕 喷石英砂的除锈：见定额编号 8-528～8-532 板厚中机械除锈释义。

定额编号 8-539～8-540 喷河砂 （P165）

〔应用释义〕 喷河砂：见定额编号 8-528～8-532 板厚释义中机械除锈的释义。

三、灯杆刷油

工作内容：调配、涂刷。

定额编号 8-541～8-542 红丹防锈漆 （P166）

〔应用释义〕 腐蚀主要是材料在外部介质影响下所产生的化学作用或电化学作用，使材料破坏和质变。由于化学反应引起的腐蚀称为化学腐蚀；由于电化学反应引起的腐蚀称为电化学腐蚀，金属材料（或合金材料）上述两种反应均会发生。

一般情况下，金属与氧气、氯气、二氧化硫、硫化氢等气体或汽油、乙醇、苯等非电解质接触所引起的腐蚀都是电化学腐蚀。腐蚀的危害性很大，它使大量的钢铁和其他宝贵的金属变为废品，使生产和生活使用的设施很快报废。

红丹酚醛防锈漆：代号 HG2-782-74，桔红色，漆膜平整，允许略有刷痕，黏度为 40～80s，干燥时间不大于 2min，附着力不大于 2 级。具有良好的耐水、耐腐蚀、防潮性能，但机械性能较强，耐候性不好，不能用于户外或阳光直射的表面。主要用于容器或金属机械表面。

定额编号 8-543～8-544 防锈漆 （P166）

〔应用释义〕 防锈漆：为了在工程上防止金属器具生锈利用各种有机质等形成的一种油漆。

在市政工程常用的防锈漆有：

1. 过氯乙烯漆

过氯乙烯漆：干燥快，颜色浅，且有良好的耐气候性、柔韧性、耐水性、耐冲击性，还有较好的耐酸、耐碱、耐盐性及耐化学特点，但附着力较差，打磨、抛光性较差，固体含量较低，有毒、易燃。

过氯乙烯漆及其配套底漆的特点与用途：

G07-3 各色过氯乙烯腻子：

代号为 HG2-624-74 色调不规定，腻子膜应平整，无明显粗粒。干燥时间不大于 3min。它具有耐气候性、防潮性，防霉性比油腻子好，干燥较快，涂刮性能等特点。用于填平过氯乙烯底漆的钢材或木材表面。

G06-4 铁红过氯乙烯底漆：

代号为 HG2-623-74 铁红，色调不规定，漆胶平整，无粗粒，黏度（涂-4 黏度计）60～140s,附着力不大于 2 级。具有耐腐及防锈性能，比醇酸底漆好，但附着力不太好等特点。用于钢铁或木材表面打底。

H52-31（G52-1）各色过氯乙烯防腐漆：

代号为 HG2-625-74 符合标准样板及色差范围，漆膜平整光亮。黏度为（涂-4 黏度计）30～75s，附着力不大于 3 级。具有优良的防腐蚀性能，耐酸碱性，防霉和防潮性均较好等特点。与过氯乙烯底漆配套用于钢铁、木材、水泥表面上。

G52-2 过氯乙烯防腐清漆：

代号为 HG2-626-74 浅黄色透明液体，无显著机械杂质。黏度（涂-4 黏度计）20～50s。具有优良的防腐蚀性能，并能防霉、防潮、防火，但附着力较差等特点。可用于设备、管道防腐，也可单独用来浸渍木质物件。

X12-71（X08-1）各色乙酸乙烯无光乳胶漆：

代号为 HG2-628-74 符合标准样板及色差范围，平整无光，黏度（涂-4 黏度计）15～45s（加 20％水测定），干燥时间（25+0℃，相对湿度 65+5％）不大于 2min，漆膜能经受弱碱洗涤，可在略潮水泥面上施工，干燥较快，涂刷方便，可用水直接稀释。可作建筑物内用涂料，外用可选 X08-2。

C06-1 铁红醇酸底漆：

代号为 HG2-113-74 漆膜平整无光，色调不规定。黏度为 60～120s，干燥时间不大于 24h，附着力不大于 1 级。具有较好的附着力和防锈能力，与醇酸、过氯乙烯等多种面漆的层间结合力好。在一般气候条件下耐久性好，在湿热地区条件下耐久性差，作防锈底漆用。

H06-2 铁红环氯底漆：

代号为 HG2-605-76 铁红，色调不规定，漆膜平整。黏度为 50～70s，干燥时间不大于 36h，附着力不大于 1 级。漆膜坚韧耐久，附着力好，与磷化底漆配套，使用时可提高漆膜防潮、防盐雾、防锈性能。可用于沿海地区湿热地带，适用于黑色金属表面打底。

2. 氯磺化聚乙烯液

氯磺化聚乙烯液，以氯磺化聚乙烯橡胶为成膜主体，辅以氯化橡胶环氧树脂等，添加多种防锈、耐蚀颜料、稳定剂、防老剂、固化硫剂、混合溶剂等混合而成。

3. 聚氨酯漆

聚氨酯漆：耐磨性较强、附着力好、耐潮、耐水、耐热、耐溶剂性好、耐化学腐蚀。具有良好的绝缘性，表面光洁度较高，质感好，并且有随动性等特点。

4. 漆酚树脂漆

酚醛树脂漆：涂膜坚硬，耐水性良好，纯酚醛涂料耐化学腐蚀良好，有一定的绝缘性，附着力好等优点，涂膜较脆，颜色易变深，耐大气候性较差，易粉化，不能制成白色或深色涂料。

酚醛树脂漆施工：

（1）水泥砂浆、混凝土及木质基层上，宜先用稀释的酚酸清漆打底，然后再涂刷红丹酚醛防锈漆或铁红酚醛底漆；金属基层可直接用红丹酚醛防锈漆或铁红酚醛底漆打漆。底漆实干后，再涂刷酚醛耐酸漆。每层漆应在前一层漆实干后涂刷，施工间隔一般为 24h，酚醛耐酸漆也可直接涂刷在金属和本质基层上。

（2）施工黏度（涂-4 黏度计），涂刷时 30～50s，调整黏度用的稀释剂为溶剂汽油或松节油。

定额编号 8-545～8-546 调合漆 （P167）

[应用释义] 调合漆：质地均匀，稀稠适度，漆膜耐蚀、耐晒、经久不裂、遮盖力强、施工方便，适用于室内外钢铁、木材等材料表面，常用的有油性调和漆和磁性调和漆等。

定额编号 8-547～8-548 磁漆 （P167）

[应用释义] 常用的油漆涂料，按其是否加入固体材料（颜料和填料）分为：不加固体材料的清油、清漆和加固体材料的各种颜色涂料。

室内和地沟内的管道及设备防腐，所采用的色漆应选用各色油性调和漆、各色酚醛磁漆、各色醇酸磁漆以及各色耐酸漆、防腐漆等。对半通行或不通行地沟内的管道的绝热层，其外表面应涂刷具有一定防潮耐水性能的沥青冷底子油或各色醇酸磁漆等。

室外管道绝热保护层防腐，应选用耐候性好并具有一定防水性能的涂料。绝热保护层采用非金属材料时，应涂刷两道各色酚醛磁漆或各色醇酸磁漆，也可先涂刷一道沥青冷底子油，再刷两道沥青漆。当采用薄钢板做绝热保护层时，在薄钢板内外表面均应先刷两道红丹防锈漆，其外表面再涂两道色漆。

四、一般钢结构刷油

工作内容：调配、涂刷。

定额编号 8-549～8-552 防锈漆 （P168）

[应用释义] 为了使防腐蚀材料能起较好的防腐作用，所选涂料本身能耐腐蚀外，还要求涂料和管道、设备表面能很好地结合。一般钢管（或薄钢板）和设备表面总有各种污物，如灰尘、污垢、油渍、氧化物、焊渣、毛刺等，这些都会影响防腐涂料对金属表面的附着力。如果铁锈（氧化物）未除尽，油漆涂刷到金属表面后，漆膜下被封闭的空气继续氧化金属，使之继续生锈，以致使漆膜被破坏，锈蚀加剧。为了增加油漆的附着力和防腐效果，在涂刷底漆前，必须将管道或设备表面的污物清除干净，并保持干燥。

管道及设备表面的锈层可用下列方法消除：

见第八章刷油防腐工程第一节说明工程量计算规则应用释义第二条释义。

常用的油漆涂料、管道涂料防腐：见定额编号 8-547～8-548 磁漆释义。

明装管道及设备涂料防腐层：

明装管道及设备的涂料品种选择，一般不考虑耐热问题，主要根据其所处周围环境来确定涂层类别。

（1）室内及通行地沟内明装管道及设备，一般先涂刷两道红丹油性防锈漆或红丹酚醛防锈漆；外面再涂刷两道各色油性调和漆或各色磁漆。

（2）室外明装管道及设备，半通行和不通行地沟内的明装管道以及室内的冷水管道，应选用具有一定防潮耐水性能的涂料。其底漆可用红丹酚醛防锈漆，面漆可用各色酚醛磁漆、各色醇酸磁漆或沥青漆。

涂漆施工：

涂漆的环境空气必须清洁，无煤烟、灰尘及水汽。环境温度宜在 15～35℃之间，相对温度在 70%以下。室外涂漆遇雨、降露时应停止施工。涂漆的方式有下述几种：

1. 手工涂刷

手工涂刷应分层涂刷，每层应往复进行，纵横交错，并保持涂层均匀，不得漏涂（快干性漆不宜采用刷涂）。

2. 机械喷涂

采用的工具为喷枪，以压缩空气为动力。喷射的漆流和喷漆面垂直。喷漆面为平面时，喷嘴与喷漆面应相距 250～350mm；喷漆面如为圆弧面，喷嘴与喷漆面的距离应为 400mm 左右。喷涂时，喷嘴的移动应均匀，速度宜保持在 10～18m/min。喷漆使用的压缩空气压为 0.2～0.4MPa。

第三部分

1999 年版定额交底资料

第一章 定 额 说 明

一、编制依据及参考资料

1. 新编《全国统一安装工程预算定额》及《全国统一市政工程预算补充定额》和有关编制资料

2. 《电气装置安装工程 1kV 及以下配线工程施工及验收规范》

3. 建设部《全国安装工程统一劳动定额（第 20 册）电气安装工程》

4. 《民用建筑电气设计规范》

5. 《电气装置安装工程施工及验收规范》

6. 《电气工程标准规范综合应用手册》

7. 《建筑电气安装工程质量检验评定标准》

8. 《工业企业照明设计标准》

9. 《全国通用建筑标准设计（电气装置标准图集）》

10. 《电气工业技术管理法规》

11. 《电气装置安全工程施工及验收规范》

12. 《电气建设安全工程施工及验收规范》

13. 《全国城市道路照明设计标准》

14. 现行的电气安装工程标准图，有代表性的设计图纸、施工资料

15. 有关技术手册

二、适用范围

适用于城镇市政道路、广场照明工程的新建、扩建工程、不适用于庭院内、小区内、公园内、体育场内及装饰性照明等工程。

三、主要内容

变配电设备，架空线路，电缆工程，配线配管，照明器具安装，防雷接地装置安装等，共八章 552 个子目。

四、界线划分

本册定额与安装定额界线划分，是以路灯供电系统与城市供电系统碰头点为界。

五、有关数据的取定

1. 人工

（1）本定额人工不分工种和技术等级均以综合工日计算，包括基本用工、其他用工。综合工日计算式如下：

$$综合用工 = \Sigma（基本用工 + 其他用工）\times（1 + 人工幅度差率）$$

基本工日、其他工日以全统安装预算定额有关的劳动定额确定。超运距用工可以参照有关定额另行计算。

（2）人工幅度差 ＝（基本用工 + 其他用工）×（人工幅度差率）

人工幅度差率综合为 10%。

2. 材料

(1) 本定额的材料消耗量按以下原则取定：

① 材料划分为主材、辅材两类。

② 材料费分为基本材料费和其他材料费。

③ 其他材料费占基本材料费的 3%。

(2) 本定额部分材料的取定：

① 本定额中所用的螺栓一律以 1 套为计量单位，每套包括 1 个螺栓、1 个螺母、2 个平垫圈、1 个弹簧垫圈。

② 工具性的材料，如砂轮片、合金钢冲击钻头等，列入材料消耗定额内。

③ 材料损耗率按表 3-1 取定。

表 3-1

序 号	材 料 名 称	损耗率（%）	序 号	材 料 名 称	损耗率（%）
1	裸铝导线	1.3	15	一般灯具及附件	1.0
2	绝缘导线	1.8	16	中灯号牌	1.0
3	电力电缆	1.0	17	白炽灯泡	3.0
4	硬 母 线	2.3	18	玻璃灯罩	5.0
5	钢绞线、镀锌钢丝	1.5	19	灯头开关插座	2.0
6	金属管材、管件	3.0	20	开关、保险器	1.0
7	型 钢	5.0	21	塑料制品（槽、板、管）	1.0
8	金 具	1.0	22	金属灯杆及铁横担	0.3
9	压接线夹、螺栓类	2.0	23	木 杆 类	1.0
10	木螺钉、圆钉	4.0	24	混凝土电杆及制品类	0.5
11	绝 缘 子 类	2.0	25	石棉水泥板及制品类	8.0
12	低压瓷横担	3.0	26	砖、水泥	4.0
13	金属板材	4.0	27	砂、石	8.0
14	瓷夹等小瓷件	3.0	28	油 类	1.8

3. 施工机械台班

(1) 本定额的机械台班是按正常合理的机械配备和大多数施工企业的机械化程度综合取定的。如实际情况与定额不符时，除另有说明者外，均不得调整。

(2) 单位价值在 2000 元以下，使用年限在两年以内的不构成固定资产的工具，未按机械台班进入定额，应在费用定额内。

第二章　各章有关问题的说明

一、变配电设备工程

（1）本章定额包括变压器安装，分杆上安装变压器，容量在 50、100、180、320kV·A，台上安装变压器容量在 500kV·A 以内及变压器油过滤。组合型成套箱式变压站安装分不带高压开关柜与带高压开关柜两种，变压器分 100、315、630kV·A 不同容量，电力电容器安装按重量区分为 30、60、120、200kg 以内。配电柜箱制作安装分高压成套配电柜安装、成套低压路灯控制柜安装。在高压成套配电柜安装节中又分单母线柜与双母线柜，包括了路灯工程常用的断路器柜、互感器柜、手车式柜与其他柜，成套低压路灯控制柜安装在常规电气配电柜中分为计量柜、控制总柜、照明分柜、动力分柜、电容器分柜子目，在落地式控制箱安装中有半周长 1m 以内、2m 以内，按分路负载有二路、三路、四路、六路子目，杆上配电设备安装设立了跌落式熔断器、避雷器、隔离开关、油开关、配电箱安装子目，杆上控制箱安装有二路、三路等，分 100、315、630kV·A 不同容量，电力电容器安装按重量区分为 30、60、120、200kg 以内。设定距地 10m 以内高度，控制箱柜附件安装有户外端子箱，光电控制器，时间控制器。配电板制作有木板、塑料板、胶木板，木配电板包薄钢板安装按半周长分有 1m 以内、1.5m 以内和 2.5m 以内。铁构件制作及箱盒制作分一般铁构件及轻型铁构件，成套配电箱安装有落地式及悬挂嵌入式按半周长分为 0.5、1、1.5、2.5m，在熔断器限位开关安装节中熔断器安装分瓷插螺旋式与管式，限位开关设立了普通子目，控制器起动器安装有控制器、接触器磁力起动器安装子目，盘柜配线按导线截面不同分为 16、35、70、120mm²，控制继电器保护屏安装节中设立了控制屏、继电屏、信号屏、配电屏、低压开关柜、弱电控制返回屏、同期小屏控制箱，控制台安装分为 1m 以内、2m 以内、2～4m。仪表电器小母线分流器安装有测量表计、继电器、电磁锁屏上辅助设备、小母线、辅助电压互感器，分流器安装以电流大小分为 150、750、1500A 子目。

（2）变压器安装指变压器本体安装，均不包括台架制作，跌落式开关避雷器及绝缘子等安装应另套有关定额子目。

（3）变压器运搬方式考虑用汽车及吊车运搬。

（4）变压器油过滤：

① 变压器油过滤按压力式滤油机（50%）和真空喷雾式净油机（50%）综合考虑。

② 油过滤按每过滤合格油 1t 需要滤油纸 52 张考虑，不论过滤多少次直到合格。

（5）组合型成套箱式变电站主要指 10kV 以下的箱式变电站，一般布局形式为变压器在箱的中间，箱的一端为高压开关位置，另一端为低压开关位置，组合型低压成套配电装置其外形像一个大型集装箱，内装 6～24 台低压配电箱（屏）的两端开门，中间为通道称为集装箱式低压配电室。

（6）除了新编项目外，定额子目大部分按新编全国统一安装定额及全国统一市政补充定额人工、材料、机械平移过来，保持新编全国统一安装定额及全国统一市政补充定额水平不变。

二、架空线路工程

(1) 本章包括底盘、卡盘、拉盘安装及电杆焊接、防腐、立杆、引下线支架安装；10kV 以下横担安装、1kV 以下横担安装、进户线横担安装、拉线制作安装、导线架设、导线跨越架设、路灯设施编号、基础制作及绝缘子安装等项目。

(2) 本章定额中底盘、卡盘、拉盘、电杆组立等项目中，新编安装工程预算定额均未列出主要材料量，为编制路灯工程预算方便，这次修编本册定额时，将主材按现行安装电气定额补充进材料栏内，应按工程量计算规则套用通用册子目。

(3) 土石方计算方法：

① 无底盘、卡盘的电杆坑，其挖方体积：

$$V = 1.8 \times 0.8 \times h \, m^3$$

式中 h——为坑深（m）。

② 电杆坑的马道土、石方量按每坑 0.2m^3 计算。

③ 施工操作工作面按底拉盘底宽每边增加 0.1m 计。

④ 各类土质的放坡系数见表 3-2。

表 3-2

土 质	普 通 土	坚 土	松 沙 石	泥水、流沙、岩石
放坡系数	1：0.3	1：0.25	1：0.2	不 放 坡

⑤ 冻土厚度＞300mm 者，冻土层的挖方量按挖坚土定额乘以 2.5 系数。其他土层仍按土质性质套用定额。

⑥ 土方量计算公式：

$$V = h/6 \times [ab + (a - a_1) \times (b + b_1) + a_1 \times b_1]$$

式中 V——土（石）方体积（m^3）；

h——坑深（m）；

$a(b)$——坑底宽（m）＝底拉盘底宽＋2×每边操作工作面宽度；

$a_1(b_1)$——坑口宽（m）＝$a(b)$＋2×h×边坡系数。

⑦ 杆坑土质按一个坑的主要土质而定，如一个坑大部分为普通土，少量为坚土，则该坑应全部按普通土计算。

⑧ 带卡盘的电杆坑，如原计算的尺寸不能满足卡盘安装时，因卡盘超长而增加的土（石）方量另计。

(4) 线路施工工程量按 5 根以上电杆考虑，如 5 根以内者，其全部人工和机械应乘以 1.3 系数。

三、电缆工程

本章定额包括电缆沟铺砂盖板、揭盖板、电缆保护管敷设、电缆敷设、顶管敷设、电缆中间头、终端头制作安装、电缆井设置工程等九节共 58 个子目。大部分项目平移新编全国统一安装定额电气分册项目,水平未作调整,但考虑到路灯与安装工程的区别,我们认为应给电缆敷设工程中人工消耗一个增加系数。本章定额未包括电缆沟的挖填土石方工作内容,发生时执行市政通用项目,顶管工程适用于过街穿管工程定额子目中包括了全部施工过程;电缆敷设电缆截面积分为35、120和240mm²,适用于各种型号电缆与敷设方式,执行本章电缆敷设定额时,不得换算;电缆中间头、终端头制作安装分为平包式、浇铸式和热缩式三种制作方式。

四、配管配线工程

本章定额适用于市政立交桥工程,地下通道、过街天桥等的明暗配管配线工程以及变配电设备连接的母线,管内穿线工程,以及各种明暗开关、插座安装工程,共12节130个子目。配管部分,电线管、刚性阻燃管长度按4m取定,钢管按6m长度取定。

(1)电缆管管接头、锁紧螺母、管卡子、护口消耗量取定见表3-3。

表3-3

项　目	管　径(mm 以内)		
	20	32	50
镀锌管接头	25.75	25.75	25.75
镀锌锁紧螺母	15.45	15.45	15.45
镀锌管卡子	123.60	82.40	61.80
塑料护口	15.75	15.75	15.75

(2)钢管管接头、锁紧螺母、管卡子、护口消耗量取定见表3-4。

表3-4

项　目	管　径(mm 以内)				
	20	32	50	70	100
镀锌管接头	16.48	16.48	16.48	15.45	15.45
镀锌锁紧螺母	15.45	15.45	15.45	15.45	15.45
镀锌管卡子	82.40	61.80	49.44	41.20	41.20
塑料护口	15.75	15.75	15.75	15.75	15.75

(3)半硬质阻燃管。本定额所指的半硬质阻燃管是聚乙烯管,采用套接粘接法连接。套管消耗量取定见表3-5。

表3-5

项　目	管　径(mm 以下)			
	20	32	50	70
套管长度(mm)	60	80	108	120

项 目	管 径（mm 以下）			
	20	32	50	70
套管个数（个）	16	16	16	15
套管总长度（mm）	960	1340	1680	1890

带型母线安装定额适用于设备之间，变配电装置进出母线安装。

（4）带型硬母线安装：

① 母线原材料长度按 6.5m 长度考虑的，焊弯加工采用万能母线机，主母线连接采用氩弧焊接，引下线采用螺栓连接。

② 定额单位是 10m/单相，其工序含量取定如表 3-6。

表 3-6

项 目	母线长度（m）	焊接头（个）	螺栓接头（个）	平弯（个）	主弯（个）	纽弯（个）
主母线	10	1	0.5	4	—	—
引下线	10	—	8	8.6	4.3	1

③ 母线、金具均按主要材料按设计数量加损耗计算。

④ 带形铜母线和铝母线分别编有定额，铜母线可参照铜母线定额直接套用。

⑤ 带形母线伸缩节头和铜过渡板安装均按成品现场安装考虑。伸缩节头的安装人工定额是按 400mm 以下长度的 1 片安装为基础进行计算的。

五、照明器具安装工程

（1）本章由单臂悬挑灯架抱箍式安装、单臂挑灯架顶套式安装、双臂悬挑灯架成套式安装、双臂悬挑灯架组装型安装、广场灯架成套型安装、广场类架组装型安装、高杆灯架成套型安装、高杆灯架组装型安装、其他灯具安装、照明器件安装、杆座安装等八节共 196 个子目组成。

（2）单臂悬挑灯架安装。单臂悬挑灯安装根据悬挑灯臂长不同划分子目，镀锌油漆单臂悬挑灯架为未计价材料。灯具连接线根据具体设计要求选用不同材料导线。路灯安装除悬挑臂长 1.2m 外，其他均使用高空作业车。

（3）双臂悬挑灯架安装。双臂悬挑灯架安装根据悬挑灯臂长不同及安装方式不同划分子目，镀锌油漆双臂悬挑灯架为未计价材料。灯具连接线根据具体设计要求选用不同材料导线。由于安装条件不同高空作业车种类也不同。

（4）广场灯架安装。广场灯架安装根据灯高及灯火数的不同划分子目，广场灯架为未计价材料。灯具连接线根据具体设计要求选用不同材料导线。

（5）高杆灯架安装。高杆灯架安装根据灯盘安装方式不同划分子目。灯具连接线根据具体设计要求选用不同材料导线。本章子目已考虑灯引下线。灯盘升降式考虑升降装置安装及试验费用。

（6）其他灯具安装。其他灯具安装分为桥栏杆灯（其子目分成套嵌入式、成套明装式、组装嵌入式、组装明装式）和地道涵洞灯（其子目分为吸顶式敞开、吸顶式密封、嵌入式敞开、嵌入式密封）等。

（7）照明器件安装。照明器件安装分为碘钨灯、管形氙灯、投光灯、高压汞灯泡、高（低）压钠灯泡、白炽灯泡 6 个子目。投光灯安装未考虑高空作业因素。

照明灯具分敞开式、双光源式、密封式、普通、悬吊式 5 个子目。

照明器件分镇流器、触电器、电容器、风雨灯头 4 个子目。

（8）杆座安装分为成套金属杆座、成套玻璃钢杆座、组装型金属杆座、组装型玻璃钢杆座、混凝土制作 5 个子目。

六、防雷接地装置工程

本章由防雷与接地装置安装、接地极（板）制作安装、接地母线敷设、接地跨接线安装、避雷针安装、避雷引下线敷设等五节共 18 个子目组成。适用于高杆灯防雷接地，变配电系统接地及避雷针装置等安装工程。接地极板制作安装分为钢管接地极、角钢接地极和圆钢接地极等；接地母线敷设已包括挖土石方和夯实回填工作内容，挖沟的沟底宽按 0.4m、上沿宽按 0.5m、沟深按 0.75m，每米沟长按 0.34m³ 计算。如设计要求埋深不同时，可按实际计算。土质按一般土质综合考虑，遇有石方、矿渣、积水、障碍物等情况时，可另行计算。接地极按现场制作考虑，长 2.5m，安装包括打入地下并与主接地网焊接。装在电杆上避雷针按 5m 考虑的，引下线按 ϕ10 圆钢综合考虑的，杆顶铁件按 4mm 厚钢板，四周加肋板。下部四周用 60mm×6mm×1000mm 扁钢焊在抱箍上，用螺栓箍紧。

七、路灯灯架制作安装工程

本章包括六节共 34 个子目，主要适用于路灯施工的型钢加工制作、钢板卷材开卷与平直，法兰胎具制作以及金属无损探伤检验工作。钢管加工制作灯架过程中采用镀锌钢管冷弯工艺，因此定额相对减少了加热工艺的相应材料，而增加了液压弯管机的台班消耗量。无损探伤检验项目，主要适用于设计有要求的现场加工的大型灯架制作工程中的焊口焊缝的探伤工作。

八、刷油防腐工程

本章包括 19 个子目，适用于金属灯杆、灯架的除锈与刷油工程，本章定额子目按地面集中除锈刷油考虑，没考虑高空作业因素。

第三章 路灯定额工程量计算规则

一、变配电设备工程

（1）变压器安装，按不同容量以"台"为计量单位套用定额。一般情况下不需要变压器干燥，如确实需要干燥，可套用安装定额相关子目。

（2）变压器油过滤，不论过滤多少次，直到过滤合格为止。以"t"为单位计算工程量，变压器的过滤量，可按制造厂提供的油量计算。

（3）高压成套配电柜和组合箱式变电站安装以"台"为计量单位，均未包括基础槽钢、母线及引下线的配置安装。

（4）各种配电箱、柜安装均按不同半周长以"套"为单位计算。

（5）铁构件制作安装按施工图示以"100kg"为单位计算。

（6）盘柜配线按不同断面、长度按表 3-7 计算。

表 3-7

序号	项　目	预留长度（m）	说　明
1	各种开关柜、箱、板	高＋宽	盘面尺寸
2	单独安装（无箱、盘）的铁壳开关、闸刀开关、启动盘、母线槽进出线盒等	0.3	以安装对象中心计算
3	由地坪管口至接线箱	1	以管口计算

（7）各种接线端子按不同导线截面积，以"10 个"为单位计算。

二、架空线路工程

（1）底盘、卡盘、拉线盘按设计用量以"块"为单位计算。

（2）各种电线杆组立，分材质与高度，按设计数量以"根"为单位计算。

（3）拉线制作安装，按施工图设计规定分不同形式，以"组"为单位计算。

（4）横担安装，按施工图设计规定分不同线数，以"组"为单位计算。

（5）导线架设，分导线类型与截面，按 1km/单线计算，导线预留长度规定如表 3-8 所示。

表 3-8

项　目　名　称		长　度（m）
高　压	转　角	2.5
	分支、终端	2.0
低　压	分支、终端	0.5
	交叉跳线转交	1.5
与　设　备　连　接		0.5

导线长度按线路总长加预留长度计算。

（6）导线跨越架设，指越线架的搭设、拆除和越线架的运输以及因跨越施工难度而增加的工作量，以"处"为单位计算，每个跨越间距按50m以内考虑，大于50m，小于100m时，按2处计算。

（7）路灯设施编号按"100个"为单位计算，开关箱号不满10只按10只计算；路灯编号不满15只按15只计算；钉粘贴号牌不满20个按20个计算。

（8）混凝土基础制作以"m³"为单位计算。

（9）绝缘子安装以"10个"为单位计算。

三、电缆工程

（1）直埋电缆的挖、填土（石）方，除特殊要求处，可按表3-9计算土方量。

表 3-9

项　　目	电缆根数	
	1～2	每增一根
每米沟长挖方量（m³/m）	0.45	0.153

（2）电缆沟盖板揭、盖定额，按每揭盖一次以延长米计算。如又揭又盖，则按两次计算。电缆保护管长度，除按设计规定长度计算外，遇有下列情况，应按以下规定增加保护管长度。

① 横穿道路，按路基宽度两端各加2m。

② 垂直敷设时管口离地面加2m。

③ 穿过建筑物外墙时，按基础外缘以外加2m。

④ 穿过排水沟，按沟壁外缘以外加1m。

（3）电缆保护管埋地敷设时，其土方量有施工图注明的，按施工图计算；无施工图的一般按沟深0.9m，沟宽按最外边的保护管两侧边缘外各加0.3m工作面计算。

（4）电缆敷设按单根延长米计算。

（5）电缆敷设长度应根据敷设路径的水平和垂直敷设长度，另加表3-10规定的附加长度：

表 3-10

序号	项　　目	预留长度	说　　明
1	电缆敷设弛度、波形弯度、交叉	2.5%	按电缆全长计算
2	电缆进入建筑物内	2.0m	规范规定最小值
3	电缆进入沟内或吊架时引上预留	1.5m	规范规定最小值
4	变电所进出线	1.5m	规范规定最小值
5	电缆终端头	1.5m	检修余量
6	电缆中间接头盒	两端各2m	检修余量
7	高压开关柜	2.0m	柜下进出线

电缆附加及预留长度是电缆敷设长度的组成部分，应计入电缆长度工程量之内。

（6）电缆终端头及中间头均以"个"为计量单位。一根电缆按两个终端头，中间头设计有图示的，按图示确定，没有图示的按实际计算。

四、配管配线工程

（1）各种配管的工程量计算，应区别不同敷设方式、敷设位置、管材材质、规格，以延长米为单位计算。不扣除管路中间的接线箱（盒）、灯盒、开关盒所占长度。

（2）定额中未包括钢索架设及拉紧装置、接线箱（盒）、支架的制作安装，其工程量另行计算。

（3）管内穿线定额工程量计算，应区别线路性质、导线材质、导线截面积，按单线延长米计算。线路的分支接头线的长度已综合考虑在定额中，不再计算接头长度。

（4）塑料护套线明敷设工程量计算，应区别导线截面积、导线芯数、敷设位置，按单线路延长米计算。

（5）钢索架设工程量计算，应区分圆钢、钢索直径，按图示墙柱内缘距离，按延长米计算，不扣除拉紧装置所占长度。

（6）母线拉紧装置及钢索拉紧装置制作安装工程量计算，应区别母线截面积、花篮螺栓直径，以"10套"为单位计算。

（7）带行母线安装工程量计算，应区分母线材质、母线截面积、安装位置，按延长米计算。

（8）接线盒安装工程量计算，应区别安装形式，以及接线盒类型，以"10个"为单位计算。

（9）开关、插座、按钮等的预留线，已分别综合在相应定额内，不另计算。

五、照明器具安装工程

（1）各种悬挑灯、广场灯、高杆灯灯架分别以"10套"、"套"为单位计算。

（2）各种灯具、照明器件安装分别以"10套"、"套"为单位计算。

（3）灯杆座安装以"10只"为单位计算。

六、防雷接地装置工程

（1）接地极制作安装以"根"为计量单位，其长度按设计长度计算，设计无规定时，按每根2.5m计算，若设计有管帽时，管帽另按加工件计算。

（2）接地母线敷设，按设计长度以"10m"为计量单位计算。接地母线、避雷线敷设，均按延长米计算，其长度按施工图设计水平和垂直规定长度另加3.9％的附加长度（包括转弯、上下波动、避绕障碍物、搭接头所占长度）。计算主材费时另加规定的损耗率。

（3）接地跨接线以"10处"为计量单位计算。按规程规定凡需作接地跨接线的工作内容，每跨接一次按一处计算。

七、路灯灯架制作安装工程

（1）设备支架制作安装、高杆灯架制作分别按每组重量按灯架直径，以"t"为单位计算。

型钢加工胎具，按不同钢材、加工直径以"个"为单位计算。

（2）焊缝无损探伤按被探件厚度不同，分别以"10张"、"10m"为单位计算。

八、刷油防腐工程

灯杆除锈刷油按外表面积以"10m²"为单位计算；灯架按实际重量以"100kg"为单位计算。

第四部分

定额预算与工程量
清单计价编制实例及
对照应用实例